URBAN SPACE and REFUGE BEHAVIOR

城市空间与避难行为

王江波 著

同濟大學出版社
TONGJI UNIVERSITY PRESS

国家自然科学基金资助（项目批准号 :51978329，51778364，51378010）

图书在版编目（C I P）数据

城市空间与避难行为 / 王江波著 . -- 上海 : 同济大学出版社 , 2021.6
ISBN 978-7-5608-9100-2

Ⅰ . ①城… Ⅱ . ①王… Ⅲ . ①城市空间 - 紧急避难 - 公共场所 - 建筑设计 - 研究 Ⅳ . ① TU984.199

中国版本图书馆 CIP 数据核字 (2021) 第 109211 号

城市空间与避难行为

王江波 著

责任编辑 吕 炜
责任校对 徐春莲
装帧排版 唐思雯

出版发行 同济大学出版社 www.tongjipress.com
（地址：上海市四平路 1239 号 邮编：200092 电话：021-65985622）
经 销 全国各地新华书店
印 刷 上海安枫印务有限公司
开 本 787mm x 1092mm 1/16
印 张 15.75
字 数 393 000
版 次 2021 年 6 月第 1 版 2021 年 6 月第 1 次印刷
书 号 ISBN 978-7-5608-9100-2
定 价 68.00 元

2.3.1 火灾疏散的人为风险 15
2.3.2 居民对火灾疏散风险的认知 21
2.4 低层历史街区的火灾疏散风险与居民的风险认知 25
2.4.1 火灾疏散风险 26
2.4.2 居民风险认知 28

CHAPTER 3
AWARENESS AND BEHAVIOR OF DISASTER REFUGE

第 3 章 灾害避难意识与行为 31
3.1 基本概念 32
3.1.1 地震灾害 32
3.1.2 避难意识与避难行为 32
3.2 避难意识水平 33
3.2.1 避难意识水平的自我评价 33
3.2.2 日常生活中的防灾敏感度 33
3.3 临震心理反应 35
3.3.1 心理反应 35
3.3.2 关注问题 35
3.4 临震应急行为 36
3.4.1 避难时机 36
3.4.2 逃生行为 37
3.5 避难知识学习 38
3.5.1 知识掌握度 38
3.5.2 学习主动性 39
3.5.3 学习途径 39

CHAPTER 4
ESCAPE PATH SELECTION

第 4 章 避难路径选择 41

4.1 避难路径的空间分布 42

4.2 避难路径的长度 47

4.2.1 避难路径的距离长度 47

4.2.2 直线距离与实际距离 48

4.2.3 避难路径的绕曲指数 52

4.2.4 避难路径的长度构成 54

4.3 避难路径的宽度与等级 56

4.4 避难路径的平面形态 58

4.4.1 直线 58

4.4.2 三角形 60

4.4.3 四边形 60

4.4.4 多边形 60

4.4.5 S 形 60

4.5 避难路径选择的考虑因素 64

4.5.1 影响要素排序 64

4.5.2 空间性要素 65

4.5.3 社会性要素 68

CHAPTER 5
SELECTION OF SHELTER

第 5 章 避难场所选择 83

5.1 避难场所的空间特征 84

5.1.1 避难地点的用地类型 84

5.1.2 避难场所的用地规模与等级 89

5.1.3 避难场所空间分布的均衡性 90

5.1.4 居民选择避难场所的数量与密度 93

5.2 避难场所选择的影响因素 98
5.2.1 影响要素排序 98
5.2.2 避难场所的空旷程度 99
5.2.3 避难场所的距离 99

CHAPTER 6
SAFETY OF SHELTERS IN PUBLIC CENTERS OF CITIES

第 6 章 城市公共中心的避难安全性 103
6.1 建筑的避难安全性 105
6.1.1 安全性 105
6.1.2 容纳人数 105
6.1.3 形态规则性 107
6.1.4 人流出入的便捷性 109
6.2 道路的避难安全性 111
6.2.1 有效畅通性 111
6.2.2 过街便利性 112
6.2.3 步行空间安全性 113
6.3 避难场所的安全性 115
6.3.1 供给量 115
6.3.2 可达性 115
6.3.3 可识别性 118
6.3.4 可进入性 118
6.3.5 安全性 118
6.3.6 均衡性 119
6.4 避难场所的理想布局模式 119
6.4.1 布局原则 119
6.4.2 布局方式 120

CHAPTER 7
EFFECTIVENESS OF EVACUATION PASSAGEWAY IN THE AREA WITH DENSE HISTORICAL BUILDINGS

第 7 章 历史建筑密集区避震通道的有效性 125

7.1 建筑安全 127

7.1.1 危房比例 127

7.1.2 建筑密度 127

7.2 道路安全 130

7.2.1 路网形制 130

7.2.2 道路密度 130

7.2.3 道路高宽比 130

7.2.4 有效宽度 130

7.3 避难场所安全 133

7.4 危险源 135

CHAPTER 8
SPATIAL CHARACTERISTICS OF REFUGE RESOURCES IN THE OLD COMMUNITY

第 8 章 老小区避难资源的空间特征 141

8.1 用地类型 142

8.2 规模与等级 145

8.3 位置关系 148

8.4 距离 153

8.4.1 直线避难距离 153

8.4.2 实际避难距离 156

8.5 数量与密度 159

8.6 离散度 161

CHAPTER 9
SPATIAL CHARACTERISTICS OF CAMPUS SHELTERS

第 9 章 校园型避难场所的空间特征 167

9.1 校园的空间分布 168

9.2 校园型避难场所的有效性 169

9.3 校园型避难场所的等级 170

9.4 校园型避难场所的服务范围 172
9.4.1 不同等级校园型避难场所的服务范围 172
9.4.2 有效校园型避难场所的责任区划分 175
9.5 人口规模与避难空间的对应关系 178
9.5.1 人口密度 178
9.5.2 避难空间的需求与供给 179

REFERENCES **参考文献** 182

APPENDIX **附录 A** 调查问卷 186
附录 B 南京市老城区各类校园型避难场所信息 190
附录 C 南京市老城区各街道辖区内避难场所信息 195
附录 D 南京市老城区各类校园型避难场所 199
附录 E 南京市老城区内校园建筑倒塌模拟分析 200
附录 F 南京市老城区外校园建筑倒塌模拟分析 231

AFTERWORD **后 记** 237

INTRODUCTION

第 1 章

导论

CHAPTER 1

1.1 研究背景

1.1.1 灾害事件演变

21 世纪以来，我国各类灾害事件频繁发生，类型越来越复杂，损失越来越大，对城市造成的影响也越来越大。例如，2008 年的汶川地震造成 69227 人遇难，2010 年的舟曲特大泥石流灾害造成 1558 人遇难，2015 年的天津滨海新区大爆炸造成 165 人遇难，2020 年延续至今的新冠疫情，在全国造成了 4857 人死亡。此外，特大山体滑坡、严重的洪涝灾害、暴雪灾害、超强台风等灾害也不断发生。

1.1.2 城市空间建设

近 20 年以来，我国城市化进程进入加速期，城市化水平以平均每年 1 个百分点的速度上升。随着城市经济的快速发展，城市空间的开发建设也同步进入高歌猛进的阶段，城市外围扩张速度快、范围大；城市建成区内部更新的需求也越来越紧迫，实际更新改造的规模也越来越大。城市空间的类型越来越复杂，开发强度也越来越高。但是，城市空间的高强度和高密度开发使得城市的灾害脆弱性偏高，特别是避难疏散问题面临严峻考验。建筑高度密集、道路系统不完善、开放空间严重缺乏、人口高度集中等现状，在特大城市的中心城区表现得尤为突出。一旦发生大型地震灾害，损失将十分严重。

1.1.3 避难场所规划

避难空间严重短缺问题在汶川地震中表现得特别突出。在此之后，各地政府开始关注避难场所的规划和建设问题，陆续编制了避难场所规划，也建设了部分试点项目。但是，从目前的实施来看，主要是偏向于中心避难场所等高等级避难场所的建设，对于低等级或社区层面的避难场所的建设却关注度不高，落地的也很少。在目前的防震减灾规划或避难场所规划等相关规划中，大多重视市级避难中心的规划，忽视社区级避难场所的设置。市级避难中心用地规模较大，通常分布在城郊结合部，区位条件不佳，远离人口密集区，可达性差，居民使用不便，受惠人群较少。对居民而言，社区级的避难场所由于布点数量多、分布面广、地处人口密集区内、可达性高，因而将成为发挥作用最大的设施，效率最高，反而应该成为最实用的避难场所类型，却在实际工作中还没有受到足够的重视。

1.2 研究问题

本书包括两个核心研究问题。

第一，不同功能的城市空间中人的避难行为模式。地震灾害发生时，人的避难行为能力在很大程度上决定了其是否能够成功逃生。空间特性存在差异，不同人群的避难行为亦有共同性和差异性。如何从大量人群的不同避难行为中总结高效的行为模式，是进行空间优化布局的基础和前提。

第二，避难行为与城市空间的互动机理。不同人群的避难心理与行为特征不同，对空间的需求类型和程度也不同。城市不同功能区在建筑密度、人口密度、开放空间分布、路网结构等方面有很大差异，不同的空间结构形式对人的避难行为会产生不同的影响。如何优化城市空间，建立满足避难行为需求的城市空间模型，对人的避难行为进行良好地引导，以提高避难效率，是提高避难场所规划科学性的关键。

1.3 研究内容

1.3.1 城市空间

城市空间是城市社会、经济、政治、文化等要素的运行载体，各类城市活动所形成的功能区则构成了城市空间结构的基本框架。不同功能区内的建筑类型和密度不同，空间形态不同，公共开放空间体系不同，人员密度不同，对避难空间的需求规模也不同，所面临的避难疏散问题也有所不同，均需要深入研究。特大城市的主城区，尤其是人员密集型场所或地区，由于人多地少，在面临灾害时潜在的伤亡可能性较大，会成为避难场所规划布局的重点地区。具体而言，商业中心区、商务办公中心区、居住区、交通枢纽、学校等类型场所，以及老旧建筑密集的地区和历史街区，都属于此类空间。因此，本书针对各类空间和场所，选择典型样本，总结出城市不同功能区的典型空间结构形态，详细研究了空间形态、道路结构、空地分布、人群流线、危险源分布、避难需求的规模和人口分布特征、潜在避难空间资源的供给条件等。

南京是江苏省的省会，我国东部地区和长三角地区重要的中心城市、国家级历史文化名城，全国重要的科研教育基地和综合交通枢纽，总面积为 6587 平方公里，常住人口为 850 万人，城镇化率为 83.2%。南京经济发达，人口众多，河网密布，地形地貌以低山缓岗为主。南京又是六朝古都，历史悠久，历史文化资源丰富，各级各类文保单位数量非常多，分布范围也很广，历史街区很有特色。同时，近 20 多年来，南京城市空间扩张速度非常快，高楼林立，中心区的开发强度高，各类公共中心的开发建设速度快，建设规模大，对人流的吸引力强，人员密集度高，所面临的避难疏散问题具有很强的代表性。因此，本书将南京作为主要的研究样本。

在南京的不同功能区选择了各类典型城市空间样本。例如，城市商业中心选择了新街口、鼓楼和湖南路；城市交通枢纽选择了南京南站、南京火车站；城市公共中心选择了南京奥体中心、河西国际博览中心、河西万达广场、玉桥市场等；历史街区选择了夫子庙、门东三条营、门西荷花塘、颐和路公馆区等，历史建筑密集地区选择了西街；老小区选择了工人新村和明华新村等；高层住宅小区选择了丹凤公寓、洪武路等；校园选择了南京老城区内的所有学校。

1.3.2 避难行为

风险认知调查：调查各类人群对各类灾害和空间的心理认知，分析受访者与物质空间的关系，对受访者在地震或其他灾害来临时如何判断空间的安全性进行解释。

避难行为调查：采用行为地图法，描述受访者对避难空间和路径的选择，总结避难过程中的活动行为方式；分析不同人群的避难行为的共同性与差异性，不同类型城市空间的人群在避难行为方面的共同性与差异性，以及造成这些差异的背后影响因素。

风险认知和避难行为的调查主要通过问卷和访谈的方式开展。调查内容包括避难开始时间的选择、避难目的地的选择、避难路径的选择、避难交通工具的选择、避难同伴的选择等，并对不同人群的选择原因进行访谈。

人的避难路径选择模式将为避难生活圈的划设布局提供理论基础。目前的防震减灾相关规划在布局避难场所时，主要依据各防灾分区的用地与人口规模，来分派设置各避难场所，理论方面的研究非常薄弱。路径选择以人为中心，研究人的避难行为模式和路径选择模式，并以此作为划设避难生活圈的依据。本书中关于路径选择的研究将为减灾规划的相关研究和实践提供一定的理论基础。

1.3.3 城市空间的避难安全性

不同空间特性对人的避难疏散行为会造成很大影响。构建 AHP 模型，对不同类型城市空间在避难疏散方面的安全性进行评价，确定目标层、准则层和指标层的要素构成，以及确定各指标的权重关系，找出致灾因子和承灾体脆弱性的因素，分析不同类型空间在避难方面的风险地段和安全地段，分析影响其安全性的背后空间要素，包括空间形态、道路结构、空地分布、人群流线、危险源类型、数量、分布和影响方式、避难需求预测、避难供给条件、用地功能、自然地形等。

1.3.4 城市空间与避难行为的互动关系

城市空间与避难行为的互动关系，避难行为对城市空间产生何种需求，城市空间是如何制约和引导避难行为，这方面的研究对城市空间优化和避难空间布局模式有着重要的意义。本书分析人的避难行为对城市空间的需求类型和程度，根据不同使用人群的避难行为特征，来分析城市不同功能区域中不同使用人群对城市空间的需求特征，包括安全性、通达性、可达性、可进入性、可识别性等。针对现有典型城市空间中不利于避难行为的空间要素，提出优化策略；针对典型功能区的主要城市空间类型，从满足避难需求角度出发，提出理想布局模式。

RISK PERCEPTION OF EMERGENCIES

第 2 章

突发事件的风险认知

CHAPTER 2

在日常生活中，突发事件无处不在，风险也相伴而行。如果对突发事件没有足够的认识，人类必然会遭受较大的损失。因此，本章将围绕以下问题展开论述：突发事件的定义、类型和特性；普通市民对突发事件所带来的风险的认知水平等。

2.1 基本概念

2.1.1 突发事件

1. 突发事件的定义与类型

按照《中华人民共和国突发事件应对法》的规定，突发事件是指突然发生，造成或者可能造成严重社会危害，需要采取应急处置措施予以应对的自然灾害、事故灾难、公共卫生事件和社会安全事件[1]。

（1）自然灾害：主要包括水旱灾害、气象灾害、地震灾害、地质灾害、海洋灾害、生物灾害和森林草原火灾等。

（2）事故灾难：主要包括工矿商贸等企业的各类安全事故、交通运输事故、公共设施和设备事故、环境污染和生态破坏事件等。

（3）公共卫生事件：主要包括传染病疫情、群体性不明原因疾病、食品安全和职业危害、动物疫情、以及其他严重影响公众健康和生命安全的事件。

（4）社会安全事件：主要包括恐怖袭击事件、经济安全事件和涉外突发事件等[2]。

以北京为例，在《北京市突发事件总体应急预案（2016 年修订）》（京政发〔2016〕14 号）中，明确指出，北京是一个突发事件频发的城市，主要突发事件可划分为自然灾害、事故灾难、公共卫生事件和社会安全事件 4 大类、23 分类、52 种（表 2-1）。

表 2-1 北京市主要突发事件类型划分

4 大类	分类	主要种类
自然灾害	水旱灾害	水灾
		旱灾
	气象灾害	气象灾害（暴雨、冰雪、雾霾、大风、沙尘暴、雷电、冰雹、高温等）
	地震灾害	破坏性地震
	地质灾害	突发地质灾害（滑坡、泥石流、地面塌陷等）
	生物灾害	突发林木有害生物事件
		植物疫情
		外来生物入侵
	森林火灾	森林火灾

表 2-1 北京市主要突发事件类型划分（续表）

4 大类	分类	主要种类
事故灾难	工矿商贸企业等安全事故	危险化学品事故
		矿山事故
		建设工程施工突发事故
	火灾事故	火灾事故
	交通运输事故	道路交通事故
		轨道交通运营突发事件
		公共电汽车运营突发事件
		铁路行车事故
		民用航空器飞行事故
	公共设施和设备事故	供水突发事件
		排水突发事件
		电力突发事件
		燃气事故
		供热事故
		地下管线突发事件
		道路突发事件
		桥梁突发事件
		网络与信息安全事件（公网、专网、无线电）
		人防工程事故
		特种设备事故
	核事件与辐射事故	辐射事故
		核事件
	环境污染和生态破坏事件	重污染天气
		突发环境事件
公共卫生事件	传染病疫情	重大传染病疫情（鼠疫、炭疽、霍乱、非典、流感等）
	群体性不明原因疾病	群体性不明原因疾病
	食品安全和职业危害	食品安全事件
		职业中毒事件
	动物疫情	重大动物疫情（高致病性禽流感、口蹄疫等）
	其他严重影响公众健康和生命安全的事件	药品安全事件
社会安全事件	恐怖袭击事件	恐怖袭击事件
	刑事案件	刑事案件
	经济安全事件	生活必需品供给事件
		粮食供给事件
		能源资源供给事件
		金融突发事件
	涉外突发事件	北京市内涉外突发事件
		境外涉及北京市突发事件
	群体性事件	上访、聚集等群体性事件
		民族宗教群体性事件
		影响校园安全稳定事件
	其他	新闻舆论事件
		旅游突发事件

资料来源：北京市人民政府．北京市人民政府关于印发《北京市突发事件总体应急预案(2016 年修订)》的通知：京政发〔2016〕14 号[A/OL].(2016-03-26)[2016-04-19]. http://www.beijing.gov.cn/zhengce/gfxwj/sj/201905/t20190522_59312.html

2. 突发事件的等级

按照突发事件的性质、严重程度、可控性和影响范围等因素，一般分为四级：Ⅰ级（特别重大）、Ⅱ级（重大）、Ⅲ级（较大）和Ⅳ级（一般）。在发布预警时，四个等级对应的颜色分别是红色、橙色、黄色、蓝色。在划定等级时，有一条共性的、最重要的标准是人员伤亡数量。其中，死亡 30 人以上为特别重大，11 ~ 30 人为重大，4 ~ 10 人为较大，1 ~ 3 人为一般。具体确定时，还需要结合不同类别的突发事件情况和其他标准具体分析[3]。

以我国城市地铁的日常运营为例，国务院办公厅在 2015 年修订发布了《国家城市轨道交通运营突发事件应急预案》。该预案适用于城市轨道交通运营过程中发生的因列车撞击、脱轨，设施设备故障、损毁，以及大客流等情况，造成人员伤亡、行车中断、财产损失的突发事件应对工作。根据该预案的要求，按照事件严重性和受影响程度，运营突发事件分为特别重大、重大、较大和一般四级。具体的突发事件分级标准如下。

（1）特别重大运营突发事件：造成 30 人以上死亡，或者 100 人以上重伤，或者直接经济损失 1 亿元以上的。

（2）重大运营突发事件：造成 10 人以上 30 人以下死亡，或者 50 人以上 100 人以下重伤，或者直接经济损失 5000 万元以上 1 亿元以下，或者连续中断行车 24 小时以上的。

（3）较大运营突发事件：造成 3 人以上 10 人以下死亡，或者 10 人以上 50 人以下重伤，或者直接经济损失 1000 万元以上 5000 万元以下，或者连续中断行车 6 小时以上 24 小时以下的。

（4）一般运营突发事件：造成 3 人以下死亡，或者 10 人以下重伤，或者直接经济损失 50 万元以上 1000 万元以下，或者连续中断行车 2 小时以上 6 小时以下的。

3. 突发事件的主要特征

突发事件具有四个主要特征：突然性、不确定性、社会性和破坏性[4-7]。

（1）突然性。突发事件的发生带有很强的随机性，突然暴发，迅速蔓延，始终处于急速变化之中，容易引发连锁反应。

（2）不确定性。不确定性是突发事件最突出的特征。突发事件，自始至终都处于不断变化的过程之中，人们一般很难根据经验对其发展方向做出准确的判断。突发事件刚发生时，往往会是一片混乱，信息不及时、不准确、不全面，应急物资和设备无从调集。不确定性反应在四个方面：发生的时间和地点不确定、造成的后果和损失不确定、影响扩散的范围不确定、应急资源的需求不确定。

（3）社会性。突发事件一旦发生，势必会对社会造成严重威胁，给公众的正常生活造成严重影响，涉及的主体具有社会性。这种社会性表现在事件本身会引起公众的高度关注，并作出相应的反应。

（4）破坏性。突发事件的发生会对生命财产、社会秩序、公共安全构成严重危害。若应对不当，就会造成巨大的生命、财产损失和社会秩序动荡。破坏性是突发事件的本质特征。

2.1.2 风险

风险，就是指某种特定的危险事件发生的可能性与其产生的后果的组合。风险是由两类因素共同作用而成的，一是该危险发生的可能性，即危险概率；二是该危险事件发生后所产生的后果[8-10]。

风险具有客观性、普遍性、必然性、可识别性、可控性、损失性、不确定性和社会性等特征。只要某一事件的发生存在着两种或两种以上的可能性，那么就认为该事件存在着风险。这种不确定性包括发生与否的不确定、发生时间的不确定和导致结果的不确定[11]。

风险类型包括自然风险、社会风险、政治风险、经济风险和技术风险等。自然风险如地震、风灾、火灾以及各种瘟疫等。社会风险如盗窃、抢劫、玩忽职守及故意破坏等行为将可能对他人财产造成损失或人身造成伤害。政治风险如因进口国发生战争、内乱而中止货物进口；因进口国实施进口或外汇管制等。经济风险包括企业生产规模的增减、价格的涨落和经营的盈亏等。技术风险包括核辐射、空气污染和噪声等[12]。各类风险的发生概率不同，后果的严重性程度也不同。

2.1.3 风险认知

风险认知是指个体在社会、文化、个人心理等因素的影响下，通过对客观存在的风险的感受和认知，在主观上对风险产生的认识、作出的判断和评价，是个体对影响日常生活和工作的各种不确定因素的心理感受和认识，是衡量公众心理恐慌的一个重要指标[13]。风险认知能够影响个体的风险态度与风险行为。影响风险认知的因素主要有个体差异、期望水平、信息的影响、风险特征性质、自愿性程度和教育程度[14]。突发事件造成的损失大小跟场所的人流密度和人群的风险认知水平有很大关系。人流密度大的场所，损失往往容易比较大。因此，本书中开展的风险认知调查，主要涉及各类人流密集的公共空间，例如城市商业中心，以及高层居住小区和历史街区。

2.2 公共场所人群对突发事件的风险认知

2014 年 3 月 1 日凌晨 2 时 20 分左右，在云南省昆明市昆明火车站发生了一起由新疆分裂势力组织策划的无差别砍杀事件，造成 29 人死亡，143 人受伤。这是一起人为的性质恶劣的恐怖袭击事件。类似的突发事件，在我国各地的人员密集型公共场所内，也多次发生（表 2-2），对公众安全造成严重威胁，对社会稳定造成严重破坏[15-16]。

表 2-2 我国近十年来发生的公共场所突发伤人事件

序号	发生时间	发生地点	伤亡情况
1	2010 年 4 月 29 日	泰兴中心幼儿园	砍伤 31 人
2	2013 年 10 月 20 日	北京天安门金水桥	2 人死亡，40 人受伤
3	2014 年 3 月 1 日	昆明火车站	29 人死亡，143 人受伤
4	2014 年 3 月 22 日	湖南省怀化火车站广场出口附近	1 名老人和 2 名小孩被砍伤
5	2014 年 4 月 30 日	乌鲁木齐火车南站旅客出站口	3 人死亡、79 人受伤
6	2014 年 5 月 20 日	麻城市南湖办事处五里墩小学	8 名学生受伤
7	2014 年 5 月 6 日	广州火车站	6 名群众受伤
8	2018 年 2 月 11 日	北京市西城区西单大悦城商场内	1 人死亡，12 人受伤

资料来源：笔者根据相关资料整理

2.2.1 风险认知的途径

在日常生活中，广大民众是否关注突发事件？是否了解突发事件的应对知识？又是从哪些渠道了解这些信息？课题组在南京 5 类人流密集型公共场所开展了调研，包括商业综合体、火车站、长途汽车站、地铁换乘站、体育中心等，具体地点包括新街口、河西万达广场、南京站、南京南站、中央门汽车站、南京奥体中心等。从所获取的 522 份有效问卷的统计结果来看，公众在突发事件的风险认识上，还存在着诸多问题。例如，自我认知水平比实际水平要高、公众整体风险认知能力偏低等。

公众对风险信息的关注度并不高，了解信息的渠道多为非官方渠道。在公众日常获取风险信息的诸多渠道中，网络高居第一，被选择率为 90.84%；其次是电视，被选择率为 61.99%；再次是与人交流，被选择率为 46.59%；然后是广播和报刊，被选择率分别是 28.46% 和 27.29%；最低的是书籍，被选择率是 11.89%。由此可见，在互联网时代，传统媒体在信息传播的快捷性方面已经远远落后于新媒体。同时，网络渠道的比重远高于其他渠道，也反映出公众更倾向于新媒体获得风险信息。

信任度方面，在最高的“完全相信”等级，政府明显比自媒体有明显优势，高出 15 个百分点，对于自媒体完全相信的比例很低。在“较相信”等级上，两者比例差不多，自媒体略高出 6 个百分点。前两个等级，政府以 50% 领先于自媒体的 38.9%。在“完全不相信”等级上，政府几乎高了自媒体 4 个百分点，说明还是有少数人对政府发布的信息缺乏信任，政府相关部门应着力提高公信力（表 2-3）。

表 2-3 公众对政府和自媒体在突发事件上的信任度

信任度	政府	自媒体
完全相信	17.8%	2.1%
较相信	32.2%	36.8%
半信半疑	32.4%	49.4%
较不相信	12.4%	11.3%
完全不相信	5.2%	0.4%

2.2.2 风险认知的水平

风险认知的水平，往往会决定人们在面临风险时会采取何种避险行为。风险认知水平的高低，对人们避险成功与否有着直接影响。提高风险认知水平，也是城市风险治理的关键环节[17-22]。

本书课题组在南京的调查发现，公众普遍认为自己对风险的了解程度在一般水平或以上，但实际情况却反映出公众的风险认知水平是偏低的。例如，20.1% 的受访者认为，自己的危机意识和自我保护能力高于一般水平；78.2% 的人认为，自己处于一般水平；只有 1.7% 的人认为，自己的水平低于一般水平。但是，在公共场所对出入口的关注度上，经常关注的人只有 25.0%；偶尔关注的人占 68.3%；不关注的人占 6.7%。缺乏实际经验是造成此类现象的重要原因之一。统计显示，78.9% 的人表示没有灾害经历；只有 21.1% 的人表示经历过。这也反映出公众灾害经历不足，大部分人都普遍缺乏实际的应急经验。

同时，49.8% 的人表示有接受过专业的灾害知识学习，没有接受过的人占 50.2%，超过了一半。72.4% 的人表示，单位组织过防灾减灾知识的宣传或演习，有 27.6% 的人表示单位没有组织过。这说明，接受过灾害知识学习和单位宣传的比例不算太低，但是实际效果却不佳。例如，有多达 65.7% 的人表示，在危急时刻会跟着很多人一起跑；34.3% 的人表示，不会跟跑。这也反映了在紧急情况下，很多人会选择从众行为，而缺乏自主的清醒判断。

2.2.3 风险认知的维度

风险维度的概念由美国著名认知心理学家保罗·斯洛维奇（Paul Slovic）提出，他研究了公众风险认知的基本特征。他将风险认知的五个维度定义为：恐惧程度、后果严重程度、发生可能性、未知性和可控性。表 2-4 采用心理测量范式，得到不同风险的“人格画像”[23-24]。

维度一：恐惧程度。以地震、恐怖袭击、火灾、爆炸、恶意谣言等 5 类突发事件为例，公众对于恐怖袭击和爆炸的恐惧程度最高，均超过了 4 分（满分为 5 分），分别为 4.22 分和 4.13 分。由于频繁发生和无缘由伤人引起的恐慌，恐怖袭击是 2014 年上半年社会公众最为忌惮的风险事件之一。其次是火灾和地震，评分分别为 3.66 分和 3.62 分，对这两类灾害的恐惧程度几乎一样；最低的是恶意谣言，评分为 2.53 分。

维度二：后果严重程度。有 4 类突发事件的评分都超过了 4 分，最高的是恐怖袭击和爆炸；恐怖袭击在此项评分较高，经过访谈，出现此结果的原因在于最近恐怖袭击的频繁发生，而媒体的过度渲染则进一步加重了公众的恐慌。其次是地震和火灾；恶意谣言的等级最低，评分为 3.02 分。社会公众对于恶意谣言的后果有低认知度，应当加大其教育宣传。

维度三：发生可能性。在公众认知中，恶意谣言和火灾的发生可能性最高，评分为 3.45 分和 3.41 分。其原因一是由于发生条件简单，二是发生地点的可能性较多。因此，对于此类突发事件，需要在生活中加强防范预测措施。接下来依次是恐怖袭击、爆炸和地震，评分均在 2.61~2.75 分之间，差距很小。

表 2-4 公众对突发事件五维度的评分

风险事件	恐惧程度（分）	后果严重程度（分）	发生可能性(分）	未知性（分）	可控性（分）
地震	3.62	4.27	2.61	3.76	1.85
恐怖袭击	4.22	4.40	2.75	3.89	2.51
火灾	3.66	4.11	3.41	3.52	3.11
爆炸	4.13	4.40	2.65	3.64	2.61
恶意谣言	2.53	3.02	3.45	3.02	3.23

维度四：未知性。由于风险具有很强的突发性，故被访问者整体对不可预知的评分在“一般”以上。5 类突发事件的评分均在 3 分这一档，最高的是恐怖袭击，评分为 3.89 分；最低的是恶意谣言，评分为 3.02 分。

维度五：可控性。火灾和恶意谣言的可控性较高，评分均在 3 分档；其次是爆炸和恐怖袭击，评分在 2 分档；最低的是地震，评分在 1 分档，地震属于自然灾害，可控性最低。

2.3 高层住宅区的火灾疏散风险与居民的风险认知

2.3.1 火灾疏散的人为风险

当前，高层住宅是我国大多数城市中居住建筑的常见形态。高层住宅对于提高城市开发强度，提高土地利用效率，有着非常明显的效果。然而，在安全防灾方面，高层住宅也面临着很多风险，特别是老旧的高层住宅，由于诸多因素的影响，火灾疏散的安全隐患非常多[25-28]。近来年，我国各地发生了多起高层建筑重大火灾事故，损失惨重（表 2-5）。

表 2-5 高层建筑火灾事故

序号	时间	地点	损失情况	起火原因
1	2020 年 1 月 1 日	重庆加州城市花园小区	无人员伤亡	5 楼租户吸烟不慎引燃棉被，将已燃棉被丢弃在阳台引燃周边可燃物
2	2019 年 12 月 30 日	重庆市涪陵区马鞍街道踏水桥校区居民楼	6 人死亡	2 楼的一位老人在熏腊肉，用小太阳电烤炉熏腊肉，引发火灾
3	2019 年 12 月 22 日	中山市古镇镇晋南路一小区高层复式住宅	一家 6 人死亡	
4	2019 年 12 月 21 日	西安龙首北路天竹综合大厦小区	一对母女不幸身亡	
5	2019 年 6 月 16 日	乐清市城东街道旭阳路铂金湾花园小区	3 人死亡，5 名伤员	
6	2015 年 7 月 11 日	湖北武汉紫荆家园住宅楼电缆竖井 32 层高楼	7 人死亡，12 人受伤	线路老化发生自燃
7	2010 年 11 月 15 日	上海静安区余姚路胶州路教师公寓	58 人遇难，70 余人受伤，房产损失接近 5 亿元人民币	外立面墙壁施工，4 名电焊工无证违规操作，引燃周围易燃物，脚手架突发大火
8	2010 年 9 月 9 日	吉林省长春市一座在建楼盘的两栋 32 层高楼	42 人受伤，经济损失约 600 万元人民币	苯板起火

资料来源：笔者根据相关资料整理

特别是 2010 年 11 月 15 日，上海市静安区胶州路 728 号的公寓大楼发生特大火灾，造成 58 人死亡，71 人受伤。这次重大火灾事件后，高层住宅建筑的火灾疏散和楼内居民的风险认知问题开始引起学术界的广泛关注。

本书课题组研究调查了南京主城区 20 个老旧高层住宅小区，包括丹凤街片区、北门桥路片区、洪武路片区、马府西街片区、弓箭坊片区、汉中路片区、江东北路片区、明发三期片区等，着重调查火灾时居民逃生可能面临的人为风险类型，并分析该问题存在的原因[29]。

1. 疏散路线缺乏多方向性和障碍物多

高层住宅建筑的消防疏散有一条基本原则，即“双向疏散原则”。在建筑物中任意的一个部位，其疏散方向均应当做到有 2 个或 2 个以上，以便人们结合自己的实际情况，选取相应的疏散通道；当其中 1 个疏散通道被火焰或者烟气侵袭时，可从另 1 个通道通过，从而最大程度提升疏散安全性。

但是，在被调查的多个高层小区内，住宅标准层平面都只有一个疏散方向，缺乏第二个可供选择的备选疏散方向（如名仕嘉园图 2-1）。

在一些现状具有 2 个方向疏散通道的高层住宅内，经常会由于人为因素，导致 2 个疏散通道中的 1 个疏散方向被堵，只剩下唯一的疏散方向可供逃生。例如，在弓箭坊小区，高层住宅楼内电梯核心筒周围，设有环形通道，每一住户都有两个疏散方向。但调研发现，很多住户占用公共走道，私装防盗门，堵塞了逃生道路（图 2-2）。

还有很多住户习惯于将电瓶车、自行车等交通工具，以及废纸壳、塑料箱、鞋架、柜子等各种杂物随意堆放在前室和公共走道内，阻塞了通道，给火灾时人员的疏散造成了极大的隐患（例如北门桥路小区和怡景花园，图 2-3，图 2-4）。在怡景花园楼梯间内，堆放的各类杂物使楼梯平台有效宽度减少，影响疏散。这些障碍物可能使慌乱的居民改变疏散方向，造成“逆流”，导致堵塞情况出现。还有一些高层住宅的一层大厅内，停放了不少非机动车，也会影响火灾时的人流疏散。

另外，公共走道过窄也是较为普遍的现象。调研发现，样本高层小区中，多数住宅楼内疏散通道的尺寸过窄，不符合消防规范要求。例如洪武路高层小区，其疏散通道的宽度只有 0.85 米，防火门只有 0.72 米，疏散楼梯的宽度也只有 0.93 米，尺寸过小，火灾时疏散通行能力被制约（图 2-5）。

2. 防火门常开和设置不当

（1）防火门违规常开。防火门的作用是阻止火势蔓延和烟气扩散，通过隔断空间来形成一个独立的防火分区。所以，防火门为常闭式，目的就是为了在火灾发生时隔断火焰的

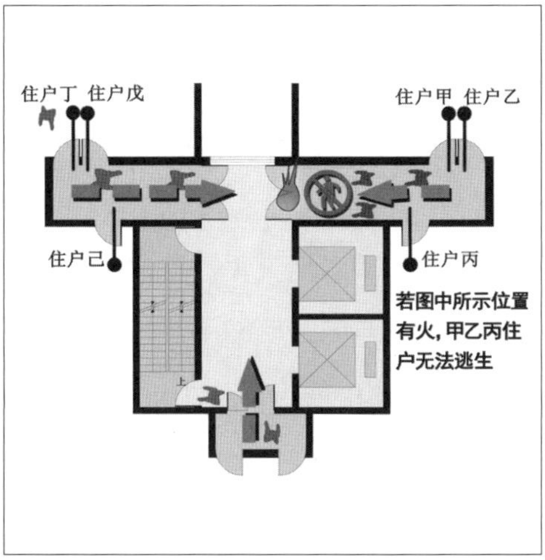

图 2-1 名仕嘉园疏散方向

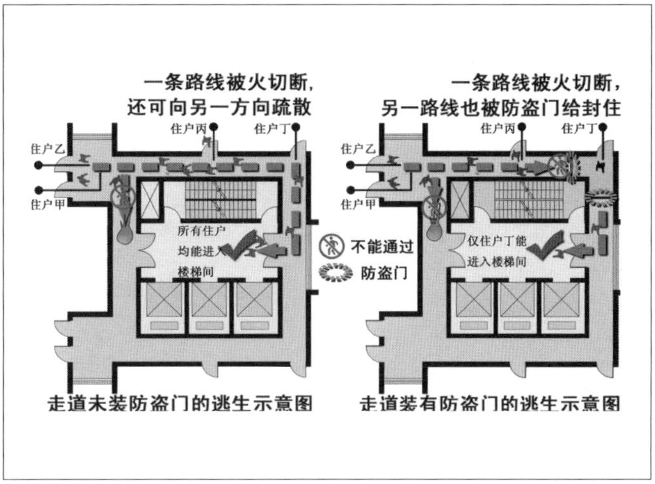

图 2-2 弓箭坊小区楼道堵塞

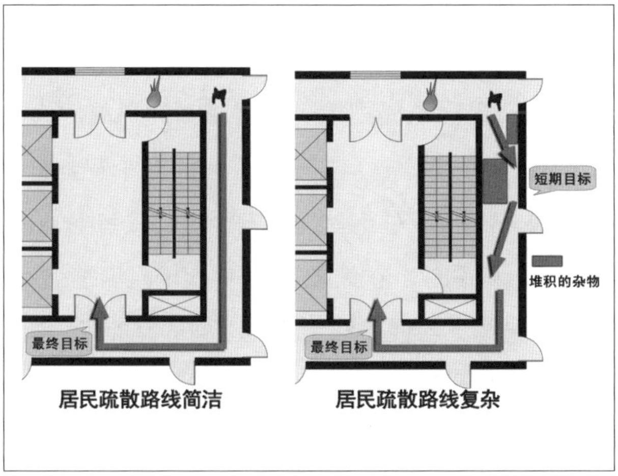

图 2-3 北门桥路小区楼道堵塞

图 2-4 怡景花园楼道堵塞

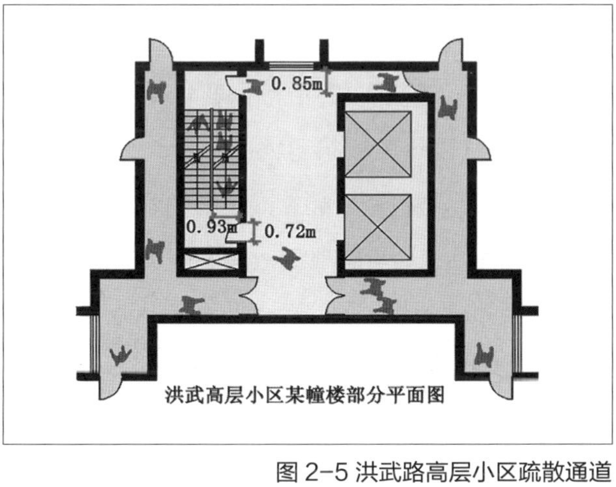

图 2-5 洪武路高层小区疏散通道

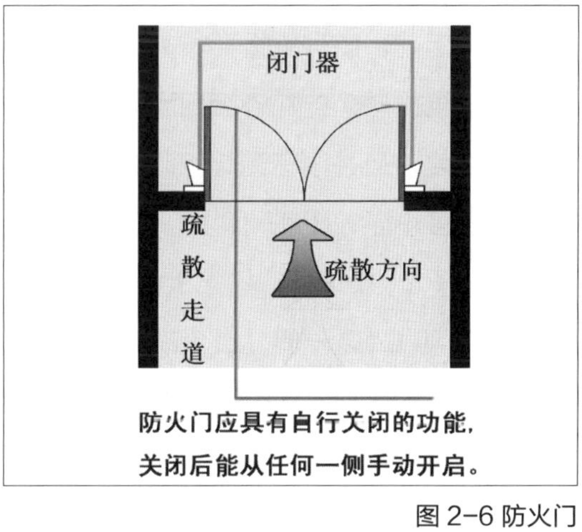

图 2-6 防火门

蔓延，避免火势的扩大。防火门分等级，不同等级的耐火时间不同。如果防火门平时不关闭，发生火灾时，火焰会迅速蔓延，就起不到防火的作用了。但是，在调研的高层住宅小区内，几乎所有的防火门都处于常开状态。原因是居民为了日常出行的方便而打开的，打开了也不关闭，甚至是使用器物阻拦防火门自动关闭。防火门常开，一旦发生火灾，防火门不能起到防火隔烟作用，大量的烟火就会窜入楼梯间，给居民疏散和消防员灭火救援带来不利。

（2）防火门设置不当。高层住宅建筑的防火门应为向疏散方向开启的平开门，并在关闭后应能从任何一侧手动开启。同时用于疏散的走道、楼梯间和前室的防火门，应具有自行关闭的功能。但是，在调查中发现，75% 的高层住宅小区楼梯间防火门的设置不利于火灾时的人员疏散。例如，在罗马假日小区，楼梯间的休息平台宽度过窄，导致在火灾时，要进入楼梯间的人流，在开启防火门的过程中可能卡住正疏散的主人流，造成疏散速度减慢或无法疏散，甚至会造成人员受伤（图 2-6，图 2-7，图 2-8）。

3. 建筑出入口疏散隐患多

（1）建筑首层安全出口少于 2 个。按《建筑设计防火规范》的要求，建筑高度大于 54 米的住宅建筑，每个单元每层的安全出口不应少于 2 个，且应分散布置，两个安全出口之间的距离不应小于 5 米。调研发现，80% 的样本小区高层住宅首层的安全出口只有 1 个（如程阁老巷小区，图 1-9）。唱经楼小区某幢楼首层本来设有 2 个安全出口，但次出入口被上锁，无法通行，一旦发生火灾，如果楼内唯一的出口被烟火封住，居民将难以到达室外。

（2）建筑入口门无防护挑檐。《建筑设计防火规范》要求：建筑外墙上、下层开口之间应设置高度不小于 1.2 米的实体墙或挑出宽度不小于 1.0 米、长度不小于开口宽度的防火挑檐。高层建筑直通室外的安全出口上方，应设置挑出宽度不小于 1.0 米的防护挑檐。防火挑檐用于上下方均设有门窗洞口地方的竖向防火分隔，以达到阻止火势上窜蔓延的目的。因此，防火挑檐要具有与外墙一致的耐火极限。防护挑檐的用途主要是为了防止在火灾时上方坠落的构件会阻塞首层出口或砸伤出入人员，因此，防护挑檐要求具有一定的结构强度，但并没有耐火极限要求。调研发现，部分样本小区建筑出入口未设防护挑檐（如唱经楼小区，图 1-10），一旦发生火灾，疏散出来的居民有可能被高空坠落物砸伤。

（3）楼顶出口门被上锁。《中华人民共和国消防法》明确规定，单位违反本法规定，有下列行为之一的，责令改正，处 5000 元以上 50000 元以下罚款：①消防设施、器材或者消防安全标志的配置、设置不符合国家标准、行业标准，或者未保持完好有效的；②损坏、挪用或者擅自拆除、停用消防设施、器材的；③占用、堵塞、封闭疏散通道、安全出口或者有其他妨碍安全疏散行为的；④埋压、圈占、遮挡消火栓或者占用防火间距的；⑤占用、堵塞、封闭消防车通道，妨碍消防车通行的；⑥人员密集场所在门窗上设置影响逃生和灭火救援的障碍物的；⑦对火灾隐患经公安机关消防机构通知后不及时采取措施消除的。

但是，调研发现，75% 的高层小区楼内通向楼顶的门被锁，同时又难以保证火灾时能有专人及时打开。当烟火向上蔓延时，因楼内缺少其他避难区域，起火层以上的居民大多会跑向屋顶，如果通往楼顶的门被锁，居民将难以去屋顶暂时避难，可能被烟熏死在顶层楼梯间。

4. “飞线”充电现象严重

如今，电动车使用极为普遍。按相关规定，不能在楼道、地下室和家中为电动车充电，应该在统一充电桩进行充电。平时为电动车充电时要控制好时间，不过度充电。一般情况下，电动车充电 6~8 小时即可，超时很容易造成自燃，更不能使用无套管的线充电。但是，调研发现，在不少高层小区内，都存在车主私拉电线给电动车充电的情况，存在很大的安全隐患。将电动车放置在狭窄且密闭的环境内充电，一旦起火，极易让火源随着飞线而上造成火势蔓延，浓烟会迅速充满密闭区域，切断人员逃生路线，给居民楼内的人员生命财产安全带来巨大的威胁。

5. 内部消防设施不完善

调查发现，在样本小区中，75% 的高层住宅小区楼内消火栓损坏情况严重，甚至有居民反映消火栓不能出水。一旦发生火灾，室内扑救难以展开。

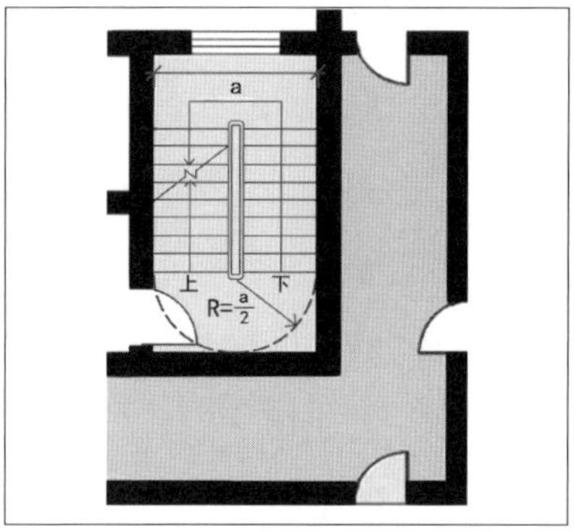

图 2-7 罗马假日楼梯

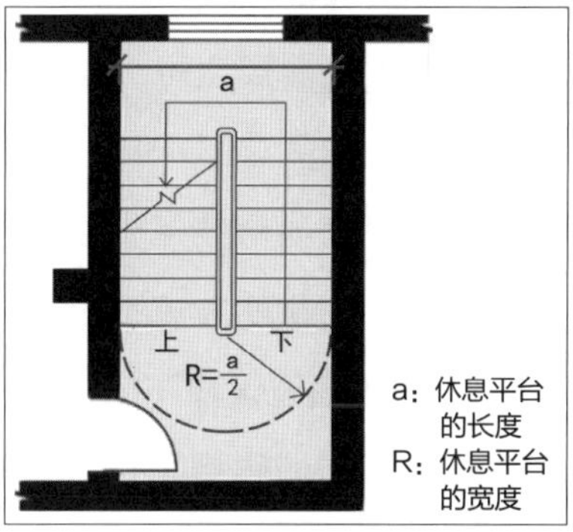

图 2-8 合理的设置形式

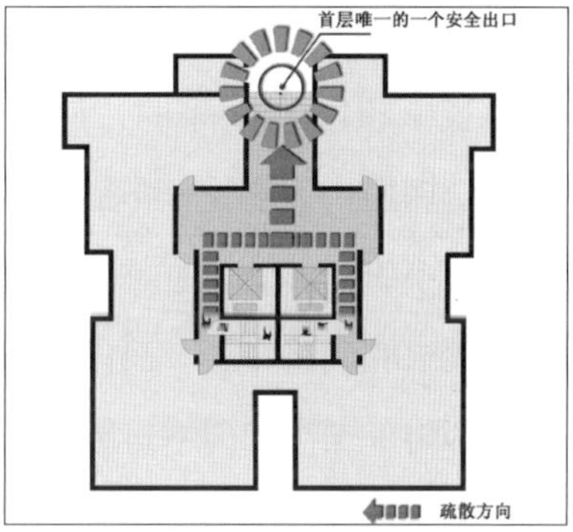

图 2-9 程阁老巷小区首层出口

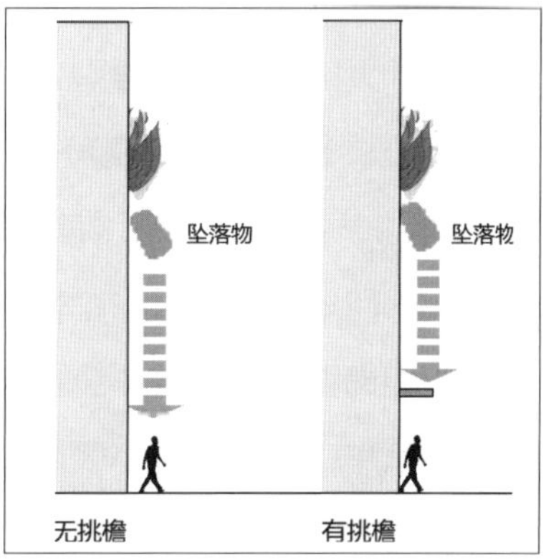

图 2-10 高层住宅出入口处的防护挑檐

多数住宅楼内鲜有灭火器。火灾时，难以扑灭初期火灾。

无一住宅楼内设有火灾应急照明。明发三期某高层住宅采用暗设的楼梯间，无普通照明和应急照明。一旦发生火灾，居民在黑暗的楼梯间更加恐慌，行走困难，易出现摔倒和踩踏等情况。

25% 的小区楼内无自动报警设施，有的设施年久失修，火灾时很难及时报警。

60% 的小区未设置自动喷水灭火系统，一旦发生火灾，火势极易蔓延。

70% 的小区疏散指示标志存在不同程度的损坏，火灾发生时，不能帮助人们在浓烟弥漫的情况下辨清疏散方向。高层住宅建筑内部，其他消防设施被损坏的情况也非常普遍，如消防软管和灭火器被盗窃，室内消火栓被毁坏，消防警报器、烟感系统、消防应急照明灯具等被毁坏等。

几乎没有高层住宅小区设有消防控制中心，一旦发生火灾，消防设施控制系统不能及时发挥作用，初期火灾不能及时被控制。

6. 消防通道设置不当

按《城市消防规划规范》的要求：高层民用建筑消防车回车场地面积不宜小于 15 米 ×15 米。《建筑设计防火规范》也要求，高层民用建筑应设置环形消防车道，确有困难时，可沿高层建筑的两个长边设置消防车道 （图 2-11）。当高层建筑的沿街长度超过 150 米或总长度超过 220 米时，应设置穿过建筑物的消防通道。高层建筑应设有连通街道和内院的人行通道，通道之间的距离不宜超过 80 米。消防车道距外墙不宜小于 5 米，消防车道宽度不应小于 4 米，消防车道上空 4 米以下范围内不应有障碍物，并保持 24 小时畅通。穿过高层建筑的消防车道，其净宽和净高均不宜小于 4 米。消防车道与建筑之间，不应设置妨碍登高消防车操作的树木、架空管线等障碍物。

调研发现，部分小区高层建筑周边并未按规定设置消防通道。明发三期小区部分高层住宅之间设计成步行区域，只有组团外围有消防通道（图 2-12），组团内部没有消防车道，一旦发生火灾，消防车难以到达组团内部，给着火面在组团内部的灾害事件的消防救援活动带来困难。又如，洪武高层小区南面一侧并未设置消防通道，场地被用作停放自行车（图 2-13）。一旦发生火灾，消防车难以到达住宅南侧。另外，很多小区的次要出入口平时大门上锁，大门处停放了很多车辆。消防通道被人为堵塞的情况非常普遍。《中华人民共和国消防法》明确要求，消防车道上不允许停放车辆。然而，随着经济水平的提升，很多家庭都拥有了私家车，老旧高层小区内由于停车位不足，很多私家车主会将车停到消防车道上，在事故发生时也不能及时挪车，不仅给救援行动带来极大困难，也间接加大了火灾事故造成的损失。

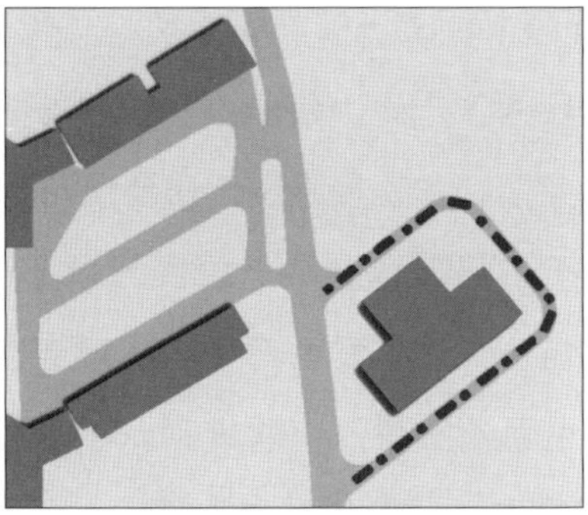

图 2-11 高层建筑的消防通道

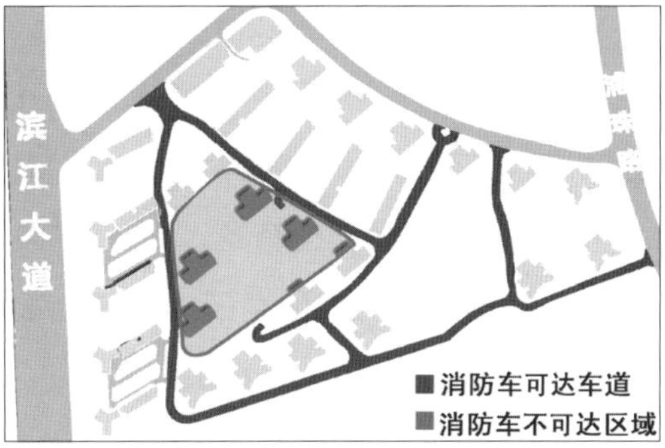

图 2-12 明发三期平面

图 2-13 洪武路高层小区平面图

2.3.2 居民对火灾疏散风险的认知

从南京市 8 个密集的高层住宅片区的 547 份有效问卷的分析结果来看，居民的防火意识、应灾技能、火灾时的逃生行为选择等方面都存在较大的风险认知缺陷，从而导致高层住宅居民在火灾发生时的疏散能力较低。

1. 消防安全意识薄弱，专业知识储备不足

如果自己家里着火了，58.5% 的人表示会在逃离家时随手把门关上；41.5% 的表示不会。这反映了超过 40% 的人，没有意识需要采取阻止火势向外蔓延的行为措施，防止火势扩大的观念不足。

在有关防火门平时应该处于何种状态的问题上，62.5% 的人认为应该常开；25.6% 的人认为应常闭；11.9% 的人表示不清楚。有的居民为了方便，使防火门处于常开状态。但实际上，消防门应该常闭，不能常开，大部分人都选择错了，这也反映了普通公众的消防知识的缺乏。

在疏散路线上，还有超过 30% 的居民不了解疏散路线。居民习惯把杂物堆积在高层住宅的疏散通道内。有的居民占用通道私装防盗门，根本没有意识到疏散通道畅通的重要性。火灾时，很有可能因居民意识薄弱、防范不足而无法有效应对火灾，不能及时脱离险境。

在对楼内空间和消防设施位置的熟悉程度上，经常经过的地点，大家就比较熟悉；而一旦涉及到专业的消防设备和疏散路线，熟悉程度就会直线下降。例如，对于灭火器的位置，只有 37.6% 的人很清楚，而 34.7% 的人表示从来没有关注过。这也反映了公众日常，没有有意识地去关注消防安全问题。

超过一半的受访者表示，自己会使用消火栓、灭火器和手动报警装置，但仍然有超过 40% 的人表示不会用。这表明，公众在消防专业知识和技能方面，仍有很大不足，同时也反映了消防宣传和教育，还存在很大的盲区。

经历过火灾的人是少数，在所有受访者中，86.3% 的人没有经历过火灾，缺乏应对火灾的实际经验。73.1% 的受访者表示，日常了解过有关消防方面的知识，但是从其有关消防安全疏散问题的回答上来看，了解的消防知识很有限，或者说明消防宣传教育的效果不佳。

56.1% 的人表示愿意接受消防演习，36.2% 的人表示不愿意。不管什么原因导致受访者选择了不愿意，这都反映出公众对消防安全重要性的认知度不高的现状。在以往的实际经历中，有 36% 的人表示接受过消防演习，62.3% 的人表示没有接受过消防演习。这反映出没有接受过消防演习的人比例过高，而理想状态是所有人全部要接受消防演习。

62.3% 的人表示，小区物业没有开展过消防教育宣传。这么高的比例，反映了消防宣传存在盲区，没有覆盖到所有小区；未来，消防部门走进社区的工作依然任重道远。

在平时有向物业或其他部门反映过小区内部消防设施不完善的情况时，42.9% 的人表示没有；32% 的人表示没有注意过；22.7% 的人表示有反映过。平时，很多人对消防设施缺乏关注，也不愿意参与消防活动，自主反映情况的比例低，公众对消防的参与性不足。

2. 心理反应与应急行为

当得知自己所在高层住宅内发生火灾后，46.6% 的受访者认为自己会比较冷静，能够采取果断的行为； 42.4% 的人表示惊恐；5.5% 的人认为自己可能会比较迷茫，不知所措。这说明，有超过一半的人在遇到火灾后，不知道应该采取何种正确的行为，处于惊恐和迷茫的状态。居民在恐慌情况下，会伴有从众行为，容易引起拥挤，降低疏散速度。甚至有居民可能会选择一些不合理的逃生方式。同时，恐慌也会产生忽视有利于他人的疏散行为，包括不关门而离开着火房间，导致火灾蔓延，使他人处于生命危险的简单行为。据统计，超过 40% 的居民不能保证会关上着火房间的门。这也反映了大部分人的火灾应急反应存在很大不足。

在“得知楼内发生火灾后，第一反应会做什么”的问题上，35.7% 的受访者表示，自己会去报警。超过 1/3 的人选择首先报警，告知消防人员前来救火，以保证大家的安全，这充分体现了一种公德心。23.6% 的人认为需要立即逃生。立即逃生，说明了自保第一，即在紧急情况下，保住自己的生命安全是最重要的，然后才可以视具体情况采取进一步的动作。17.3% 的人会提醒他人；提醒他人，也是一种体现公德心的行为，属于友善的互助行为。但是该类行为的比例不高，也属正常，毕竟在第一反应上，还是保住自己的生命是第一重要的事情。14.1% 的人会去进一步确认火灾信息。只有 8.3% 的人表示，自己会去灭火。去灭火的人比例不足 10%，说明掌握灭火知识和技能的人很少，绝大部分人在消防安全方面存在专业知识的短板。

在自己得知火势较大时，28.8% 的人表示会立即逃生，这是正确的选择，体现了自保第一的基本原则。15.6% 的人会马上采取自救行动，在紧急情况下，应首先自我救助，其次是等待他人救助，最后是去救助他人。15.9% 的人会通知他人，这仍然体现了一种互助行为。6.4% 的人会帮助他人撤离这属于一种救他的互助行为，但需在能确定自身安全的前提下进行。15% 的人会启动消防报警按钮，在火势较大时，仍通知消防部门前来灭火，反映出公德心水平高。7.2% 的人会去尝试灭火，这反映出确实有一部分人比较勇敢，但是会导致自己处于危险的境地，这类行为是不鼓励的。6.6% 的人表示，需要带上重要物品后再出门，这是致命的错误行为，反映了一种物比命贵的糊涂心理。在这些人的心中，财产是第一位的，等找到重要物品后再逃也是来得及的，而完全忽视火情的紧急程度。在调查中，总是会有少数人选择首先带上贵重物品后再出门，这将延误宝贵的逃生黄金时机，导致伤亡的几率成倍上升。有 2.7% 的人选择原地避难，原地避难需要视情况而定，最好配合向外界求救的行为，因为呆在原地的时间越长，危险性越高。还有 0.5% 和 0.2% 的人表示不知所措，听天由命，或者是对火情不予理睬。前一种可能是由于过度惊恐导致的木鸡行为，后一种则是一种完全无知、身处险境而不自救的自杀式行为。

在得知起火位置距离自己所处位置较远时，57.4% 的人会选择先报警，然后逃生；26.9% 的人选择在报警后继续呆在原地；6.1% 的人选择去灭火；5.5% 的人选择立即逃生；2.5% 的人认为，火不会烧过来，呆在原地。

3. 逃生行为选择

在“高层住宅内火灾发生后，选择往哪里逃生”的问题上，66.2% 的居民选择逃往地面；10% 的人选择逃往楼顶；15.3% 的人选择逃往卫生间或前室；5.9% 的人选择躲在一个狭小角落中；2.7% 的人选择呆在家中。没有绝对的往上跑或往下跑，处在不同的位置，应该会选择不同的应对措施，需要视着火点与自己所处位置的上下关系而定。

在选择何种途径逃生的问题上，64.3% 人选择楼梯；15.7% 的人选择根据疏散指示标志逃生；9.7% 的人选择听从工作人员的指挥；4.3% 的人选择使用电梯逃生；2.7% 的人选择跟着大多数人走。火灾时，是不能使用电梯逃生的，说明少部分人不知道这点。随大流也反映了盲从的心理。

在逃生过程中，如果在楼梯间内遇到障碍物阻挡，60.4% 的人选择尝试跨越障碍物继续前进；24.8% 的人选择进入最近的楼层；还有 6.3% 的人选择返回。

如果通往室外的出口被火封死或是门窗被锁死，以及所有尝试都失败时，78.9% 的人选择就近寻找其他安全的地方等待救援；13.8% 的人表示会返回家中；2.4% 的人会不知所措。

在自己已经逃出着火大楼后，是否还会返回楼内救助亲朋好友的问题上，65.9% 的人表示会去；34.1% 的人表示不会去。在这个问题上，近 2/3 的人选择回去救亲人，反映了亲情观念非常重。

在烟气中如何逃生呢？ 42.7% 的人选择奔向与烟气相反的方向和部位；27.2% 的人选择奔向经常使用的出入口；10.1% 的人选择奔向有光亮的部位；9.4% 的人选择从烟气中冲过去，希望有求生机会；5.1% 的人选择不知所措，随人流奔跑。

4. 应激反应的心理学解释

1）完全理性与有限理性

完全理性指行为人能够具有全知全能的本领，他的决策方案可以实现利益的最大化[30]。在传统观念中，如果接受了防灾减灾方面的宣传和教育后，所采取的行为就应该是完全理性化的，能快速做出正确的选择，从而实现损失的最小化[31]。但是，现实情况是，不少接受过培训的人，实际上的选择并非能达到损失最小化和利益最大化的目标。除去随着时间的拉长，人的专业知识记忆会逐步消弱的情况外，这种情况反映出宣传教育的实际效果不佳的问题，未来还需要不断强化训练，形成肌肉记忆。

有限理性[32]指在紧急情况下，行为人无法知晓所有灾害信息，但是需要快速做出判断和决策，只能放弃诸多不确定性因素，做出令自己满意的行为选择。通常情况下，这个能达到满意准则的行为是保住自己的性命。在很多情况下，行为人在做出选择时是理性的，但是这个理性是有限的，他的目的不是最优解或损失最小化的方案，而只是在当时条件下，能令他自己满意的选择[33-34]。

2）亲情效应与互助效应

亲情效应指由于血缘关系的影响，行为人不顾自身危险，带着亲属一起逃生的现象。在调查中发现，有不少人会在逃生时，带着亲人一起逃生；或者在自己成功逃生后，又不顾危险，返回屋内去救助自己的亲朋好友，这些都是典型的“亲情效应”的体现[35]。

互助效应指在紧急情况下，自己主动地去帮助他人的现象。通过互助，可以实现一种共生的目标。帮助的对象可以是自己的亲人朋友，也可以是陌生人。互助行为除了直接的救助行为外，还包括间接地救助行为，如报警和提醒他人。互助行为是一种友善心理的作用，也体现了一个较高社会公德心水平。

3）木鸡效应与迷途效应

木鸡效应指行为人非常惊恐，不知所措，没有任何反应，多因过度惊恐而失去做出正常反应的能力，呆若木鸡。调查发现，在很多情况下，都会有一些人表现出完全不知所措的状态。木鸡行为是专业知识严重不足，从而导致完全丧失应对突发状况的能力。一方面反映了自己应急能力的严重缺陷，另一方面也反映了应急宣传和教育的不足，实际效果不佳的窘境。

迷途效应指行为人由于缺乏专业知识，导致无法判断哪条是正确的逃生路径，在逃生过程中，遇到障碍物或他人与自己的逃生方向不一致时，就无法判断对错的现象。迷途行为是缺乏消防专业知识所导致的。在多数情况下，迷途行为会走向从众行为，当自己无法做出正确判断时，就把决定权交给他人，跟着多数人走。

4）羊群效应与从众效应

羊群效应[36-37]指当有一头羊做出了特别的举动，其他羊会跟随，它们不会去思考这是去吃草还是去喂狼。只要有人带头，很多人就盲目跟风，不辨别是非。羊群效应在外在形式上表现为跟随别人的脚步，行为人实质上是一种无脑行动，是一种从众行为[38-40]。

从众效应[41-43]指在紧急情况下，行为人自己无法判断正确的逃生方式，从而跟从大多数人一起逃；或者在发现他人跟自己的逃生方向或路线不一致时，放弃自己的选择而跟随多数人一起逃的现象。在心理上，从众行为是把决定权交给他人，让他人的选择变成自己的选择，从他人的选择上获取更多的信心。潜意识中存在一种“要活大家一起活，要死大家一起死”的心态。从众行为的产生，反映出部分人的意志不坚定，也说明专业知识和技能的不足，对自己选择的不信任。

2.4 低层历史住区的火灾疏散风险与居民的风险认知

历史文化街区是重要的城市文化遗产，是城市历史上各个时期历史风貌的典型代表，在整个城市发展过程中承担着重要的文化传承功能。在空间方面，历史文化街区的特点是建筑低矮密集，建筑密度大，道路狭窄弯曲。但是，当面临灾害时，这些特点反而变成了制约因素，火灾风险高，不利于人员的快速疏散。这是一对难以调和的矛盾[44-46]。

针对历史文化街区这类特殊的空间类型，本书课题组选取了两个研究样本，均为低层历史住区，分别是南京市秦淮区老门西地区和荷花塘历史文化街区，对该历史街区的安全疏散问题展开调研。基地位于南京市老城区内西南部，东至水庵斋和磨盘街，西到鸣羊街，南到明城墙以南约 25 米处西干长巷，北至殷高巷。调研基地总面积约 12.6 公顷，是南京最具历史文化底蕴及明清建筑特色的古城历史风貌区之一。片区周围有多处文物保护单位，省级文保单位如刘芝田故居，区级文保单位包括殷高巷古建筑群、高岗里古建筑群、魏家骅故居等，还有历史建筑 43 处[47]。

荷花塘历史文化街区内的 13 条巷子都有着悠久历史，每条巷子的名字都传承着历史文脉，见证了岁月更迭，分别是：鸣羊街、水斋庵、孝顺里、磨盘街、同乡共井、殷高巷、鸣羊里、学智坊、谢公祠、高岗里、陈家牌坊、饮马巷、荷花塘。许多巷子因此地曾经拥有的老行当或者地标建筑而得名。比如磨盘街，从前此地有许多人以做磨盘为生；水斋庵，巷子里原来有一座叫“水斋庵”的庵堂；谢公祠，曾有东晋名门望族谢氏的祠堂。有些巷子的名字则来自于历史或民间传说，如同乡共井、饮马巷、孝顺里等。在荷花塘历史文化街区的保护规划中明确要求，历史街巷不得更名[48-49]。

此外，荷花塘历史街区内的非物质文化遗产同样非常丰富。街区内蕴含着传统音乐古琴艺术，传统曲艺南京白菊、南京评话、南京白话，民俗工艺南京剪纸、绳结、风筝、空竹、云锦，民俗文学南京市声等同样为人熟知。

2.4.1 火灾疏散风险

1. 建筑本体安全度低

目前，荷花塘历史街区有大量南京传统民居，并有多处文保单位和历史建筑。然而，这些建筑的质量普遍不佳，破旧程度严重，但受外观风貌保护的要求无法更改其材料或结构，存在大量安全隐患。

1）建筑年代久远导致安全隐患

建造年代是安全度评价中的主要考虑因素之一，基本上时间越久，安全性越差。基地中的建筑，除了少数为 2000 年以后新建外，其余大部分都具有七八十年以上的历史，甚至存在一定数量的百年以上的建筑。大量历史建筑构成了历史街区的特色，但是却给安全问题带来了很多隐患。历史街区格局和建筑状态已经不符合现在的安全要求，加上老化现象和维护不佳，易导致安全问题的发生。

2）建筑材料防火性能差

基地内很多建造年代超过百年的建筑，如刘芝田故居以及多处四、五进的院子，都以木材料为主。古建筑经过上百年后，木料不断脱去水分，干裂情况严重。有的木构件被蚂蚁、虫蛀蚀，几近朽木，极易燃烧。此外，部分古建筑殿堂高大宽阔，通风条件较好，发生火灾时，火势蔓延的速度会很快。

除了木材，基地中的主要建筑材料还有砖、混凝土，以及板房的彩钢夹芯板。这些材料中除了混凝土外，其余几种建筑材料的耐火等级都较低。课题组根据耐火等级，现场给建筑的防火性能进行评定。评价结果显示，除了个别区域外，基地内建筑材料的防火性能普遍偏低。

3）建筑日常维护状况不佳

日常维护状况对建筑的防火能力有很大影响。老建筑如果能得到良好的安全维护，也能保证建筑具有良好的安全性。但是，较为普遍的现实情况是，大量建筑都缺少后期维护，大量旧宅破损情况严重。维护差的主要原因是居住人员多是外来租客，占据了现有居民总数的 74.3%。租金大概是一间 15 平方米 700 元左右的水平，低租金对外来打工者的吸引力较大，且人员流动性高，出租房的换手率较高。由于房屋大量出租，房东和租客对房子整修都缺乏积极性，房屋破败不堪的问题越来越严重。同时，由于房屋破败，租金较低，租客的收入水平也普遍较低，对老屋进行保护意识也普遍较弱。

2. 空间密度大

荷花塘历史街区的建筑密度大、空间布局结构复杂、违章搭建情况严重、各类防灾救灾所需的空间都十分缺乏，给防灾工作带来了困难。

1）现有道路无法满足人流的疏散和救灾设施的进入

在各类灾害发生时，无论是内部人员的向外避难疏散，还是外部救援物资和车辆的进入，都与道路的应急能力有着密不可分的关系。但是，建筑密集和道路狭窄是历史街区的普遍特征，也是形成历史街区空间格局特色的重要组成要素。荷花塘历史街区基地内部仅有少部分区域可通车，大部分道路的宽度在 2~3 米；同时，基地内道路两边占道现象十分严重，导致大部分道路实际通行宽度只有 2 米。这些都会严重影响到街区内部人群的疏散及外部救援设施的进入。还有部分区域，外部救援车辆和消防车辆是无法进入的。

2）现状空间格局导致逃生路线的复杂性

荷花塘历史街区内现状空间格局复杂，逃生路线不明确。课题组对基地内各类疏散路线进行了调查，发现不同类型的院落空间中最佳逃生路线都至少需要穿越 3 个空间，甚至还有坡度很大的木质楼梯和非常狭窄的过道等，这些空间本身都存在着不少安全隐患。受历史街区空间格局特点的影响，疏散路线较为复杂，这也降低了居民的疏散效率。

3. 危险源量多面广

一是煤气罐数量多。荷花塘历史街区内居住建筑的密度很高，大量居民使用煤气罐来做饭，很多人直接把煤气罐露天摆放在路边或房屋门口。

二是老旧电力设施距离过近。根据相关规范要求，10 千伏箱式变电站与建筑物的防火间距不应小于 3 米。基地内有不少裸露的变电站和变压器，且与居住建筑距离过近，威胁居民安全。同时，电线乱拉乱扯现象普遍，且老化状况严重，火灾风险较高。

此外，街区内的消防设施非常缺乏，原有的消火栓在后来的建设过程中被拆除，没有专门的消防水池，严重影响了消防能力。

2.4.2 居民风险认知

1. 防火安全态度

在受访者中，20.2% 的人表示，日常生活中对于消防安全知识不关心，50.0% 的人表示关心程度一般，29.8% 的人表示非常关心。

73.8% 的人表示，日常生活中有必要做消防演习以减轻灾害来临时的损失；6.0% 的人表示没有必要；19.0% 的人表示自己没有演习过，不了解情况。研究发现，在该区内居住时间的长短对于消防演习的态度有较大差异。例如，居住时间在 1 年以内的人，有一半的人不了解防灾演习；而居住时间在 5 年以上的人，则有超过 70% 认为演习很有必要（图 2–14）。

在消防演习活动的参与度方面，48.8% 的人表示，如果有防灾演习活动，自己会认真配合；3.6% 的人表示，防灾演习不是真的，不必用心参与；9.5% 的人表示，自己没有时间参与防灾演习活动；32.1% 的人表示，如果自己有时间的话，就会参与。值得注意的是，中青年人对于防灾演习大多数持“有时间就参加”的态度，反映出他们对防灾演习的重要性有一定认识，但不够深刻。反而是 60 岁以上的老年人，对于认真配合防灾演习的积极性最高（图 2–15）。

在接受防灾避难教育方面，21.4% 的人表示，自己经常接受有关防灾避难方面的教育；34.5% 的人表示，自己偶尔会接受此类教育；44.1% 的人表示，自己从来没有接受过防灾避难的教育。

21.4% 的人表示，自己会通过政府宣传的途径来提升自己的防灾避难意识；36.5% 的人选择媒体宣传；11.9% 的人选择学习教育；5.6% 的人选择家庭教育；9.5% 的人选择防灾演习；2.4% 的人选择他人告知。

在参加防灾宣传教育的频率方面，15.5% 的人表示，自己一年参加过几次；32.1% 的人表示，自己一年只有一次；23.8% 的人表示，自己是几年才参加一次；28.6% 的人表示，自己从来没有参加过。

由此可见，对于历史文化街区的居民而言，防灾避难意识整体较弱；未来，提高全民的防灾减灾意识依然是当务之急。

2. 消防知识水平

在消防知识测试中，只有 9.7% 的人拿到了优良（81~100 分）；23.7% 的人拿到了及格（61~80 分）；不及格的人数占 66.6%。只有 1/3 的人及格，2/3 的人都不及格（图 2–16）。这反映了历史文化街区居民在防灾避难知识方面的储备非常不足。

例如，在是否会使用灭火器方面，仅有 22.6% 的人表示，自己很清楚如何使用灭火器，并且使用过; 45.2% 的人表示，不知道如何使用灭火器; 32.2% 的人表示，大概知道如何使用。

在使用灭火器灭火时，关于灭火器的喷射口是对准火焰的哪个部位的问题上，居然有 39.3% 的人表示是上部; 8.3% 的人认为是中部; 虽然有 52.4% 的人表示是根部，回答正确，但是该问题的错误率超过了 40%，不能被忽视，这么小的一个问题就反映出普通大众在消防基本知识上的严重匮乏。

此外，居住时间较长的居民，日常防火措施做得比较到位；而居住时间较短的则不然，这和当地房屋大量出租的情况有关。同时，统计显示，初中以下受教育水平的被调查者在防火知识测试中的得分普遍较低。这也与消防演习在小学开展的较少，以及小学生缺乏生活经验有关。

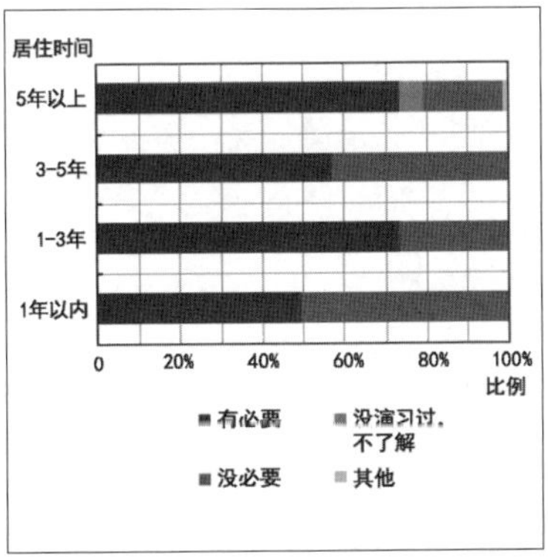

图 2–14 居住时间与防灾演习的态度

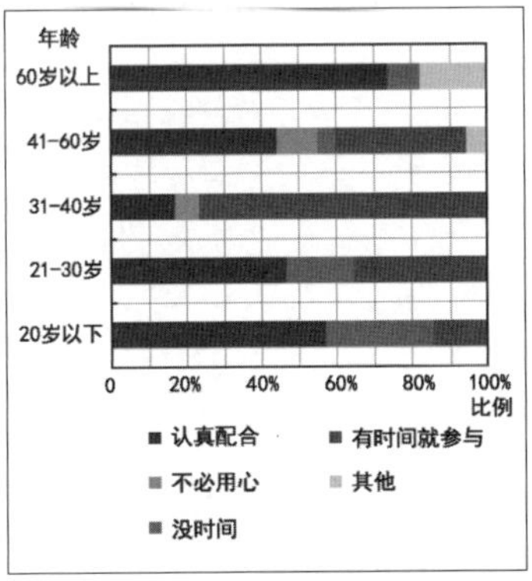

图 2–15 年龄与防灾演习的态度

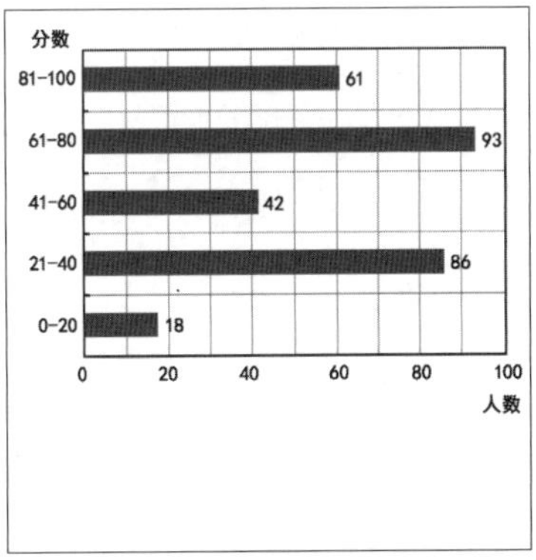

图 2–16 防灾避难知识调查

AWARENESS AND BEHAVIOR OF DISASTER REFUGE

第 3 章

灾害避难意识与行为

CHAPTER 3

我国是一个灾害频发的国家，城市是各类灾害的多发地，风险程度较高，因此，增强城市中公众的灾害意识，提高防灾减灾能力非常必要。本章将以地震灾害为例，对南京市民的避难意识水平、避难知识学习、临震心理反应和应急行为特征展开调研，以期能总结出其中的规律和问题，能为后续的灾害避难相关政策的制定提供参考。

3.1 基本概念

3.1.1 地震灾害

地震指大地震动，又称地动、地振动，是地壳快速释放能量过程中造成的振动，期间会产生地震波的一种自然现象。地球上板块与板块之间相互挤压碰撞，造成板块边沿及板块内部产生错动和破裂，是引起地震的主要原因。地震常常造成严重人员伤亡，能引起火灾、水灾、有毒气体泄漏、细菌及放射性物质扩散，还可能造成海啸、滑坡、崩塌、地裂缝等次生灾害[50]。

3.1.2 避难意识与避难行为

避难指躲避、逃避灾难或迫害；逃离战争或动乱不安的地方；寻求庇护所。避难的原因可以是躲避各类灾害或者战争[51–53]。

避难意识指人基于自身对外界风险的个体感知，而做出的各类有关避险或不避险等内容相关的决策型心理活动[54–55]。

避难意识水平指人自身在避难意识方面所处的程度。不同的个体，由于自身发展层次不同而表现出的避难意识水平也存在着较大的差异。

避难行为指人在面临风险的情况下，做出的为了保护自身或他人安全的应急性避险活动。从保护安全的目的来看，避难行为会因行为人采取了不同的行为活动而产生了不同的效果。避难行为的正确与否，也反映了行为人个体的避难意识水平和行为能力[56–58]。

避难行为能力指行为主体以自己独立的行为去开展各类避难活动的能力。行为主体因个体差异，在避难行为能力方面，存在着行为能力强和弱的区别。

3.2 避难意识水平

3.2.1 避难意识水平的自我评价

本书课题组在南京新街口商业中心、丹凤公寓、门东三条营、门西荷花塘、颐和路公馆区等地区开展避难意识水平的问卷调查。统计结果显示，超过一半的受访者认为自己的避难意识水平一般，20% 左右的人认为自己的水平在一般之上，30% 左右的人认为自己的水平在一般之下。不同区域的调查结果略有差异，民众的避难意识整体水平偏低（表 3-1）。

表 3-1 南京市民众避难意识水平的自我评价等级

地区	等级	很强	较强	一般	较弱	没有
新街口	人数（人）	17	43	155	71	14
	比例（%）	5.6	14.2	51.8	23.7	4.7
丹凤公寓	人数（人）	15	72	174	36	3
	比例（%）	5.0	24.0	58.0	12.0	1.0
门东三条营	人数（人）	24	49	169	56	2
	比例（%）	8.0	16.3	56.3	18.7	0.7
门西荷花塘	人数（人）	11	87	168	32	2
	比例（%）	3.7	29.0	56.0	10.7	0.7
颐和路公馆区	人数（人）	2	27	218	53	0
	比例（%）	0.7	9.0	72.7	17.7	0

此外，在 8 个多层居住小区的调查结果显示：面临灾害时，有主动避难意识的人群集中在 20 ~ 50 岁的人群，占比为 62%；在小于 20 岁的人群中，由于部分孩童对于灾害暂无充分认知，仅占总数的 22%，其中尤为 10 岁以下的孩子居多，有避难意识的仅占总数的 8%；对于大于 50 岁的人群，由于考虑自身身体因素，部分人选择主动放弃避难，以免成为他人障碍。

3.2.2 日常生活中的防灾敏感度

1. 防灾准备

对于应急包的准备，几乎所有人都觉得有必要，但只有 5% 的人有实际行动，86% 的人觉得虽有必要但不实际，衣服、手电等应急物件可以准备，但食物根本没法准备。9% 的人觉得根本没必要，他们表示就算你准备了，在地震发生时，情况慌乱，想不起也来不及拿应急包。

关于今后是否需要事先指定避难场所的问题，66.0% 的人认为需要；25.3% 的人认为不需要，附近就可以避难；8.7% 的人认为，如果有较好条件的地方才需要设置。

2. 应急标志关注程度

应急标志牌对于紧急情况下避难人群的有效疏散，会起到非常重要的引导作用。但是在现实中，关注过自己生活空间中标志牌的人数比例非常低，绝大多数人在平时基本不会留意标志牌。

选择“十分留意”的：最高 8.0%，是在丹凤公寓；最低 1.0%，是在门东三条营。

选择“留意”的：最高 30.3%，是在门西荷花塘；最低 14.0%，是在门东三条营。

选择“偶尔留意”的：最高 60.0%，是在门东三条营；最低 39.0%，是在洪武路高层小区。

选择“不太留意”的：最高 26.0%，是在洪武路高层小区；最低 15.0%，是在丹凤公寓。

选择“完全不注意”的：最高 10.0%；最低 2.0%，是在门东三条营（表 3-2）。

表 3-2 新街口民众对应急避难标示牌的关注度

地区	指标	十分留意	留意	偶尔留意	不太留意	完全不注意
新街口	人数（人）	21	50	127	60	16
	比例（%）	7.7	18.2	46.4	21.9	5.8
丹凤公寓	人数（人）	24	75	126	45	30
	比例（%）	8.0	25.0	42.0	15.0	10.0
洪武路高层小区	人数（人）	21	72	117	78	12
	比例（%）	7.0	24.0	39.0	26.0	4.0
门东三条营	人数（人）	3	42	180	69	6
	比例（%）	1.0	14.0	60.0	23.0	2.0
门西荷花塘	人数（人）	23	91	131	50	8
	比例（%）	7.7	30.3	43.7	16.6	2.7
颐和路公馆区	人数（人）	4	56	155	76	9
	比例（%）	1.3	18.7	51.7	25.3	3.0

3. 避难场所熟悉程度

避难场所是紧急情况下民众用于躲避灾害的地点，对于民众开展避难生活非常重要。近十多年来，我国各地已经陆续建设了很多避难场所。但是，在现实生活中，约 90% 的民众对于避难场所的位置并不熟悉。居住区的居民与商业中心的民众相比，前者对于周边避难场所位置的熟悉程度要略高一点；但是整体而言，熟悉程度都不高（表 3-3）。

表 3-3 新街口民众避难场所熟悉度

地区	指标	非常清楚	有一点了解	完全不知道
新街口	人数（人）	17	175	82
	比例（%）	6.2	63.9	29.9
门西荷花塘	人数（人）	30	230	40
	比例（%）	10.0	76.7	13.3

3.3 临震心理反应

3.3.1 心理反应

调查结果显示，如果发生地震，在新街口地区的受访者中，45% 的人感觉紧张，34% 的人感觉恐慌，22% 的人感觉担忧，17% 的人冷静，10% 的人感觉无助。由此可见，出于本能，地震发生时紧张和恐慌在人们心理上占据主导，只有 17% 的人会冷静对待，这就直接导致了很多人不知所措、盲目随众、无法做出正确有效的决定，从而产生混乱，增大灾害的破坏性。

3.3.2 关注问题

在“若发生了地震，您会想到什么？”问题中，受访者的想法依次是：家人的安危，自己的安危，同事、邻居或友人的安危，通知他人，脑中空白，通知“119”，自己家房子倒塌否，财物的损失和其他。排名前二的是家人的安危和自己的安危，由此可见，生命安全永远都是第一位的，选择率最低在 60% 以上。财务损失、通知“119”等均在 10% 以下，说明大部分人不太关注财物损失问题（表 3-4，表 3-5）。

表 3-4 新街口民众的临震心理反应

想法	家人的安危	自己的安危	同事、邻居或友人的安危	通知他人	财物的损失	自己家房子倒塌否	脑中空白	通知 119	其他
比例（%）	89	86	18	15	8	8	7	5	0

表 3-5 门西荷花塘居民的临震心理反应

想法	家人的安危	自己的安危	同事、邻居或友人的安危	通知他人	脑中空白	通知“119”	自己家房子倒塌否	财物的损失	其他
人数（人）	260	185	96	84	48	47	14	10	4
比例（%）	86.7	61.7	32.0	28.0	16.0	15.7	4.7	3.3	1.3

假如地震发生在晚上，人正处于熟睡状态，突然发生地震后，大家的第一反应首先是赶快逃出去，其次是赶快找个地方躲，也有很少量的人选择继续睡觉，等摇晃的厉害后再说（表 3-6）。

表 3-6 门西荷花塘居民的晚上震时反应

应急反应	赶快逃出去	赶快找个地方躲	先继续睡，如果摇得厉害再说
人数（人）	191	82	27
比例（%）	63.67	27.33	9.00

3.4 临震应急行为

3.4.1 避难时机

所谓避难时机[59-60]，是指行为人选择开始进行避难活动的时间起点。人们往往因个体差异，在避难时机的选择上存在着诸多差异。

例如，在被询问到，假如发生地震，您会选择“立即避难”吗？ 81.3% 的受访者表示会立即避难，18.7% 的人表示不会。

当地震来临，门西荷花塘的居民在考虑“要不要避难”时，在诸多因素中，被选择率排名第一的是附近是否有空地，被选择率高达 74.3%；后续排名第 2–5 的依次是听到疏散避难劝告、周围人是否已经开始避难、逃难过程中可能遇到更大危险（如高空坠物等）、前往避难场所的路可能不通，被选择率依次是 34.0%、25.3%、22.0% 和 20.7%。同样的问题在新街口调查时，结果略有差别，排名前几位的因素基本不变，但被选择率有明显不同。例如，附近是否有空地的被选择率高达 86%，听到疏散避难劝告的被选择率为 49%，周围人是否已经开始避难和前往避难场所的路可能不通的被选择率均为 34%，逃难过程中可能遇到更大危险的被选择率为 27%。

当地震来临，关于开始避难的时机选择，61.0% 的人选择了地震摇晃中即进行避难；32.7% 的人选择了等地震摇晃结束才避难；10.7% 的人选择地震摇晃结束后，收拾必要物品后才避难；5.7% 的人选择当地震摇晃结束后，发现很严重才开始避难。

如果发生了地震，在何种情况下决定逃生的选择中，55% 的人选择一有震感时；23% 的人选择大部分人撤离时；18% 的人选择有物品掉落时；13% 的人选择有砖块掉落时；3% 的人选择等待救援；3% 的人选择等待领导安排。

在避难过程中，影响逃生的因素依次是摇晃太大、出入口开启困难、家具和摆饰等坠落物、太紧张，被选择率依次是 63.7%、53.3%、50.0% 和 16.3%。

假如发生地震，选择“不立即避难”之后可能的行为依次是平复心情，镇定情绪（20.0%）；设法与外界联系，了解情况再出逃（17.3%）；关闭煤气、电器等危险源（13.3%）；召齐家庭成员（13.0%）；收拾个人财务或物品（12.0%）；报警（10.0%）；四处观看以便确认情况（2.0%）；原地不动（1.7%）。

3.4.2 逃生行为

在地震发生时，76.0% 的人表示，会逃出建筑物；5.3% 人表示不会逃出建筑物。

若选择了逃离，会按何种路线逃离的选择中，34% 的人选择向马路行进；33% 的人选择按救援人员指示走；25% 的人选择按安全逃生标识走；19% 的人选择向开放光亮处行进；10% 的人选择跟着其他人走；8% 的人选择向危险地的反方向行进；6% 的人选择依照平时上班路线；6% 的人选择向最先看到的路线行进。

关于避难地点，72.3% 的人表示，会倾向于在小区内部空地上进行紧急避难；9.0% 的人表示不会选择小区内部空地。

如果不逃出建筑物，49.7% 的人表示会采取一定安全措施，例如躲到桌子下面或墙角；31.7% 的人表示不会采取安全措施。

60.3% 的人表示，会向别人打听或告知他人发生地震的情况；21.0% 的人表示不会询问他人。

如果自己已经逃出建筑物，却发现自己的某样东西还在里面，您是否还回去寻找? 78.3% 的人表示不会回去，只有 3.0% 的人表示会回去。

当地震停止摇晃后，民众的可能行为依次是：觉得余震还会再来，要立刻跑到安全地区；想办法救他人；不知所措；觉得地震过去了，继续干自己的事；回家（表 3-7）。

表 3-7 地震停止摇晃后的行为类型

行为	立刻跑到安全区	想办法救他人	不知所措	继续干自己的事	回家
门西荷花塘	64%	23%	15%	14%	13%
新街口	68%	26%	3%	7%	8%

3.5 避难知识学习

3.5.1 知识掌握度

在是否有过地震经历方面，63.7% 的人表示没有地震经历，36.3% 的人表示有过地震经历。

在关于避难知识的了解程度方面，只有极少数人表示非常了解；绝大部分人表示简单了解；少部分人表示完全不了解。

从这里面反映出来的问题是，有超过 1/3 的人有过地震经历，但是这部分人并没有对避难知识非常了解，非常了解的人群比例还不到 10%，可见比例之低。这说明地震经历并没有很好地促进大家去有效地学习相关避难知识，也说明日常的避难宣传教育的效果不佳（表 3-8）。

表 3-8 民众对地震避难知识的了解程度

程度	非常了解	简单了解	完全不了解
新街口	8.2%	75.4%	16.4%
门西荷花塘	3.3%	88.0%	8.7%
门东三条营	1.0%	87.0%	12.0%
颐和路公馆区	4.0%	84.0%	12.0%
丹凤公寓	2.0%	88.0%	10.0%

3.5.2 学习主动性

在日常生活中，是否会主动学习避难疏散方面的知识？只有极少数人表示经常会；六成到八成的人表示有一些，但是不多；两成左右的人表示，完全没有。可见，绝大部分人对避难知识学习的主动性很低（表 3-9）。

表 3-9 学习避难知识的主动性

频率	有，经常会	有一些，但不多	完全没有
新街口	17.2%	70.4%	12.4%
门东三条营	5.0%	64.0%	31.0%
门西荷花塘	6.3%	79.7%	14.0%
颐和路公馆区	6.0%	81.0%	13.0%
丹凤公寓	8.0%	72.0%	20.0%
洪武路高层小区	13.3%	65.0%	21.7%

在防灾演习的参与度方面，高达 76% 的人认为在日常生活中有必要进行防灾演习，且普遍有演习的需求，但也有一部分人表示生活中虽定期有演习，但其作用不大，对相关知识仍不了解。当问及其演习配合意愿时，绝大多数人表示会认真配合；但也有相当一部分的人表示，首先需要考虑的是当时自己是否有充裕的时间来参与，如果有就可以参与，如果没有就不参与。

3.5.3 学习途径

广大民众平时多从电视和网络上获取避难知识，而在学校、单位和社区中获取避难知识的比例要明显低，这反映了目前教育途径中的不足。学校、单位和社区应该是防灾宣传教育的主阵地，但是实际上民众的选择率并不高。防灾宣传教育的方式还存在着很大的改进空间，在强化网络和电视宣传媒介的同时，也亟需改进学校、单位和社区的防灾宣传教育方式（表 3-10）。

表 3-10 门西荷花塘居民获取避难知识的方式

指标	电视	网络	报刊	学校	单位	社区	其他
人数（人）	202	146	101	95	82	53	4
比例（%）	67.33	48.67	33.67	31.67	27.33	17.67	1.33

ESCAPE PATH SELECTION

第 4 章

避难路径选择

CHAPTER 4

疏散通道是指引导人们向安全区域撤离的专用通道。疏散通道是一条客观存在的通道，是事先指定好的，安全性较高[61-62]。

避难路径是指人们进行逃生行为时所经过的通道。疏散通道可以有多条，但避难路径只有一条。避难路径可以是事先指定好的疏散通道，也可以不是，主要跟人们的选择行为有关，重点在于人要走或者准备要走的那条路[63-64]。

避难路径选择[65-66]是指人们在进行逃生活动时，选择具体通道的行为。它是一种人在紧急情况下的决策活动，重点在于人们选择了一条什么样的路径，该路径有什么特征，以及为什么会选择这条路，影响要素有哪些。

不同的人因个体差异，在选择避难路径时会有较大差异。本章关注的重点是避难路径选择问题。例如，民众一般会选择什么样的路径来开展避难活动，这些路径是否合理，具有什么问题，这些选择受到哪些要素的影响，未来在规划疏散通道时需要注意哪些问题，在进行城市更新时需要满足哪些疏散通道设置的要求等。

4.1 避难路径的空间分布

本书课题组在南京老城区内多地就避难路径选择问题开展调研，地点类型包括居住小区、商业街区和历史街区等（图 4-1，图 4-2）。其中，居住小区包括了各类多层小区、高层小区、老旧小区和新小区，以及历史街区。商业街区包括南京的各主要商业中心或商业街，如新街口、湖南路、鼓楼、夫子庙等。历史街区包括门东三条营、门西荷花塘、颐和路公馆区，以及如西街这样的历史建筑密集区等。

图 4-1 和图 4-2 反映了在各调研点民众选择的避难路径在空间上的分布情况。由于个体差异，民众选择的避难路径在空间分布上呈现出较为多样化和分散化的特征，不同的路径在空间上形成相互交织的局面。以夫子庙历史街区为例，就避难方向而言，在夫子庙街区内部，民众的避难意愿主要集中在中心广场与入口广场处，包括广场与停车场，形成由两点多线放射的形式。在夫子庙街区外部，居民的意愿主要集中在白鹭洲公园，形成由一点多线放射的形式。在避难路径所依托的实际通道选择上，民众所倾向的避难路径包括夫子庙街区内的主要街道以及通向白鹭洲公园的道路，整体形成了基于现状路网肌理的纵横交错的形式（图 4-3）。

在门东三条营地区，300 位民众的平均避难路径长度为 466.3 米（图 4-4）。民众选择的避难路径主要依托住宅附近的街巷。从避难方向上看，一般是先通过小街巷，然后到达大马路。

在门西荷花塘地区，居民选择的避难点在空间分布上非常分散。每个区域都有避难点，

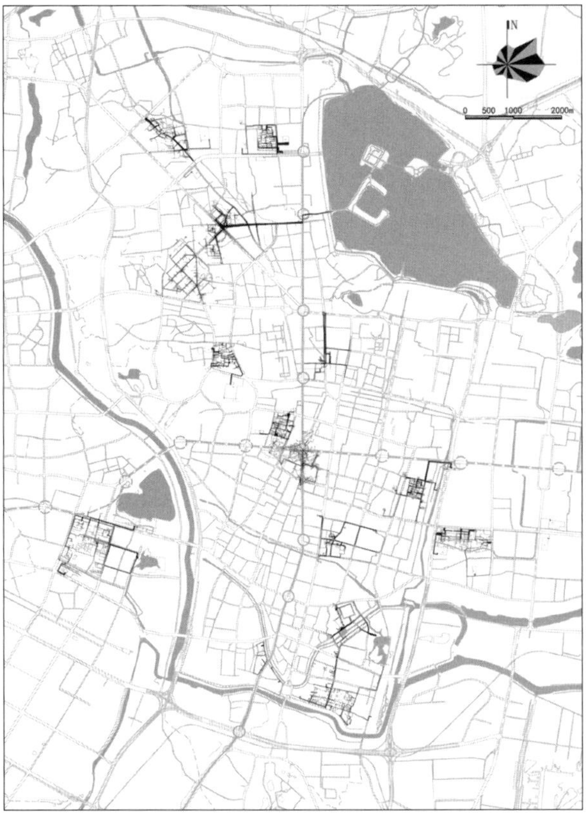

图 4-1 南京市老城区各调研地点民众避难路径空间分布

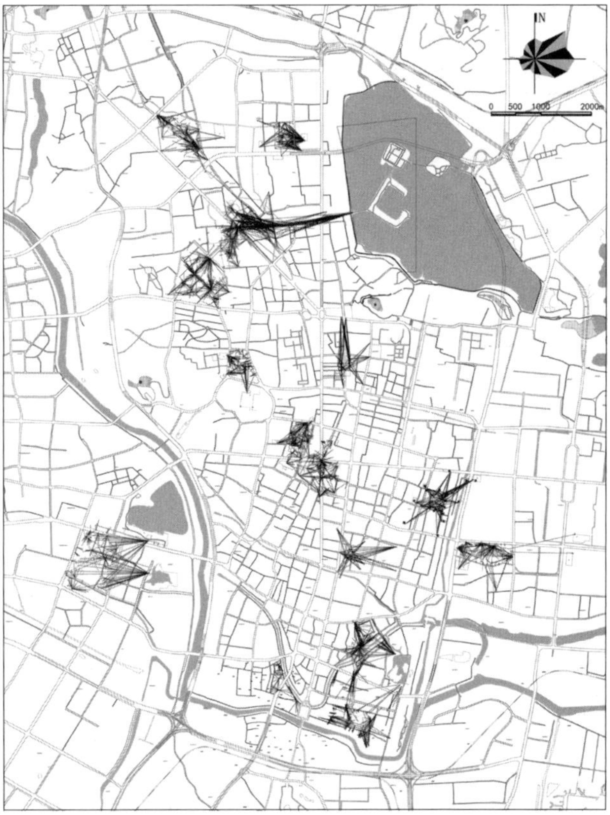

图 4-2 南京市老城区各调研地点民众避难方向的空间分布

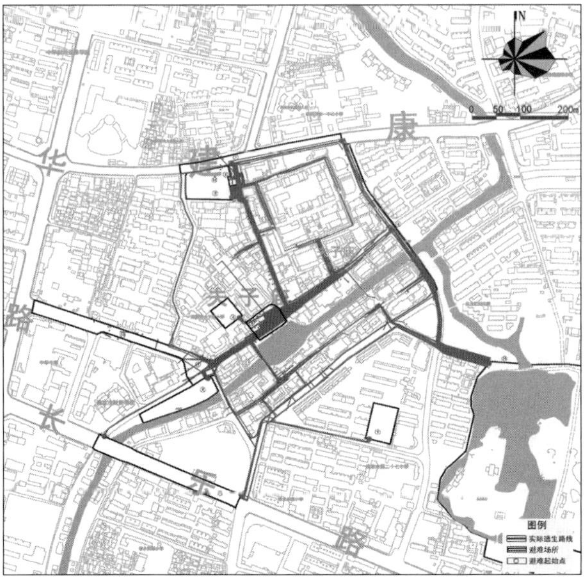

图 4-3 夫子庙历史街区居民选择的避难路径分布

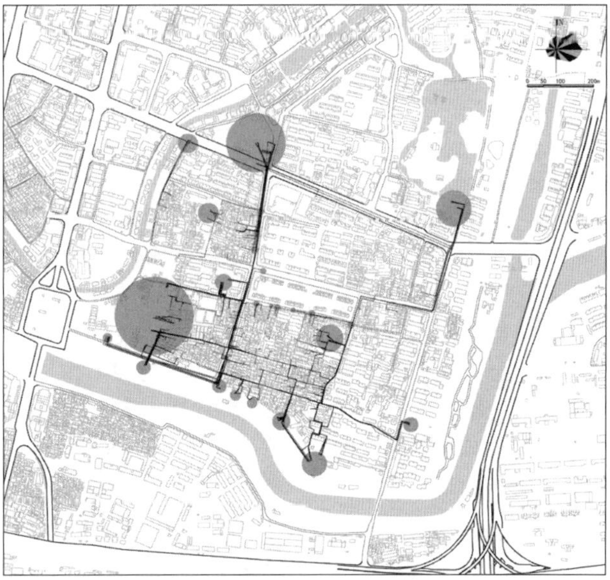

图 4-4 门东三条营历史街区居民选择的避难路径分布

以钓鱼巷一带为例。该地区东临中华门，南临秦淮河，西临中山南路，北临饮马巷。该区域中有一所小学作为主要避难点，主要有三条路线可供逃生时使用，宽度约为 2.4 米，中间一条为巷道，宽度为 1.3 米。由于该历史街区的房屋密度十分高，虽然中间的巷道也可作为逃生路径，但实际上，过窄的通道不利于短时间内大量人流的快速疏散。同时，暴露出来的另外一个问题是，很多居民选择了将中山南路出口处作为避难点（图 4–5、图 4–6）。虽然中山南路是一条城市主干道，马路较宽，但同时机动车流量很大，非常危险，并不能起到提供避难空间的作用。这个选择存在很大问题，也反映出该区域内缺少开放空间、居民的避难意识水平不高、不能正确选择合理的避难地点等短板。

在颐和路公馆区，从居民避难路径网络图上可以看出，居民的逃生路线主要集中在公馆区的内部，外围道路使用率很低。选择人数最多的道路依次是牯岭路、颐和路、宁海路北段（图 4–7）。从道路等级上来看，这些道路都是联系整个片区南北或者东西方向的主要内部交通路线。

此外，本书课题组还在南京的西街、洪武路高层小区、湖南路、新街口、工人新村等地展开调研，分别绘制出了各地民众选择的避难路径分布图（图 4–8，图 4–9，图 4–10，图 4–11，图 4–12）。

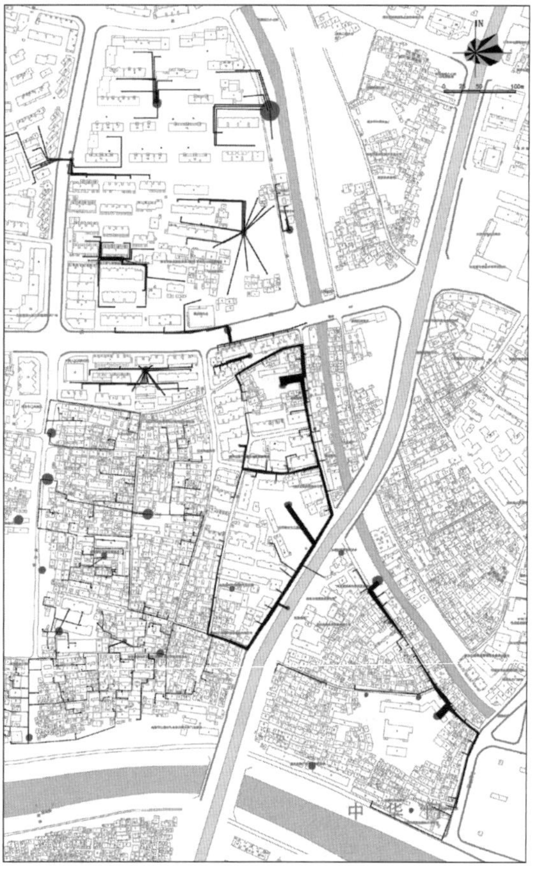

图 4–5 门西荷花塘居民选择的避难路径分布

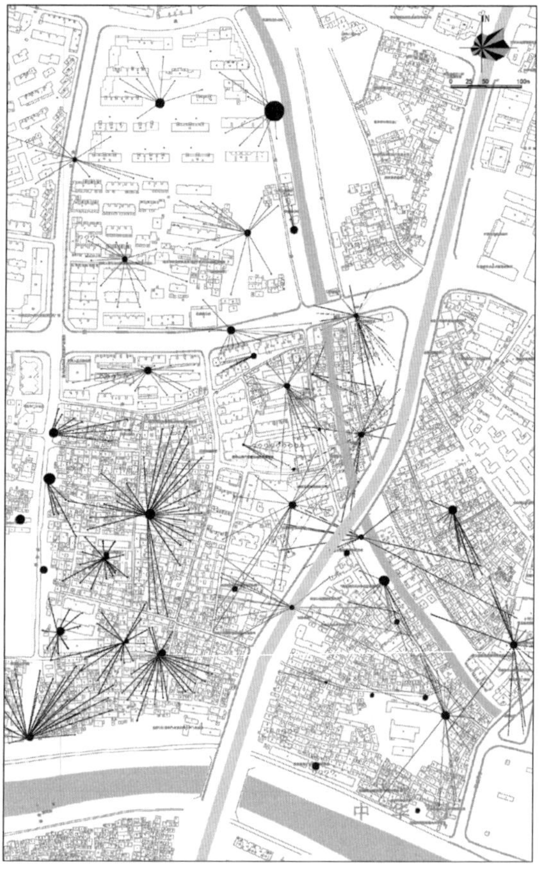

图 4–6 门西荷花塘居民选择的避难方向

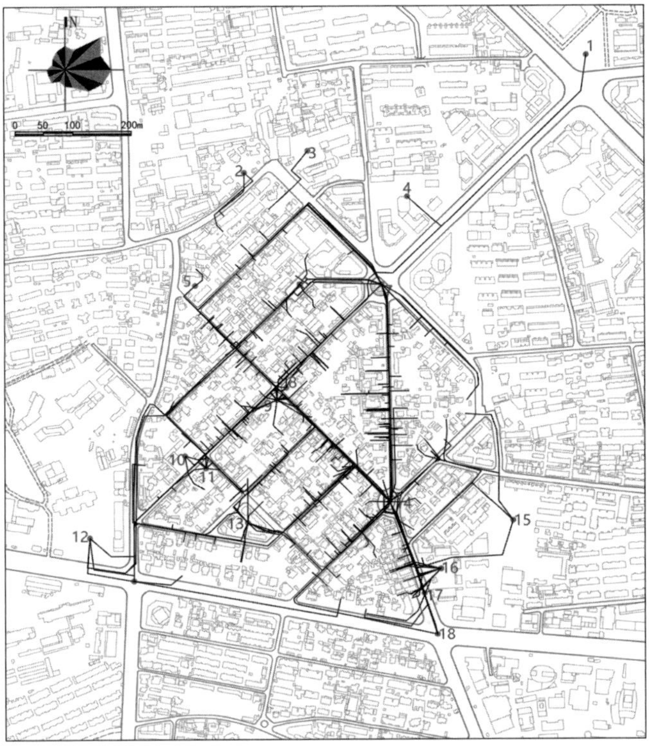

图 4-7 颐和路公馆区居民的避难路径分布

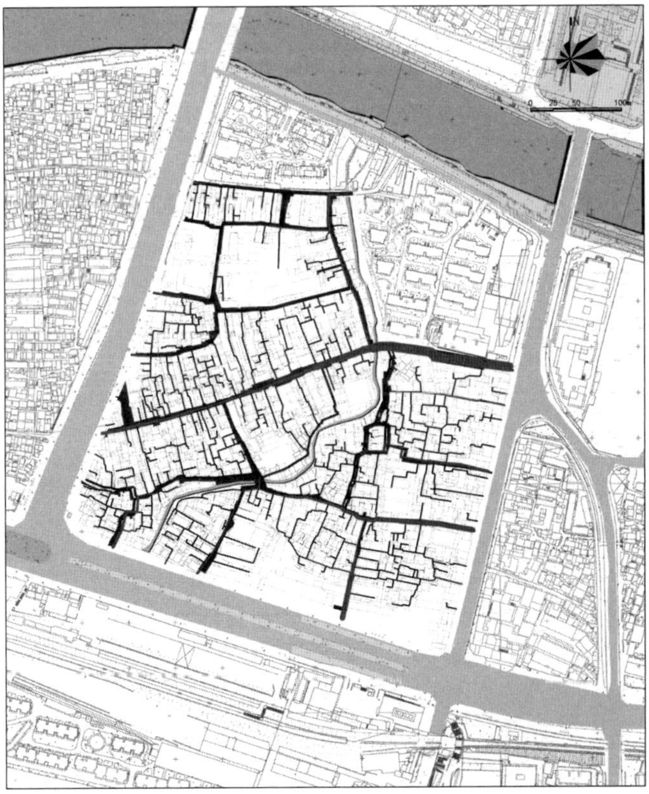

图 4-8 西街居民选择的避难路径分布

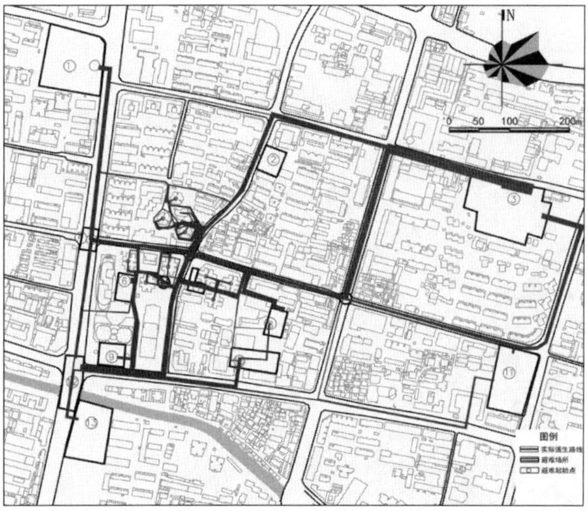

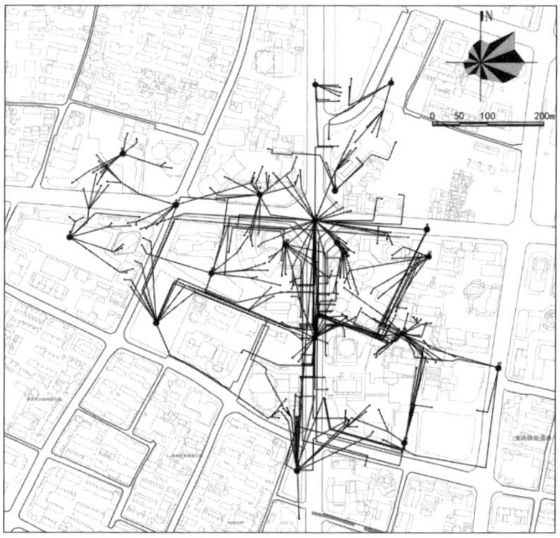

图 4-9 洪武路高层小区居民选择的避难路径分布

图 4-10 新街口民众避难路径分布图

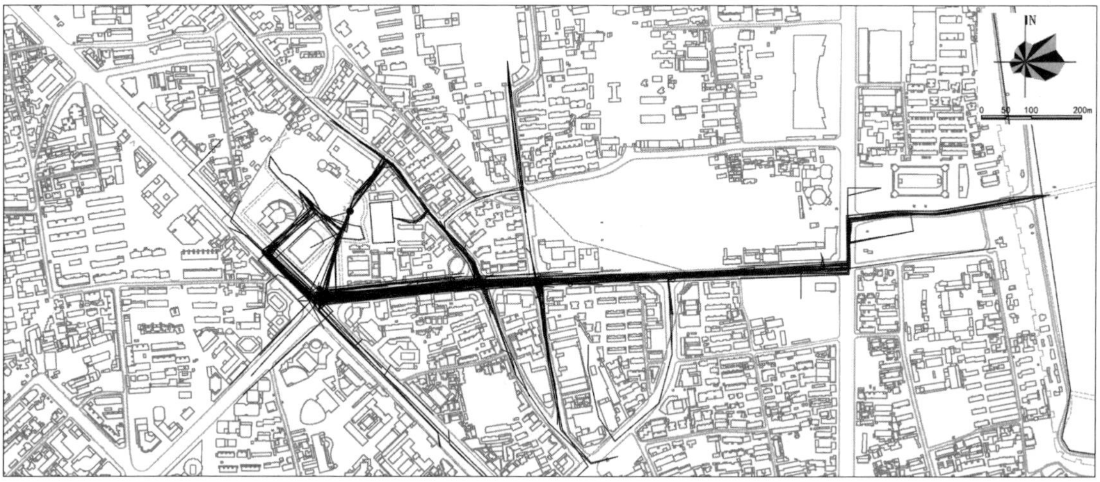

图 4-11 湖南路市民选择的避难路径

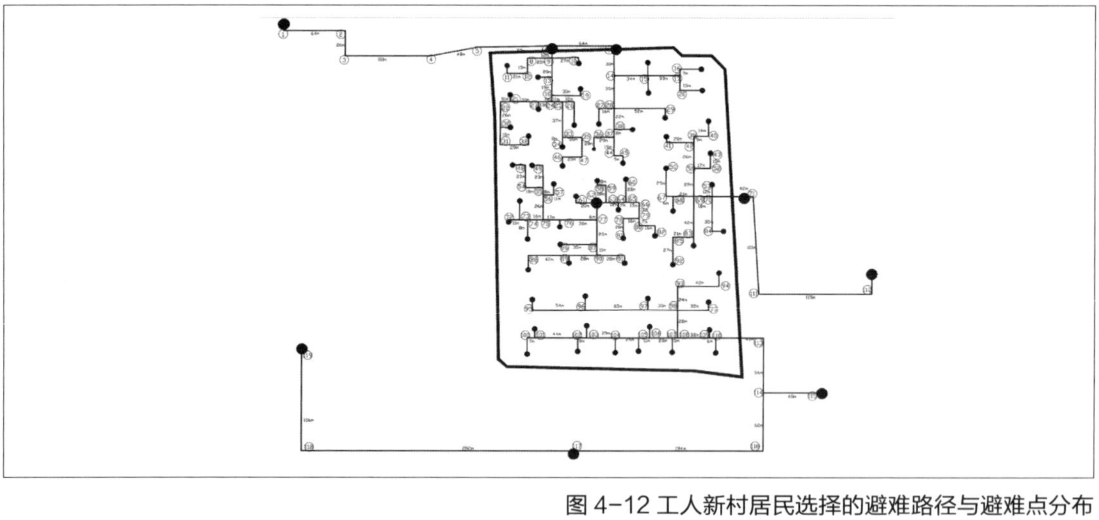

图 4-12 工人新村居民选择的避难路径与避难点分布

4.2 避难路径的长度

4.2.1 避难路径的距离长度

避难路径的长度，是指居民选择的避难路径在空间的长度。本书课题组在南京选择了多处有代表性的地区，就民众的避难路径选择问题展开调研。

门西荷花塘：避难路径的长度在 100 米以内的人的数量，占总体人数比例的 60.5%；200 米以内的人数占比为 93.1%；300 米以内的人数在占比为 98.7%；300 米以上的人数占比低于 2.0%，几乎可以忽略不计。200 米是一个非常明显的骤降点。

夫子庙：避难路径的长度在 100 米以内的人的数量，占总体人数比例的 34.0%；200 米以内的人数占比为 61.7%；300 米以内的人数在占比为 85.0%；400 米以内的人数占比为 95.3%。400 米以上的人数占比低于 5.0%。400 米是一个非常明显的骤降点。

颐和路公馆区：避难路径的长度在 100 米以内的人的数量，占总体人数比例的 25.3%；200 米以内的人数占比为 66.3%；300 米以内的人数在占比为 88.6%；400 米以内的人数占比为 95.3%。400 米以上的人数占比低于 5.0%。300 米是一个非常明显的骤降点。

湖南路：避难路径的实际长度在 400 ~ 500 米之间的人数最多，共计 43 人，所占百分比为 14.3%；其次为 500 ~ 600 米，人数为 42 人，比例为 14.0%。当避难路径长度超过 600 米时，选择人数明显减少，68% 的人选择的避难路径长度在 600 米以内。当避难路径长度大于 1000m 时，人数骤减，仅为 15 人。

可以看出，前 3 处地区由于是历史街区，避难路径长度的区间分布整体偏短，骤降点分别为 200 米、300 米和 400 米。湖南路是商业型街区，避难路径长度的分布区间整体上要比历史街区的要长。对不同类型的地区而言，500 米是一个比较适中的避难距离限制，接受度较高。超过 500 米的避难距离，其选择率通常都非常低。因此，在考虑避难场所的设置时，可以参考这个指标。不过需要说明的是，这个 500 米是实际路径长度，不是直线距离，而直线距离比这个要小，换算成直线距离的话，通常在 350 米左右（表 4-1）。

综上所析，可得到如下总体结果：第一，随着避难路径长度的变大，选择人数会逐渐降低，人数多少与距离长短成反比例关系；第二，市民更倾向于选择距离避难点较近的路径；第三，不同功能类型的地区，由于受不同空间特征的影响，避难路径的长度存在着较为明显的差异，居住型历史街区要比商业街区的整体长度水平要低。

表 4-1 民众选择的避难路径长度区间分布

长度（米）	门西荷花塘		夫子庙		颐和路公馆区
	人数（人）	比例（%）	人数（人）	比例（%）	比例（%）
0~100	182	60.5	102	34.0	25.3
101~200	98	32.6	83	27.7	41.0
201~300	17	5.6	70	23.3	22.3
301~400	3	1.0	31	10.3	6.7
401~500	1	0.3	10	3.3	2.7
501~600	—	—	1	0.3	0.7
601~700	—	—	2	0.7	1.0
701~800	—	—	0	0.0	0.3
801~900	—	—	0	0.0	
901~1000	—	—	1	0.3	

4.2.2 直线距离与实际距离

避难路径的长度等同于避难距离。距离有两种类型，一是直线距离，二是实际距离。所谓直线距离，是指从避难起点到避难终点的直线连接线的长度。所谓实际距离，是指从避难起点到避难终点沿途所经过的各条道路的实际长度总和。图 4-13 是 13 处调研地点民众所选择的避难路径的直线距离。

无论是直线距离的曲线图还是实际距离的折线图，都呈现出明显规律，即：随着距离的增加，选择比例呈现明显的衰减；距离越长，人越少。只不过，直线距离和实际距离的折线图在峰值和谷值上略有差异。

从直线距离上看，100 米和 300 米是两个关键的节点。100 米时达到顶峰，300 米之后的选择比例就很低了，500 米以上的选择比例极低，1000 米以上可以忽略不计（图 4-13）。

从实际距离上看，长度较直线距离略长，选择比例的高峰点在 100 ~ 200 米之间；300 ~ 500 米之间的避难距离区间，覆盖了大部分市民的避难距离。500 ~ 800 米之间还有少量人群做选择，1000 米以上选择比例基本可以忽略不计（图 4-14）。

从线型上看，各调研地区的整体走势比较类似；但是，也存在一些有较大差别的线型，

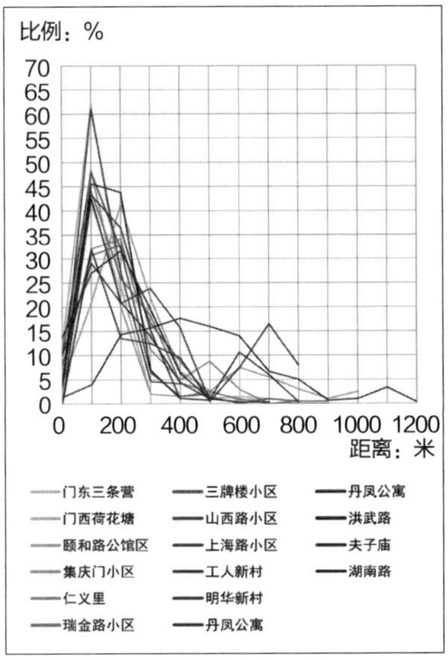

图 4-13 避难路径的直线距离

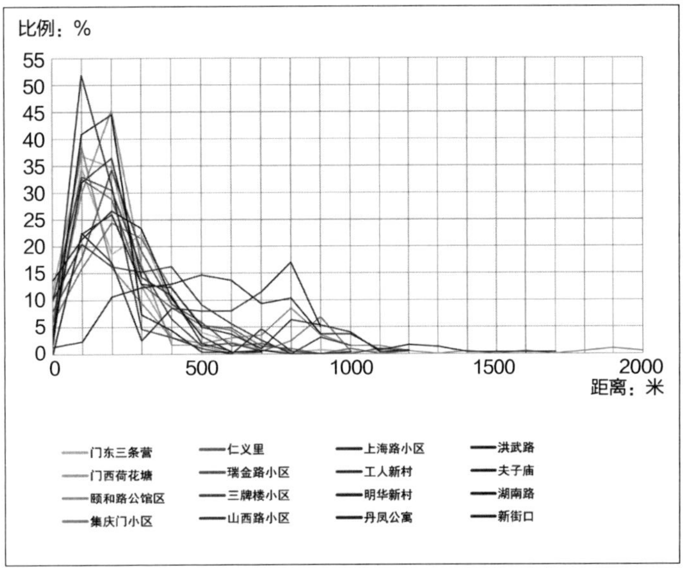

图 4-14 避难路径的实际距离

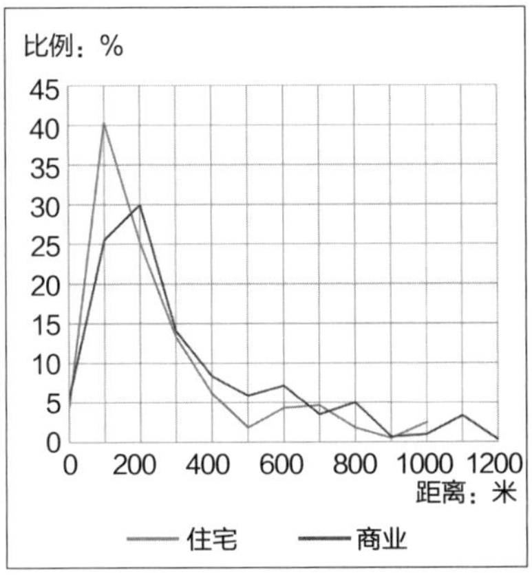

图 4-15 居住与商业区的避难路径的直线距离比较

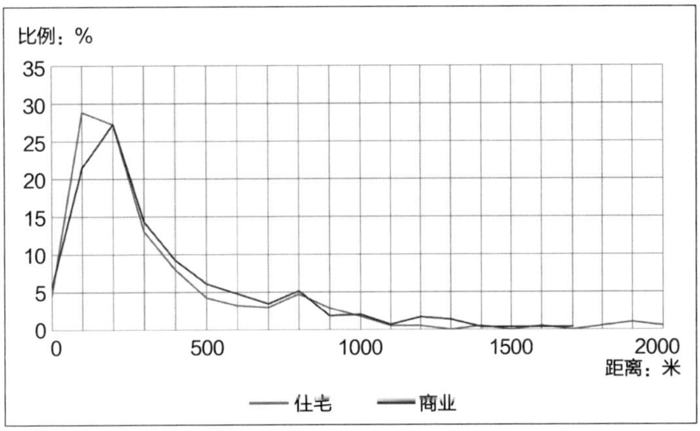

图 4-16 居住与商业区的避难路径的实际距离比较

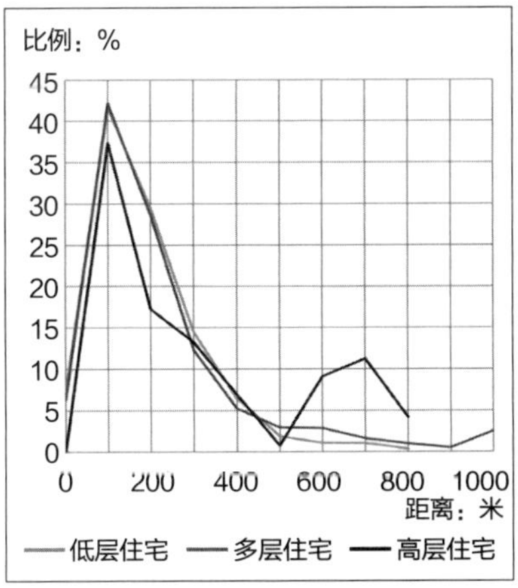

图 4-17 低层、多层与高层住宅的避难路径的直线距离比较

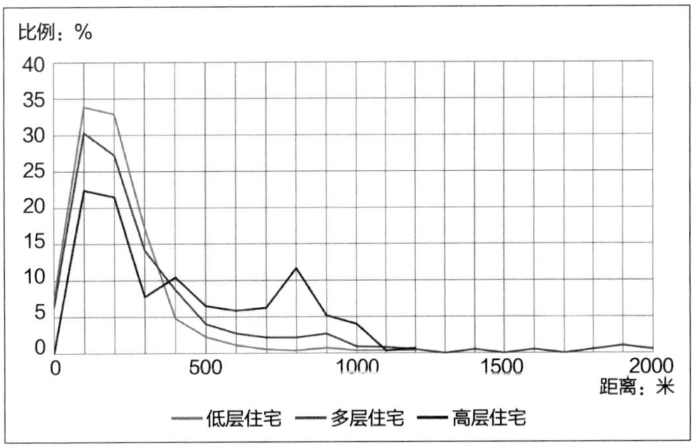

图 4-18 低层、多层与高层住宅的避难路径的实际距离比较

如在个别商业街区和高层小区的线型呈现出明显差异。差异性主要体现在峰值的位置和中高距离区间的选择率上。峰值出现较晚，即峰值对应的避难距离较长；中高距离区间内，选择率偏高且波动幅度较大。

不同类型地区，城市空间形态不同，受访者人群的构成性质不同，对空间的熟悉程度也不同，在避难路径的选择上，可能会存在一定的差异性。为了了解不同类型地区的人群在选择上究竟是否存在差异，以及差异性的大小，本书课题组对不同类型的选择结果进行了比较分析。居住小区的受访者主要是小区居民，商业街区的受访者主要是广大市民。

随着距离的增加，选择率明显下降的规律非常明显。在直线距离方面，居住小区的曲线和商业街区的曲线，非常类似，只有少量差异。居住小区的峰值是 100 米，选择率高达 40%；商业街区的峰值是 200 米，选择率是 30%（图 4–15）。峰值的距离和选择率都有明显差异，商业街区的距离峰值要比居住小区的长，选择率也相对偏低。整体上，商业街区的折线延伸得更长，居住小区的曲线相对要短一些；在 500 米以上的中长距离区间，商业街区的选择率比居住小区整体略高。即，商业街区的避难距离要略长于居住小区。在实际距离方面，居住小区的折线和商业街区的折线，也是高度相似，规律基本跟直线距离的折线一致（图 4–16）。

在居住小区这一类型中，本书课题组调研了低层小区、多层小区和高层小区三类，试图探究这三类小区的避难路径的长度是否存在较大差异。如图 4–17、图 4–18 所示，三条曲线也是非常类似。特别是低层小区和多层小区，折线线型更为接近，高层小区的折线略有一点变化。

在被调研的三个商业街区，避难路径距离长度的折线图呈现出较大差异。新街口地区，民众选择的平均避难路径的距离最短，曲线开口跨度最小；夫子庙的平均长度居中；湖南路的平均长度最长，跨度最大。这与三个商业街区的空间形态有很大关系。新街口地区是高层高密度，街区内部有一些建筑前广场；夫子庙是低层高密度，也有一些空地；湖南路是线性街道，密度略低于前两者，内部缺少开放的公共空间，仅有的广场都分布在街道东西两个端头上，如西头的山西潞广场和东头的玄武门前公共绿地（图 4–19，图 4–20）。

对比两个高层小区，直线距离的折线和实际距离的曲线在规律性上有一些差异。在直线距离曲线上，两个高层小区的折线的线型基本一致，差异性较小。但是在实际避难路径的选择率分布折线上，二者存在较大差异。丹凤公寓折线的波动性较大，洪武路高层小区的折线较为平缓（图 4–21，图 4–22）。

在被调研的多层小区内，8 条折线的线型大体上比较类似，差异性较小。大部分小区

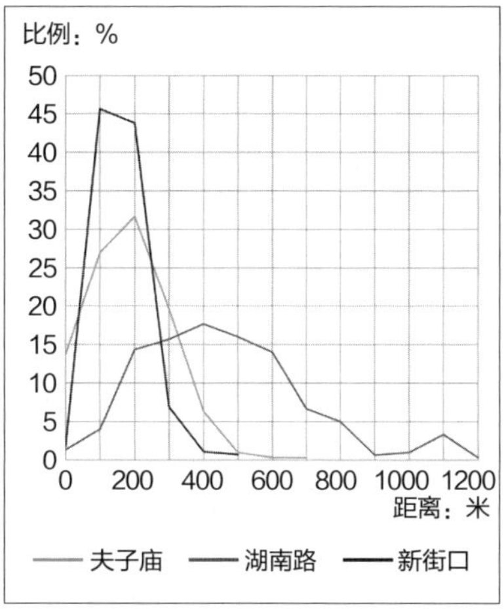

图 4-19 商业街区民众避难路径的直线距离

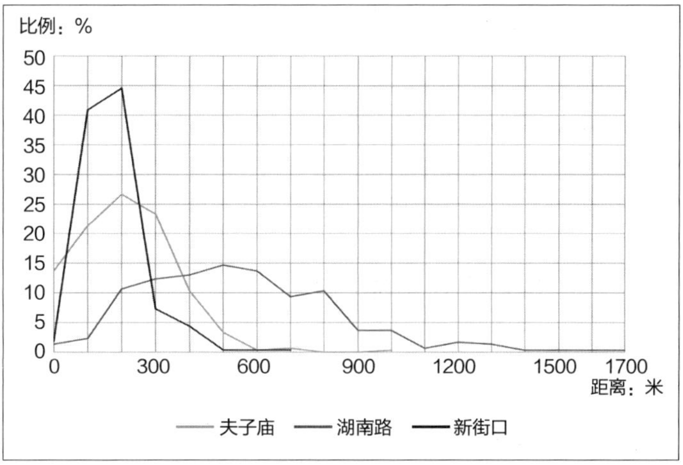

图 4-20 商业街区民众避难路径的实际距离

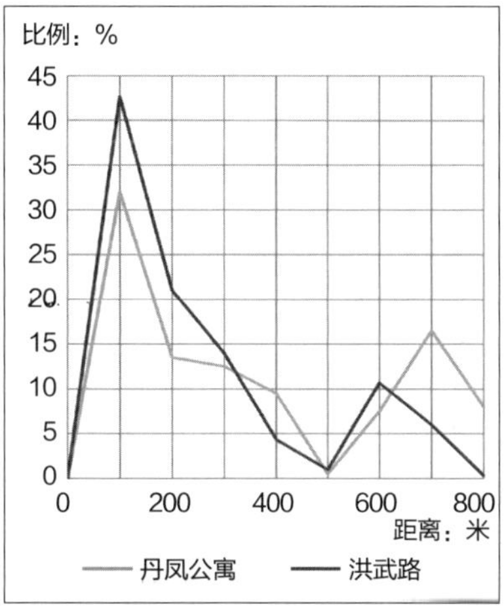

图 4-21 高层住宅小区民众避难路径的直线距离分布区间

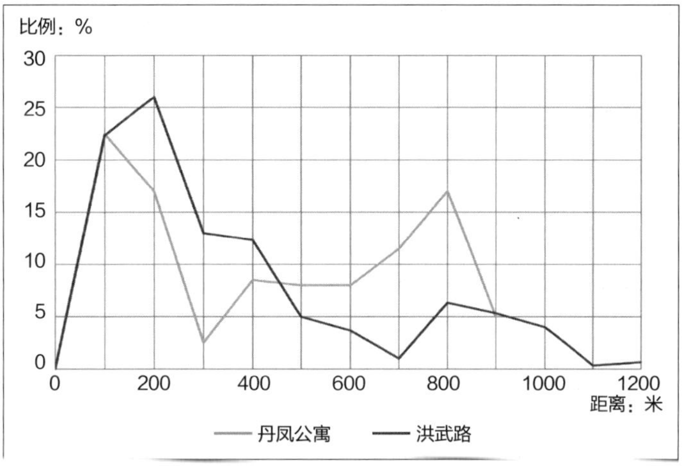

图 4-22 高层住宅小区民众避难路径的实际距离分布区间

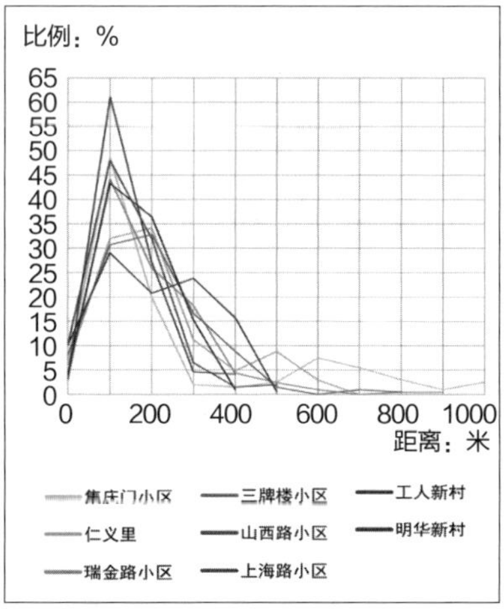

图 4-23 多层住宅小区民众避难路径的直线距离

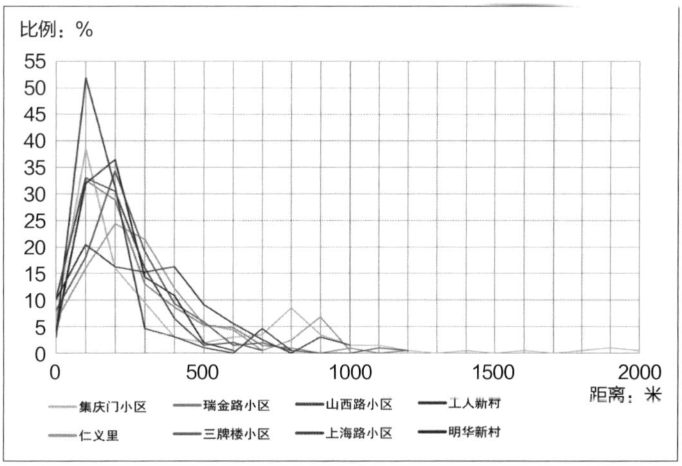

图 4-24 多层住宅小区民众避难路径的实际距离

的峰值是 100 米，只有少部分小区的峰值是在 200 米。在大部分小区，300 米是一个关键转折点，300 米以上的人数占比都比较少（图 4-23，图 4-24）。

在被调研的 3 个历史街区，折线线型的差异性也不大，走势基本一致。峰值基本在 100 ~ 200 米，关键转折点是 400 ~ 500 米（图 4-25，图 4-26）。

4.2.3 避难路径的绕曲指数

通常情况下，由于路线弯曲的原因，实际距离会比直线距离要长不少。绕曲指数是指避难路径实际折线的长度与避难直线距离的比例。避难路径的绕曲指数大小，主要跟地区空间特征和人的选择有关。在空间方面，不同地区城市道路的宽度和路网密度差别很大，对绕曲指数会有较大影响。在人的方面，主要跟人的选择情况有关，不同人由于受个体差异影响，选择路径的结果也有较大差别。

夫子庙：绕曲指数在 0 ~ 1.0 之间的有 82 人，占比 27.3%；绕曲指数在 1.0 ~ 1.2 的有 103 人，占比 34.3%；绕曲指数在 1.2 ~ 1.4 的有 71 人，占比 23.7%；绕曲指数在 1.4 ~ 1.6 的有 25 人，占比 8.3%；绕曲指数在 1.6 ~ 1.8 的有 11 人，占比 3.7%；绕曲指数在 1.8~2.0 的有 2 人，占比 0.7%；绕曲指数在 2.0 以上的有 6 人，占比 2.0%。近六成的受访者的避难路径绕曲指数在 1.4 以下，1.6 以上的人数仅占 6.4%，还不足总人数的 1/10。由此可见，大多数民众倾向于绕曲程度较低的避难路径。另外，原地不动的人数也接近三成，比例之高出人意料。

门东三条营：居民选择的避难路径的绕曲指数主要集中在 1.0 ~ 2.0，居民的逃生线路比较合理；但也应该看到，有 43% 的居民所选择的避难路径绕曲程度在 2.0 以上，还存在较大的效率问题。

颐和路公馆区：所有受访者的避难路径的绕曲指数平均值为 1.24；总体上集中分布在 1.00~1.50。其中，1.00~1.25 最为密集；1.25~1.50 就相对明显要稀疏一些；1.50~1.75，稀疏程度就更加显著；只有极少数超过 1.75 的情况（图 4-27）。

新街口：绕曲指数为 0 的有 24 人，这些人都选择了原地不动；绕曲指数在 1.0~2.0 的有 146 人，占比 48.7%，几乎接近总人数的一半；绕曲指数在 2.0~3.0 的有 64 人，占比 21.3%；绕曲指数在 3.0~4.0 的有 53 人，占比 17.7%；绕曲指数在 4.0~5.0 的有 13 人，占比 4.3%。

湖南路：本书课题组对 300 位有效受访者产生的 300 条避难路径的绕曲指数进行统计

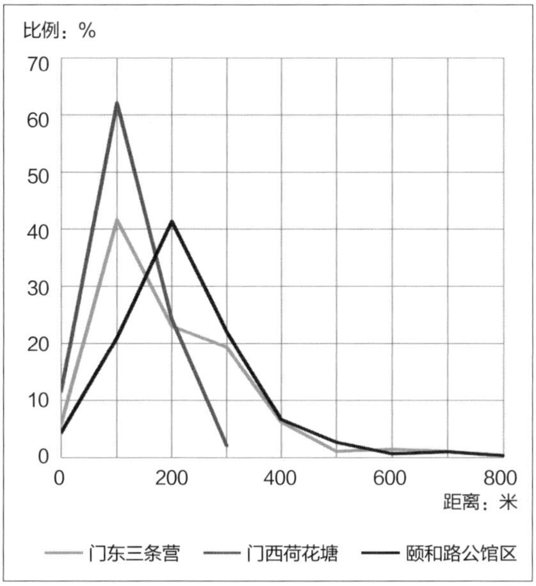

图 4-25 低层历史住区民众避难路径的直线距离

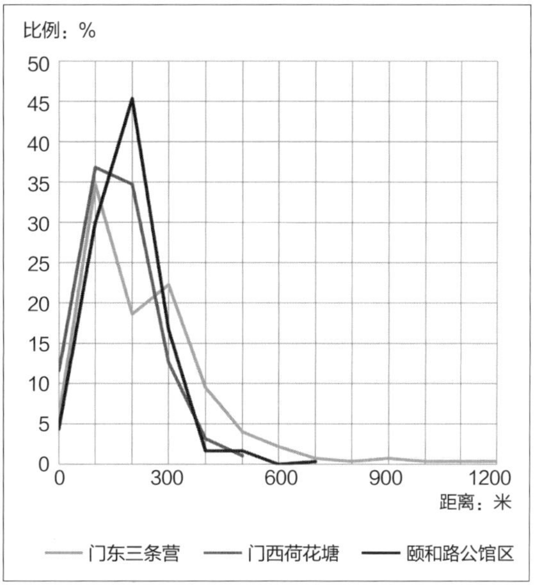

图 4-26 低层历史住区民众避难路径的实际距离

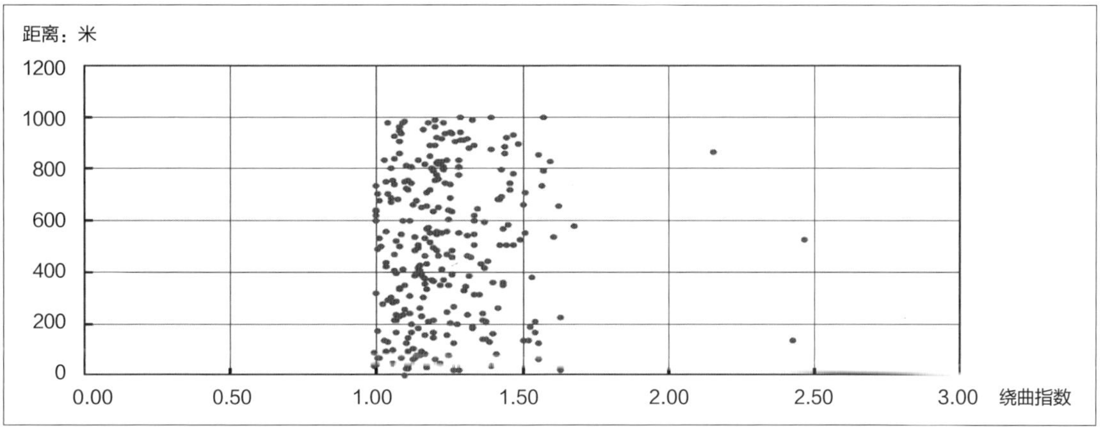

图 4-27 颐和路公馆区的避难路径绕曲指数散点图

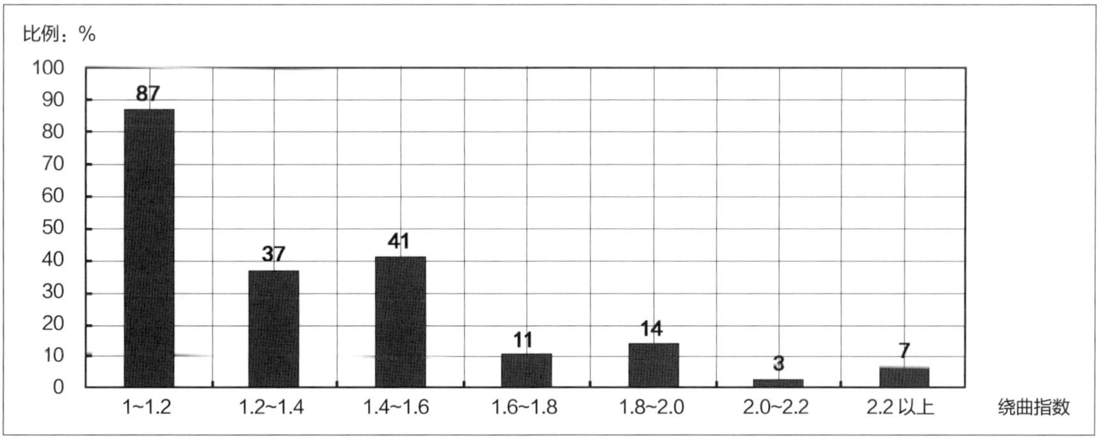

图 4-28 丹凤公寓的避难路径绕曲指数分布图

分析。结果显示，绕曲指数在 1.0~1.2 之间的人数最多，有 177 人；绕曲指数在 2.6~2.8 之间的仅为 2 人。在选择避难路径时，民众更倾向于选择通达性高、避难距离近的路径。避难路径的绕曲指数越大，人数就越少。

丹凤公寓：绕曲指数在 1.0~1.2 之间的有 87 人，占比 43.5%；绕曲指数在 1.2~1.4 之间的有 37 人，占比 18.5%；绕曲指数在 1.4~1.6 之间的有 41 人，占比 13.7%；绕曲指数在 1.6~1.8 之间的有 11 人，占比 5.5%；绕曲指数在 1.8 ~ 2.0 之间的有 14 人，占比 7.0%；绕曲指数在 2.0 ~ 2.2 之间的有 3 人，占比 1.5%；绕曲指数在 2.2 以上的有 7 人，占比 3.5%；超过 60% 的人选择的避难路径的绕曲指数在 1 ~ 1.4 之间，反映出丹凤公寓的居民在避难时，选择的避难路径还是相对比较快捷的，效率比较高，绕曲程度比较低。此外，在高层住宅密集的洪武路地区，70% 的人在灾难来临时选择的逃生路径的绕曲指数在 1.0 ~ 2.0 之间，仅有 5% 的人选择的路径的绕曲指数在 5.0 以上（图 4–28）。

门西荷花塘：以两位受访者的访谈为例，第一位是 299 号受访者，他的避难路径的直线距离为 154 米，但其实际距离为 361 米，实际距离是直线距离的 2.3 倍，绕曲程度很高。当问及为什么会选择这么绕的路径时，299 号受访者的回答是：虽然中华路西门这条路很宽，但是城门在地震时有可能会坍塌，因此，还是选择小学比较保险。第二位是 246 号受访者，他的避难路径的实际距离为 428 米，直线距离是 110 米，绕曲指数是 3.9。当问及原因时，他说是因为他是工厂的员工，对于厂区十分熟悉，认为厂房的安全性要比外面要大得多。由此可见，在很多情况下，除了道路本身比较狭窄弯曲外，人对物质空间要素的安全性考量，也是导致绕曲指数升高的一个重要因素。

4.2.4 避难路径的长度构成

对居住小区的居民而言，由于所选择的避难地点有多重可能性，有的在小区内部，有的在小区外部，所以，民众所选择的避难路径通常由两段构成：小区内部分与小区外部分。两段路径的长度比例取决于起点、终点与小区出口的相对位置关系。若起点离小区出口近，则小区内的路径长度较短，若起点离小区出口远，则小区内的路径长度较长。对终点与小区出口的位置关系而言，也是如此。小区内外两段路径长度的不同，将会影响避难路径的平面形态、绕曲指数和连续性等。例如，若小区内部路径长度偏长，而外部路径偏短，则小区的平面形态主要受小区内部建筑和道路布局的影响；若小区内部路径偏短而外部路径偏长，则路径很有可能会跨越多条马路，从而导致路径中的断点数量增加，影响路径的连续性（图 4–29）。

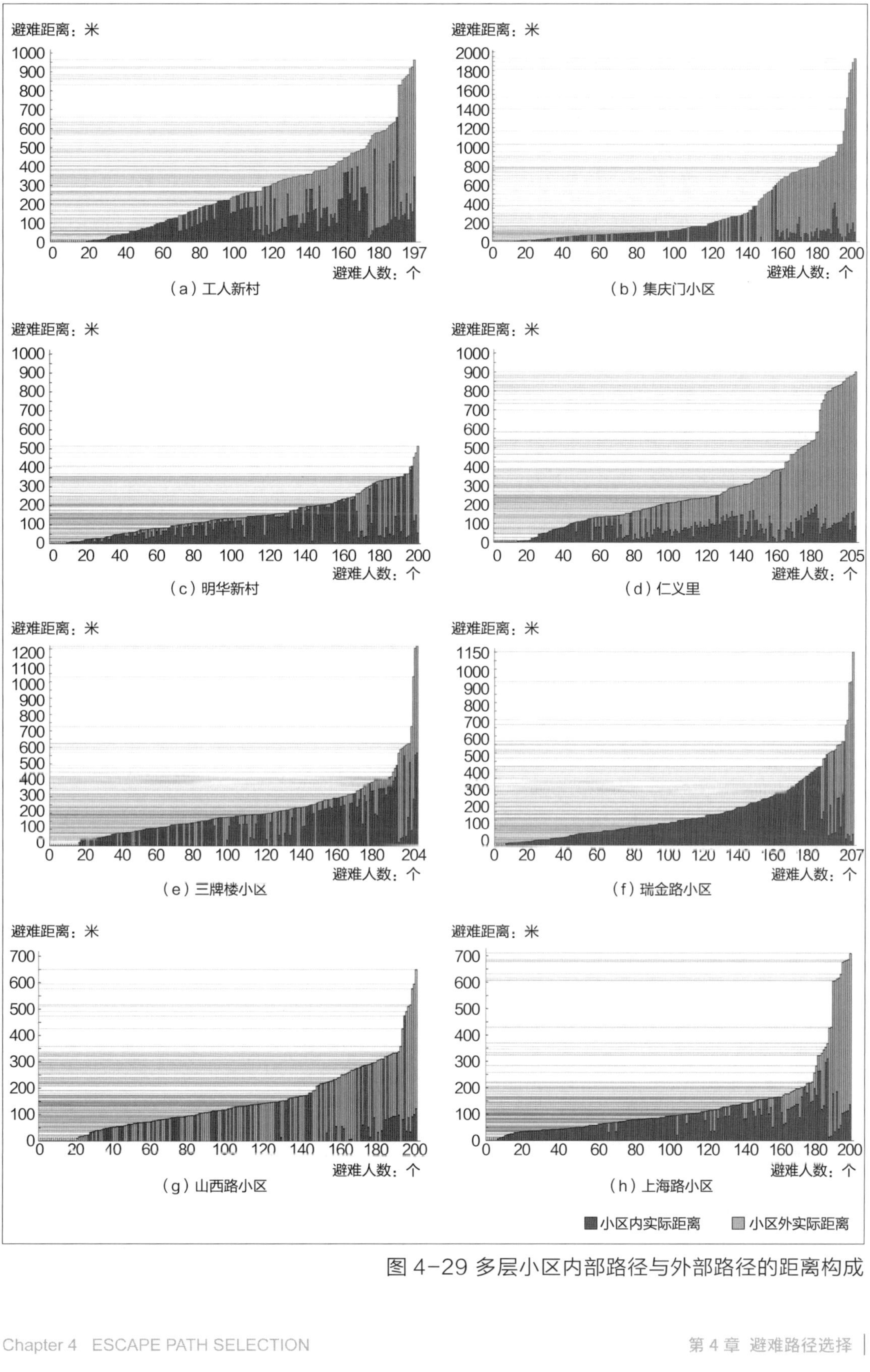

图 4-29 多层小区内部路径与外部路径的距离构成

4.3 避难路径的宽度与等级

居民在选择逃生路径时，疏散通道的宽度与等级也是影响选择原因之一。通常情况下，人们会习惯性认为，大马路比较宽，容量大，应该被选择的人数多；但实际调查下来的结果却不是这样。以颐和路公馆区为例，宽度较窄的道路，选择人数普遍较多。如牯岭路道路宽度只有 6 米，但选择人数却最多，有 66 人；北京西路道路宽度为 35 米，选择人数只有 6 人。但是，这不能说明疏散通道宽度就与选择人数呈反比关系，还需要综合多方面原因来对待这个现象。

颐和路公馆区是历史街区，建筑高度较为低矮，建筑密度较大，街区内的城市道路宽度普遍较窄，小马路数量多且分布密度高，大马路的数量在绝对值上就很少且分布密度低。这就造成居民只要一出门，基本上就都是小马路的情况。因此，小马路的被选择率高，是历史街区的空间特征造成的，而不是因为民众喜欢小马路而不喜欢大马路（表 4–2，图 4–30）。

表 4–2 颐和路公馆区避难路径宽度及选择人数统计

街道名	宽度（米）	选择人数（人）	街道名	宽度（米）	选择人数（人）
灵隐路北段	6	11	琅琊路中段	8	0
天竺路	6	6	颐和路	10	49
普陀路	6	16	宁夏路	12	2
珞伽路	6	20	江苏路南段	12	8
琅琊路南段	6	3	西康路	14	6
琅琊路北段	6	10	宁海路南段	16	29
莫干路	6	20	江苏路北段	18	18
宁海路北段	6	47	江苏路中段	18	6
牯岭路	6	66	山西路	25	2
赤壁路	6	9	北京西路	35	6
灵隐路南段	8	6	–	–	–

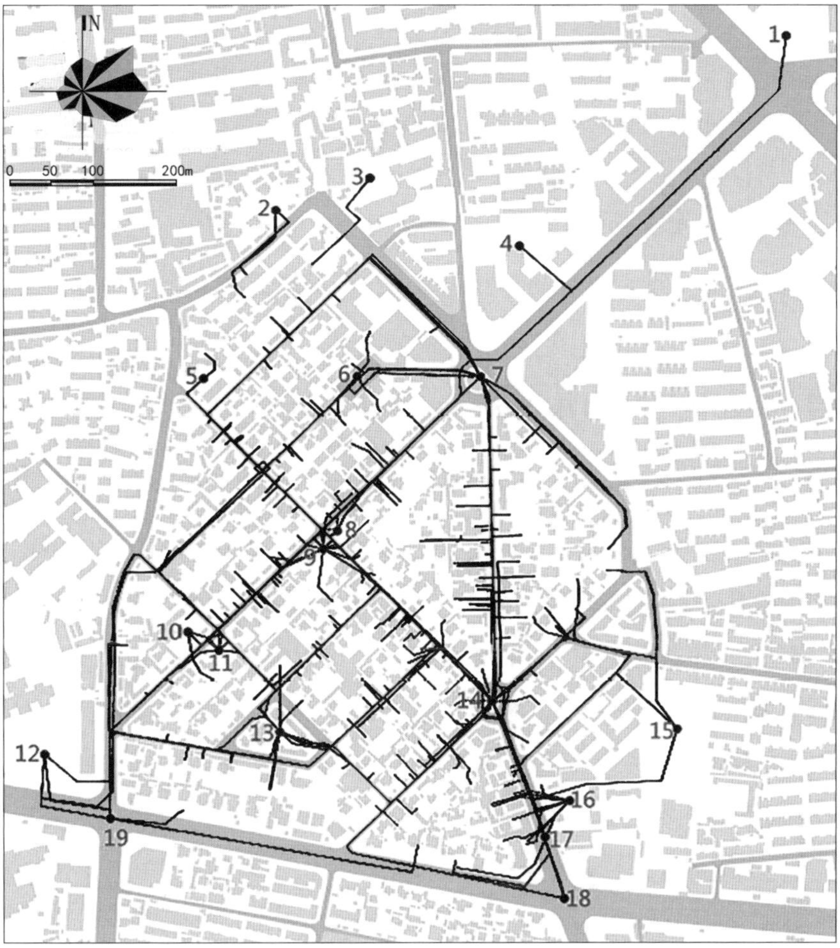

图 4-30 颐和路公馆区居民避难路径与道路宽度叠加图

图 4-31 夫子庙历史街区避难路径分布图

另外，再来看一下夫子庙地区。在这里，民众选择的避难路径共有 27 条，包括健康路、平江府路、长乐路、贡院西街等城市主干路、城市干路以及城市支路等道路，包括商业区以内的全部道路及商业区周边的部分道路，宽度从 6~23 米不等（表 4-3）。从数量上来看，在夫子庙地区，10 米以下的道路数量为 11 条，10~20 米之间的道路数量为 8 条；20 米以上的道路数量只有 3 条，且最宽的路也只有 23 米（图 4-31）。这样一来，就很容易理解为什么选择大马路的人少而选择小马路的人多这一异常现象了。

4.4 避难路径的平面形态

避难路径的平面形态是两个线型的组合，即直线避难路径和实际避难路径。直线避难路径代表了避难方向，是直线形式，两端分别是路径的起点和终点。实际避难路径是行为人选择的实际路线，受各类空间要素的影响，其线型比较多样，大体包括两类：直线与折线，直线类较少，而折线类占绝大多数。在折线类中，可以根据与避难直线的组合关系，分为 4 个小类，即三角形、四边形、多边形和 S 形。

实际避难路径有 3 个关键节点，即起点、小区出口和终点。3 个关键节点的位置关系决定了避难路径的基本框架。位置关系包括方位关系和距离关系。在小区内部，避难路径形式主要受建筑和道路格局的影响；在小区外部，主要受城市道路形式和终点位置的影响。

4.4.1 直线

实际避难路径的平面形式也有呈现出直线的情况，与直线避难路径完全重合。其原因在于避难路径的起点和终点位于同一条直线段的道路上，有三种情况：第一种是人的起点位置在小区内的道路上，终点为小区内部空地，连接道路为直线，避难路径与道路完全重叠；第二种是人的起点位置在连接小区出口的主要道路上，终点为小区出口，道路为直线；避难路径与道路完全重叠；第三种是人的起点位置在小区外的人行道上，终点在城市道路交叉口，城市道路为直线，避难路径与城市道路完全重叠。

避难路径为直线形，受各类城市空间要素的影响，其路径的长度一般不大，通常在 100 米以内，其避难效率最高；但同时，由于其距离偏短，仅适用于在避难场所周边的人群（图 4-32）。

表 4-3 夫子庙历史街区的避难路径宽度一览表

道路编号	1-3	5-6	7-9	10-11	11-12	12-13	13-14	14-15	16-19	21-24	21-23
宽度（米）	9.0	9.0	8.0	11.0	19.0	21.0	23.0	15.0	6.0	12.0	22.0
道路编号	4-25	3-9	18-22	22-26	8-14	2-7	1-13	12-17	11-16	16-20	21-27
宽度（米）	12.0	6.0	7.0	9.0	14.0	8.0	10.0	6.0	7.5	12.0	7.0

（a）59 号受访者

（b）97 号受访者

（c）140 号受访者

（d）200 号受访者

图 4-32 直线形的避难路径

4.4.2 三角形

实际避难路径为两条直线段组成的折线，与避难直线组合成三角形。有两种常见的情况：一是起点在连接小区出口的主路上，小区出口为拐点，终点为城市道路交叉口；二是起点在小区内的道路，拐点是小区内的道路转弯处，终点为小区内的空地或绿地广场。两条直线路段的长度均较短，一般小于 100 米，属于避难起点离终点较近的情况，也仅适用于避难场所周边地区（图 4-33）。

4.4.3 四边形

四边形也是实际避难路径路线较为简洁的形式，有矩形、梯形、不规则四边形等，相对而言，路线的拐点较少，线路方向明确，易于寻找，是较为常见的路径形式。四边形的形式主要有两种类型，一是起点在小区出口，二是终点在小区出口。其影响要素相对单一，小区内主要是建筑和道路；小区外主要是城市道路（图 4-34）。

4.4.4 多边形

多边形为拥有五条及五条以上的边数，多呈现不规则形式。多边形是实际避难路径中常见的形式，其路径的大部分路段位于小区内部，终点多为小区出口或者城市道路交叉口。多边形的路径绕曲比较严重，线路迂回，避难效率低（图 4-35）。

4.4.5 S 形

S 形，也可称蛇形，是指实际避难路径围绕避难直线反复回绕所呈现出的状态。S 形的路径绕曲严重，效率很低。S 形路径的形成，主要影响因素是小区内部的建筑和道路布局，以及城市道路线形和避难场所入口位置（图 4-36）。

（a）1 号受访者
（b）25 号受访者
（c）55 号受访者
（d）68 号受访者
（e）123 号受访者
（f）138 号受访者

图 4-33 三角形的避难路径

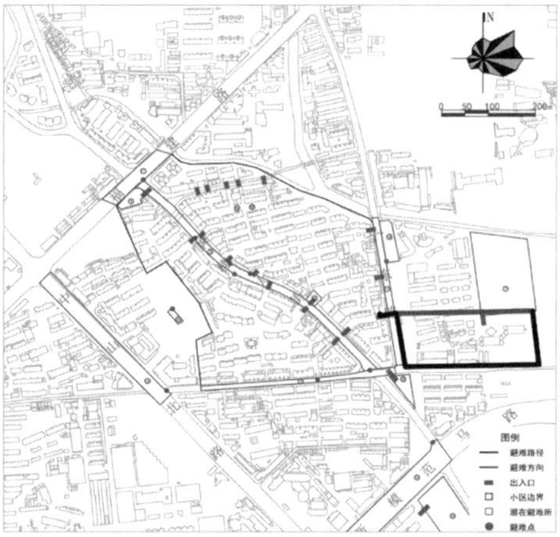

（a）164 号受访者

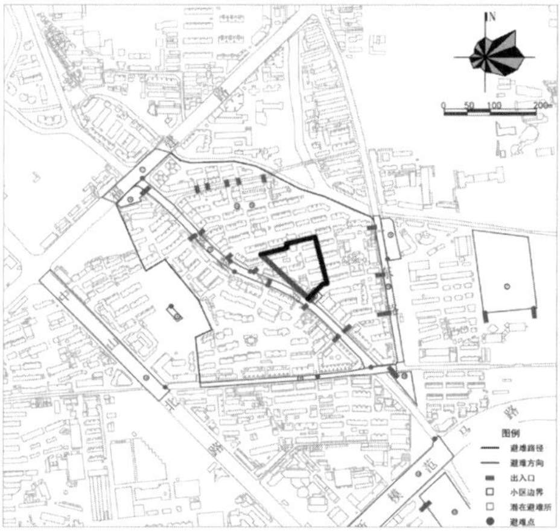

（b）122 号受访者

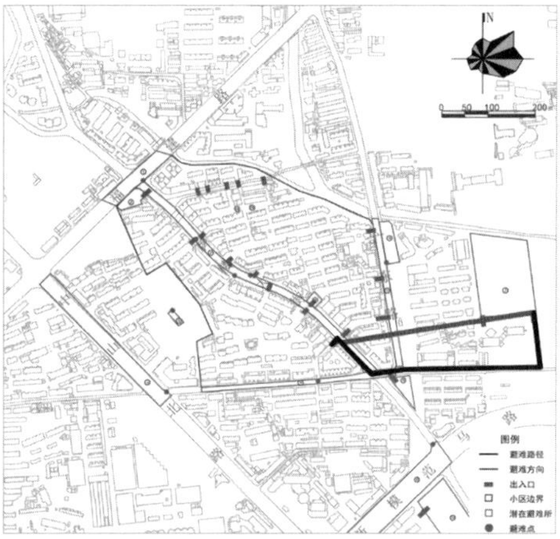

（c）30 号受访者

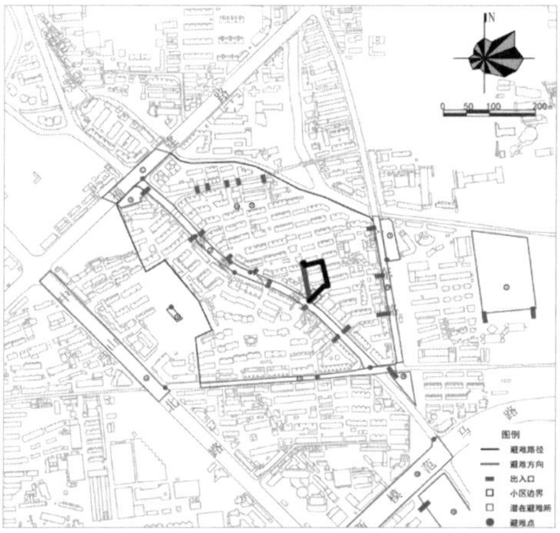

（d）31 号受访者

图 4-34 四边形的避难路径

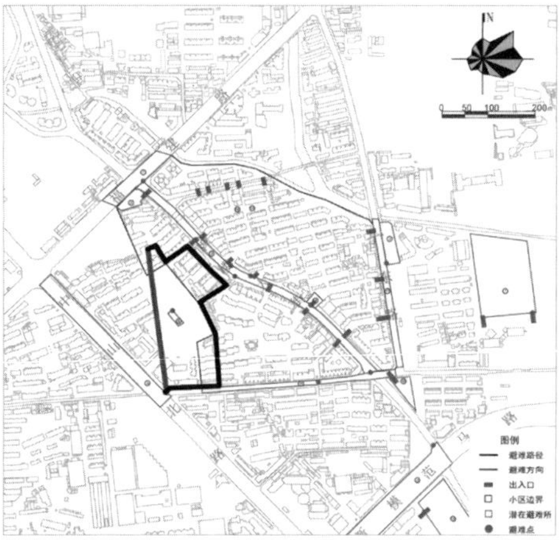

（a）38 号受访者

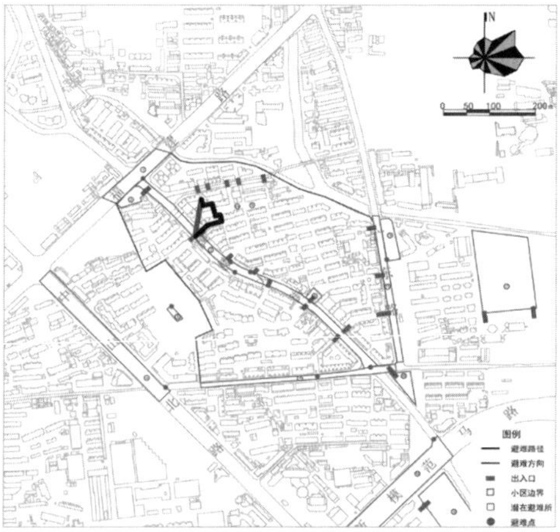

（b）52 号受访者

图 4-35 多边形的避难路径

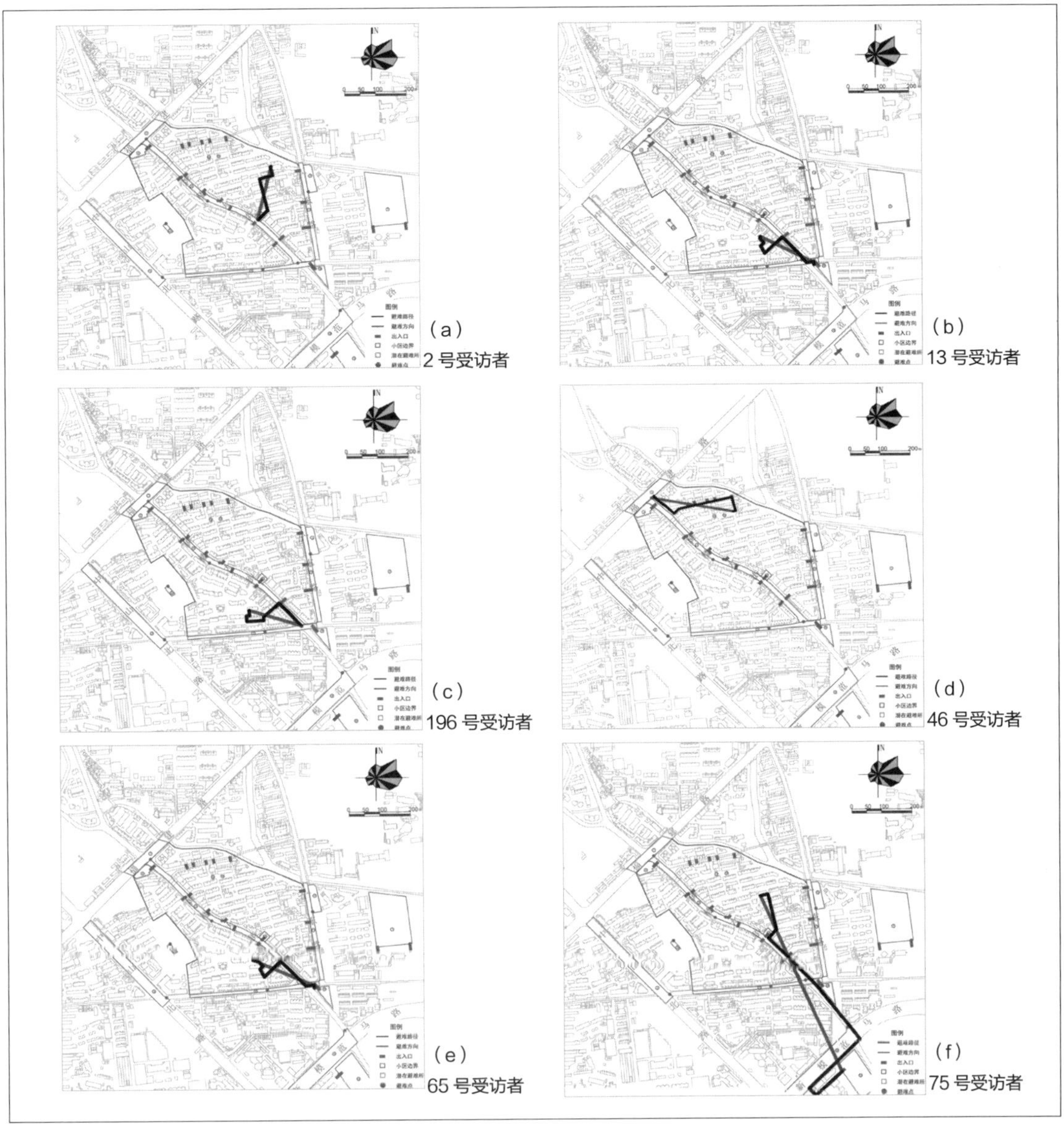

图 4-36 S 形的避难路径

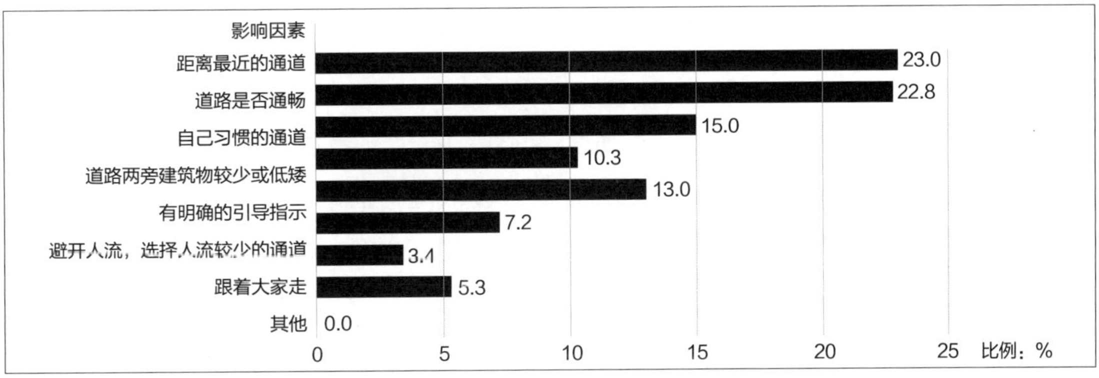

图 4-37 颐和路公馆区影响居民选择避难路径因素

4.5 避难路径选择的考虑因素

4.5.1 影响要素排序

1. 门西荷花塘

影响民众选择避难路径的因素有很多，不同因素的影响程度不太一样，有大有小。本书课题组在门西荷花塘的调查结果显示，这些因素按照被选择率的高低，可以分为 3 档（表 4–4）。

表 4–4 震时选择避难路径的影响因素

指标	道路是否通畅	离自己最近的通道	路旁建筑少或矮	到避难点距离最短	自己习惯的通道	选择人流少的通道	跟着大家走	有明确的引导指示	其他
人数（人）	167	137	105	96	82	80	76	75	1
比例（%）	55.7	45.7	35.0	32.0	27.3	26.7	25.3	25.0	0.3

第一档是道路通畅和离自己最近的通道。前者的被选择率高居第一，为 55.7%，高出第二档的离自己最近的通道整整 10 个百分点。在选择避难路径时，通畅和近是民众最优先考虑的因素。道路通畅，首先是能保证通道有足够的宽度；道路太窄，通畅性就容易降低，这反映出在民众的潜意识里面，马路宽是保证通畅性高的必要条件。其次，要保证通畅，就不能被遮挡、被阻拦或被阻隔。这种现象一般发生在地震后，树木倒伏、房屋倒塌阻塞了道路，阻止了人们的通行，也包括桥梁断裂或垮塌导致道路中断。距离近，意味着时间短。选择离自己最近的通道，就是说要求避难距离和时间要尽可能短。

第二档是道路两旁的建筑物数量少或建筑高度较低，到避难点的距离最短。二者排名分别是第三和第四，被选择率均在三成以上。路旁建筑少或建筑矮，潜台词是建筑倒塌后不会严重阻塞交通，不会对道路的通畅性造成较大影响，这一条在本质上还是从另一方面反映出民众对道路通畅性要高的要求。到避难点的距离最短，反映出对避难时间要尽可能短的要求。

第三档是自己习惯的通道、人流少的通道、跟着大家走、或者是有明确的引导指示。被选择率基本在 25% ~ 28% 之间。自己习惯的通道，反映的是对空间环境的熟悉程度，熟悉程度越高，心理上获得安全感的可能性就越高，信任度就越高，选择几率就越高。对环境的熟悉度和信任度，也是选择避难路径的重要因素。这个因素在本质上反映的是民众对安全感的依赖。人流少，一般就不会导致人流拥挤或交通堵塞，本质上反映的是民众对道路通畅性的要求。跟着大家走，是因为自己也不知道应该往哪里走，是寄希望于其他人，从他人的共同选择上来获取信心和安全，其实还是民众对安全感的需求。有明确引导指示，是希望有人或者有政府组织或机构能给出明确的方向，提高避难的成功率，其本质也是获取更高安全感的表现。

2. 颐和路公馆区

在颐和路公馆区，调查的结果与门西荷花塘的结果略有差别，但整体上档次划分是基本一致的（图 4-37）。

第一档：“距离最近的通道”排名第一，被选择率为 23.0%；“道路是否通畅”排名第二，被选择率为 22.8%。两者比例几乎一致，被选择率基本在两成以上。

第二档：“自己习惯的通道”排名第三，被选择率为 15.0%；“到避难点距离最短的路”排名第四，被选择率为 13.0%；“道路两旁建筑物较少或低矮”排名第五，被选择率为 10.3%。三项因素的被选择率基本都在 10% ~ 15%。

第三档：“有明确的引导指示”排名第六，被选择率为 7.2%；“跟着大家走”排名第七，被选择率为 5.3%；“避开人流，选择人流少的通道” 排名第八，被选择率为 3.4%。排名最后的这三项因素的被选择率基本都在 10% 以下，比例很低。

4.5.2 空间性要素

1. 避难距离的长短

避难距离的长短，影响到避难时间的长短。在路上的时间越长，就越危险；时间越短，风险相对就越低。研究发现，民众对避难时间的要求有明显的递减趋势。例如，有 83.67% 的受访者希望 5 分钟就可以到避难点，15 分钟有 7.67%，而 20 分钟仅为 4%；因此，综上所述可以得出，最佳避难时间应为 5 ~ 10 分钟，紧急避难时间的最大值应不超过 20 分钟。

同理，到达避难点的距离上，有 87.7% 的人认为 200 米可以接受；能接受 800 米的仅为 6.67%，其他人多选择 100 米和 50 米。因此，最佳的避难距离为 200 ~ 500 米，最大不超过 800 米。

2. 疏散道路的通畅性

在发生地震灾害的时候无论是内部人员的避难疏散，还是救援救灾设施的进入，都与道路的通畅程度有着密不可分的关系。城市道路太窄，或者被堵塞或倍被阻隔，都会严重影响人群疏散及救援设施的进入。

首先，道路窄是由道路宽度本身决定的。除非拓宽道路，否则无法提高道路的通畅性。但是在老城区，尤其是历史街区，由于受大量历史建筑的限制，拓宽道路的可能性几乎为零。

其次，道路被堵塞有两种原因：一是树木倒伏，二是房屋倒塌。这两项因素可以通过树木防倒伏措施，以及房屋加固处理来应对。

最后，道路被阻隔，也会对道路通畅性造成很大影响。阻隔要素的类型主要包括：主干道、快速路、高架路、铁路、高架轨道交通线路、河流、城墙等，多为线形要素。

例如，在门西荷花塘，阻隔要素主要有东边和南边的城墙，西边的秦淮河，这三个方向无法直接通行，都需要绕行很远的距离，而北面没有太多限制要素，故而形成了避难场所多集中于北面的局面。

在洪武路高层小区，主要阻隔要素是基地南侧的秦淮河。在 300 位受访者的选择中，只有 4 个人选择了跨过秦淮河至王府园小区内部空地进行避难，由此可见，河流阻隔要素对居民避难点的选择有着很大影响。

在夫子庙街区，阻隔要素主要为城市主干道，包括中华路、长乐路和建康路，以及秦淮河和老城墙。人们在避难时，一般不会跨越城市主干道和河流。人们多在不需要穿过马路的广场、停车场进行避难，同时也会在宽阔的街道进行避难。在秦淮河两岸的被访者中，仅有少数在乌衣巷受访的被访者，因离夫子庙前的广场距离较近而选择了跨河前往夫子庙前的广场上进行避难。老城墙因距离夫子庙商业街较远，其对夫子庙商业街的被访者避难基本没有影响，被访者也不会跑到城墙附近进行避难（图 4-38）。

在湖南路商业街，阻隔要素分为城市主干道和湖泊。主干道中山北路离湖南路商业街较近，玄武湖的距离也比较近，因而，对民众的影响较强。

在颐和路公馆区，现状阻隔要素主要为城市主道路。例如，江苏路阻隔在颐和路公馆区与避难场所间， 对民众的避难路径选择造成了一定的阻隔影响。

除了阻隔要素之外，危险源也会对民众的选择造成影响。在地震发生后，危险源主要包括高压电线、建筑外墙和街巷里四处乱搭和密密麻麻的老电线、变电箱、空调外挂机、沿街餐饮商户使用的液化气罐、加油加气站、危险化学品仓库等。在进行避难场所选择时，人们大多选择远离危险源，以避免受到危险源带来的次生灾害的影响。以颐和路公馆区为例，选择存在危险源避难点的居民仅占 5.52%，而其余 94.48% 的居民选择了没有危险源的避难场所，可见，危险源的分布对居民避难场所选择有很大的影响（图 4-39）。

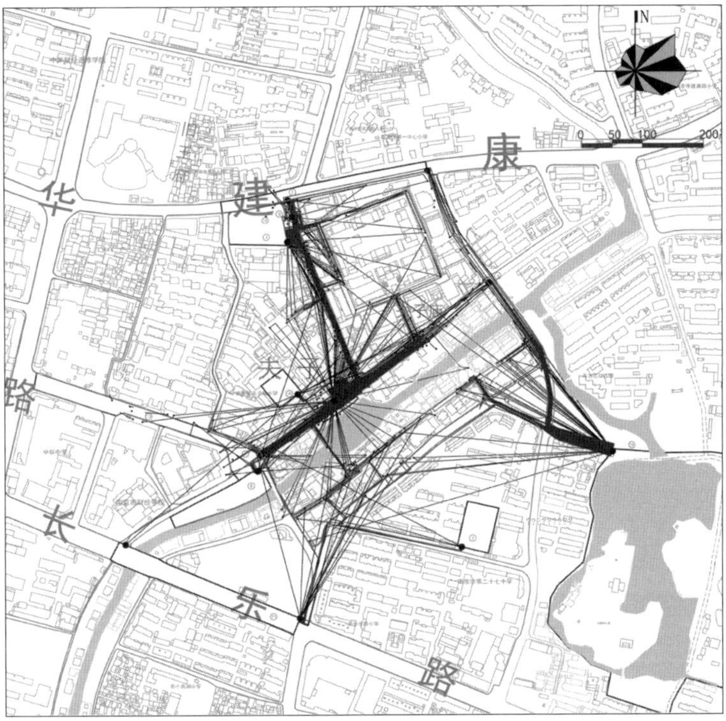

图 4-38 夫子庙现状阻隔要素对避难场所选择的影响示意图

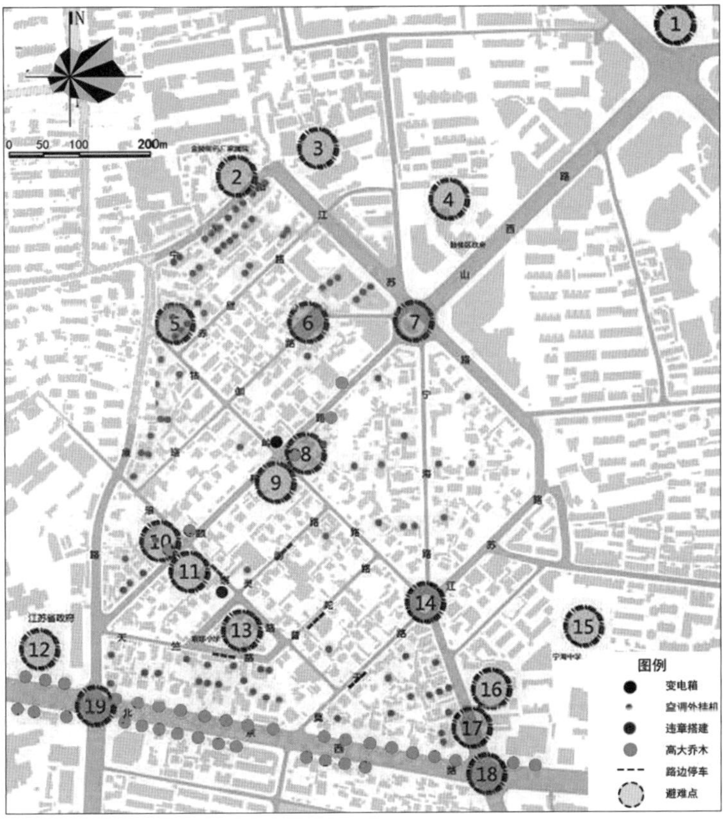

图 4-39 避难点与危险源分布关系

4.5.3 社会性要素

社会性要素主要包括年龄、性别、学历、对周边环境熟悉程度、地震避难经历、是否受过抗震教育等方面。

1. 年龄

年龄是一项重要的因素，不同年龄段的人，在选择避难路径时，具有较为明显的差异性。在考虑影响避难路径选择因素时，也存在着明显不同。以 8 个选项为例来分析不同年龄段的选择情况。8 个选项分别是：①离自己最近的通道；②道路是否通畅（有障碍物阻挡）；③自己习惯的通道；④道路两旁建筑物较少或低矮；⑤到避难点距离最短的路 ；⑥有明确的引导指示；⑦避开人流，选择人流少的通道；⑧跟着大家走。

本研究将年龄段分为五个档次：18 岁以下、18 ~ 30 岁、30 ~ 40 岁、40 ~ 60 岁，60 岁以上。按照规律性的明显程度顺序，将不同年龄段居民选择避难路径的一些特征总结如下（图 4-40）。

①②项选择率总体较高，但 18 岁以下和 60 岁以上居民①项选择率最高，即“离自己最近的通道”；18 ~ 60 岁的居民②项选择率最高，即表示在选择逃生路线的时候会考虑“道路是否通畅（有障碍物阻碍）”。可以看出，年幼及年长者更加遵循“就近”原则，所选择的避难路径通常较短，很可能与体能有关；而中、青年人侧重于考虑逃生路线的通畅性，他们所选择的避难路径距离一般都比较长，大家都会选择逃向规模相对较大的避难场地，这很可能与其身体更为健康强壮有关。

18 ~ 40 岁和 60 岁以上的居民③项选择率相对其他选项较高，即选择“自己习惯的通道”。大多数 60 岁以上的老年人都不愿意离开自己的房子，选择的都是就近避难或是原地不动。老年人会比较倾向于选择熟悉的、习惯的路线作为逃生路径。

40 ~ 60 岁的居民⑤项选择率比较高，即“到避难点距离最短的路”。中年人对于逃生距离的考虑会更加多一些。

下图是西街地区不同年龄阶段的人群选择的避难路径。可以看出，不同年龄群体还是存在较大差异（图 4-41，图 4-42）。

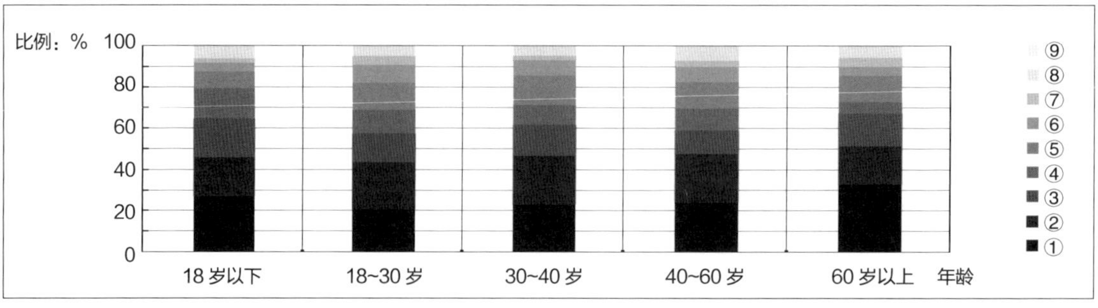

图 4-40 不同年龄段居民选择率比较图

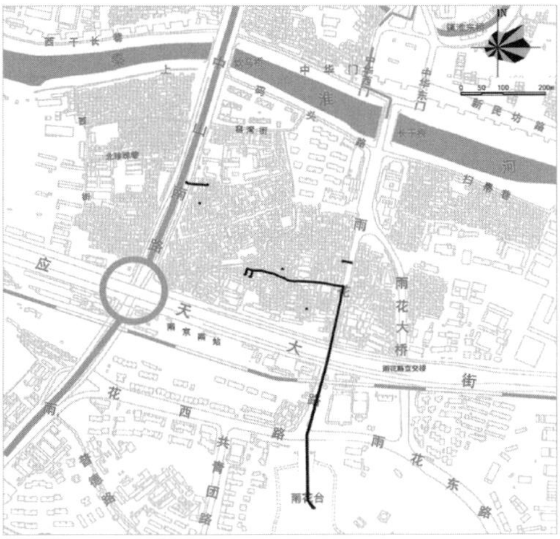

（a）0~10 岁，折线

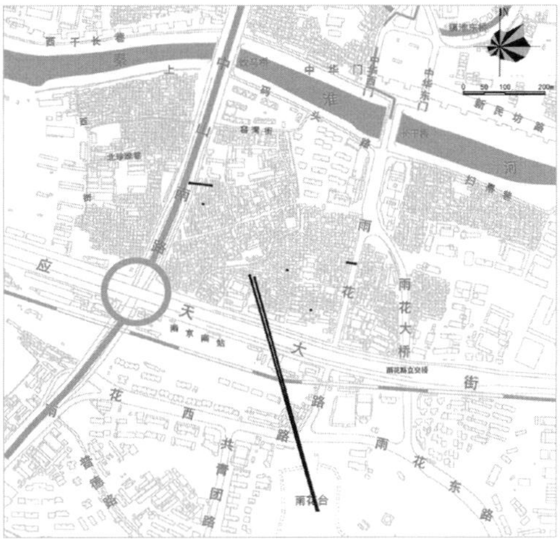

（b）0~10 岁，直线

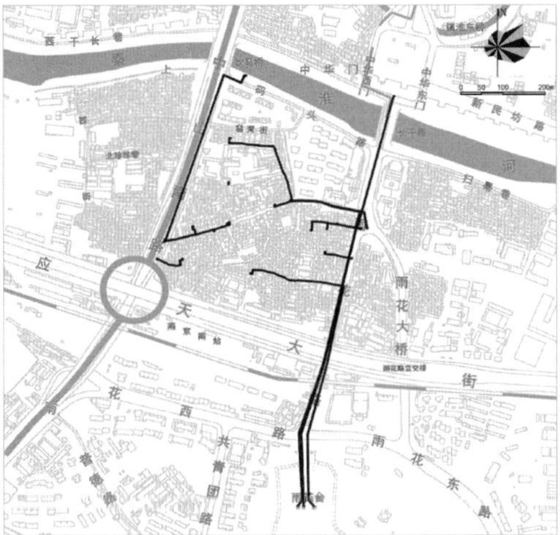

（c）10~20 岁，折线

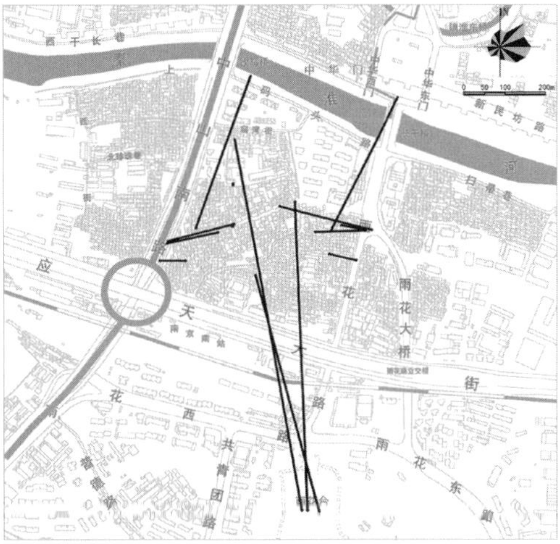

（d）10~20 岁，直线

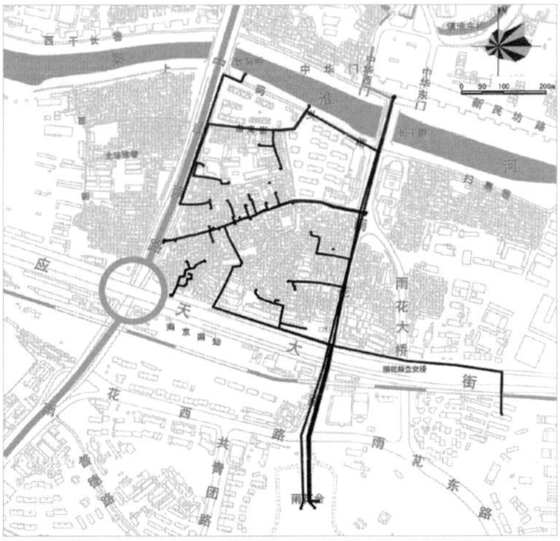

（e）20~30 岁，折线

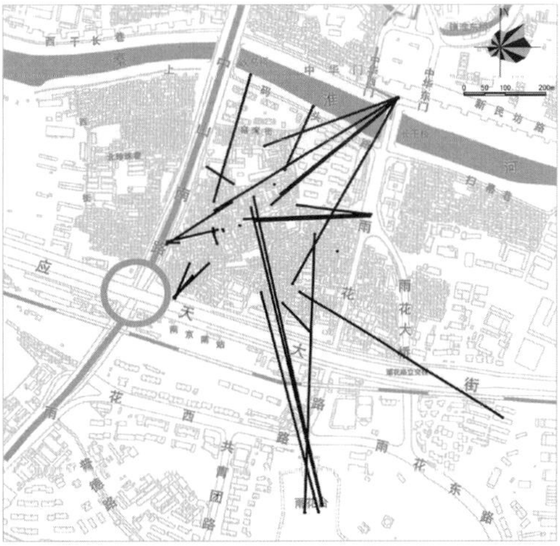

（f）20~30 岁，直线

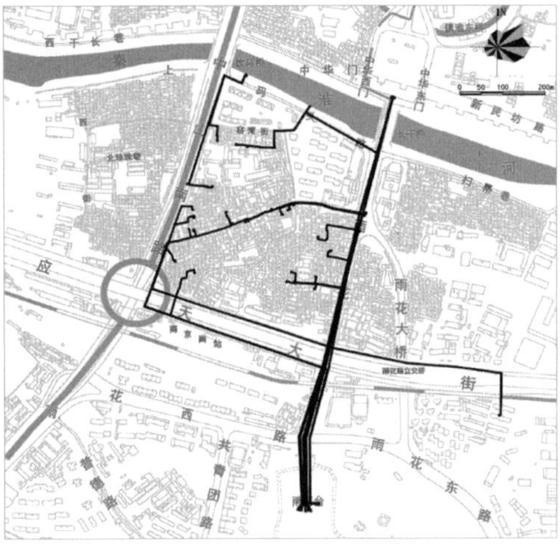

（g）30~40 岁，折线

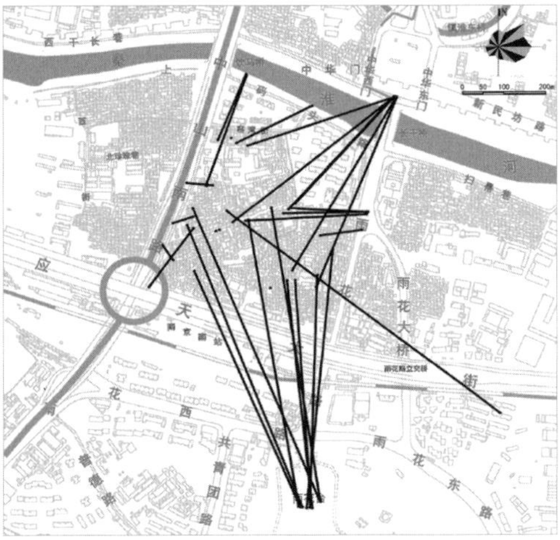

（h）30~40 岁，直线

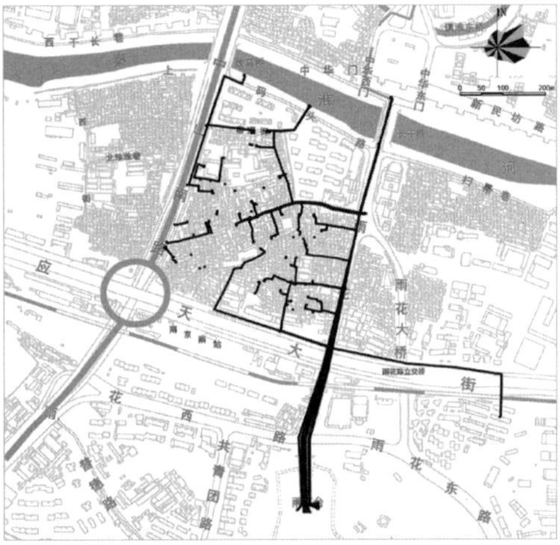

（i）40~50 岁，折线

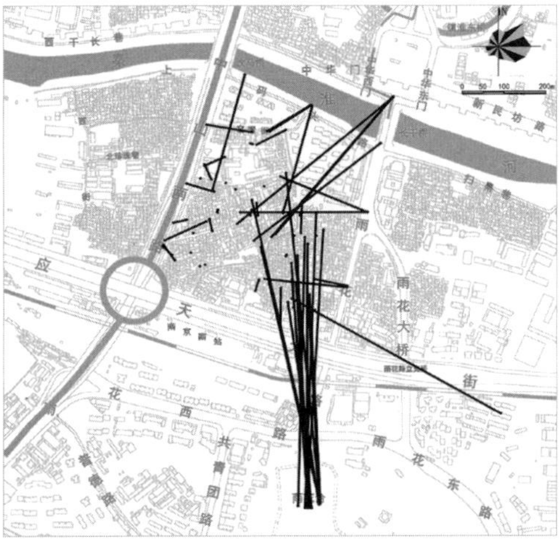

（j）40~50 岁，直线

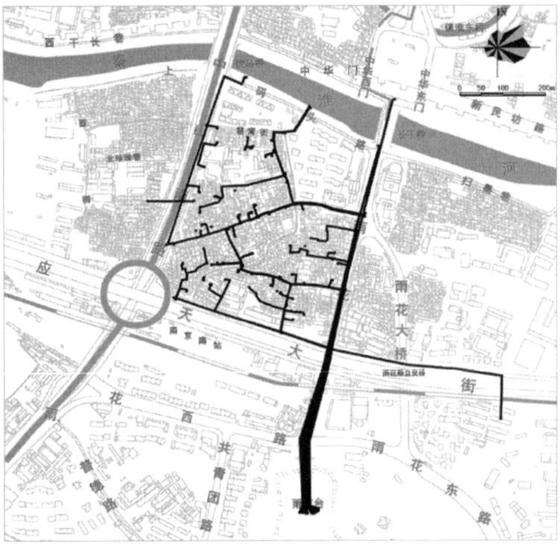

（k）50~60 岁，折线

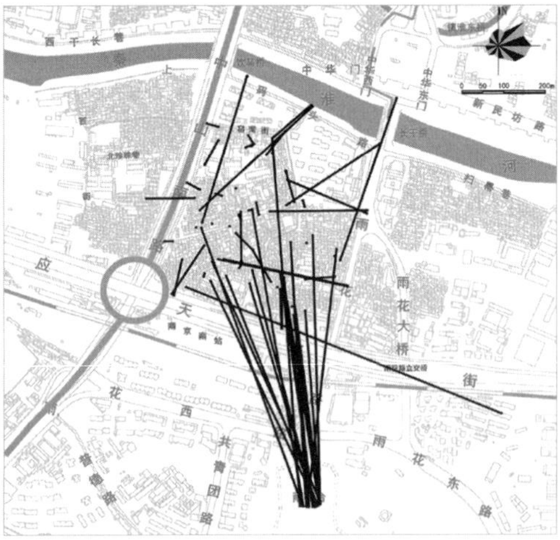

（l）50~60 岁，直线

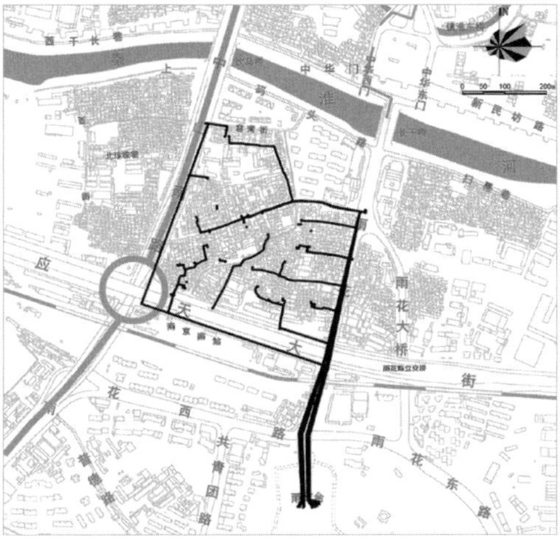

（m）60~70 岁，折线

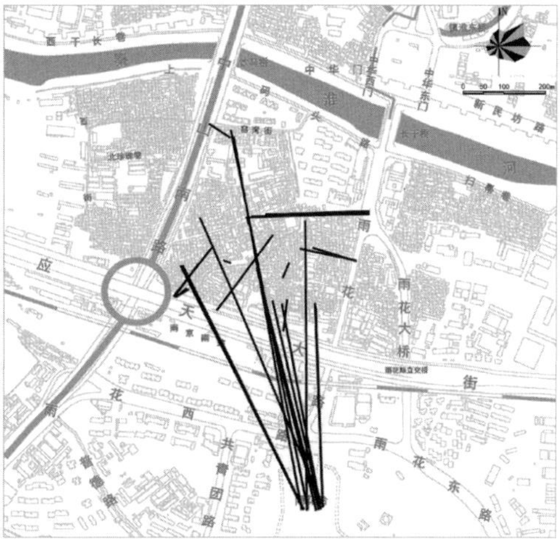

（n）60~70 岁，直线

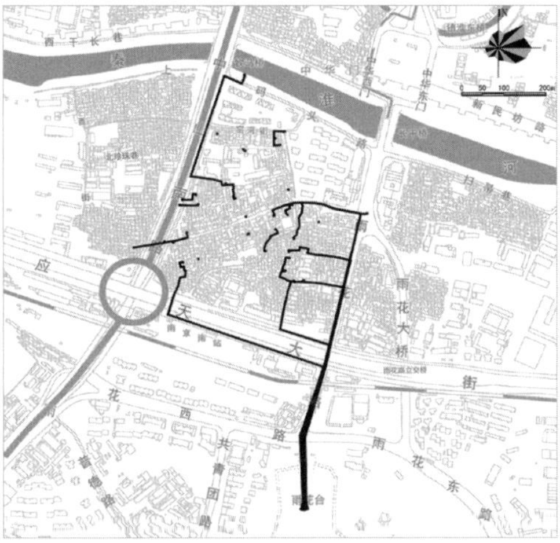

（o）70~80 岁，折线

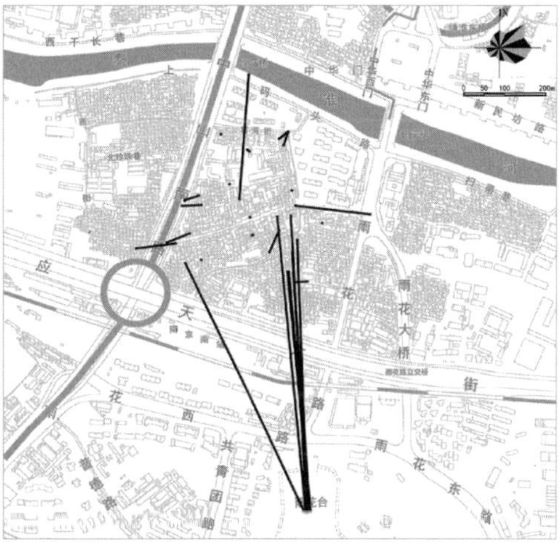

（p）70~80 岁，直线

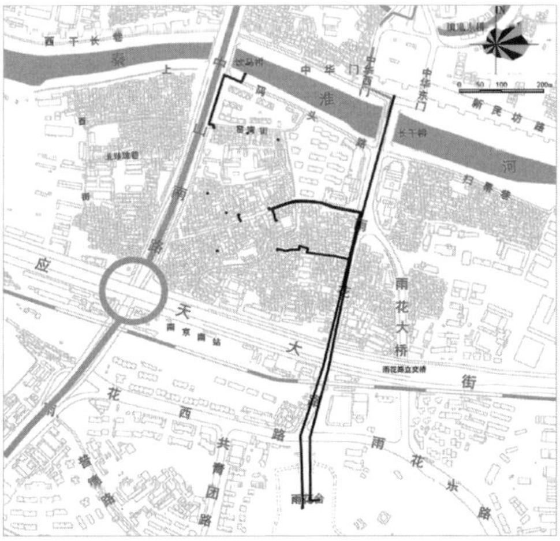

（q）80~90 岁，折线

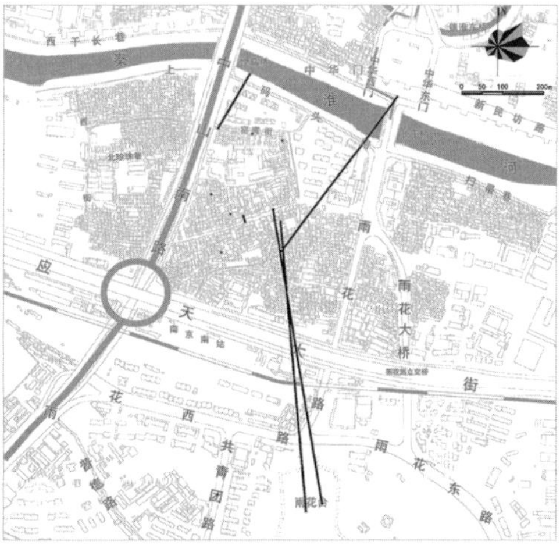

（r）80~90 岁，直线

图 4-41 西街不同年龄段居民避难路径形态

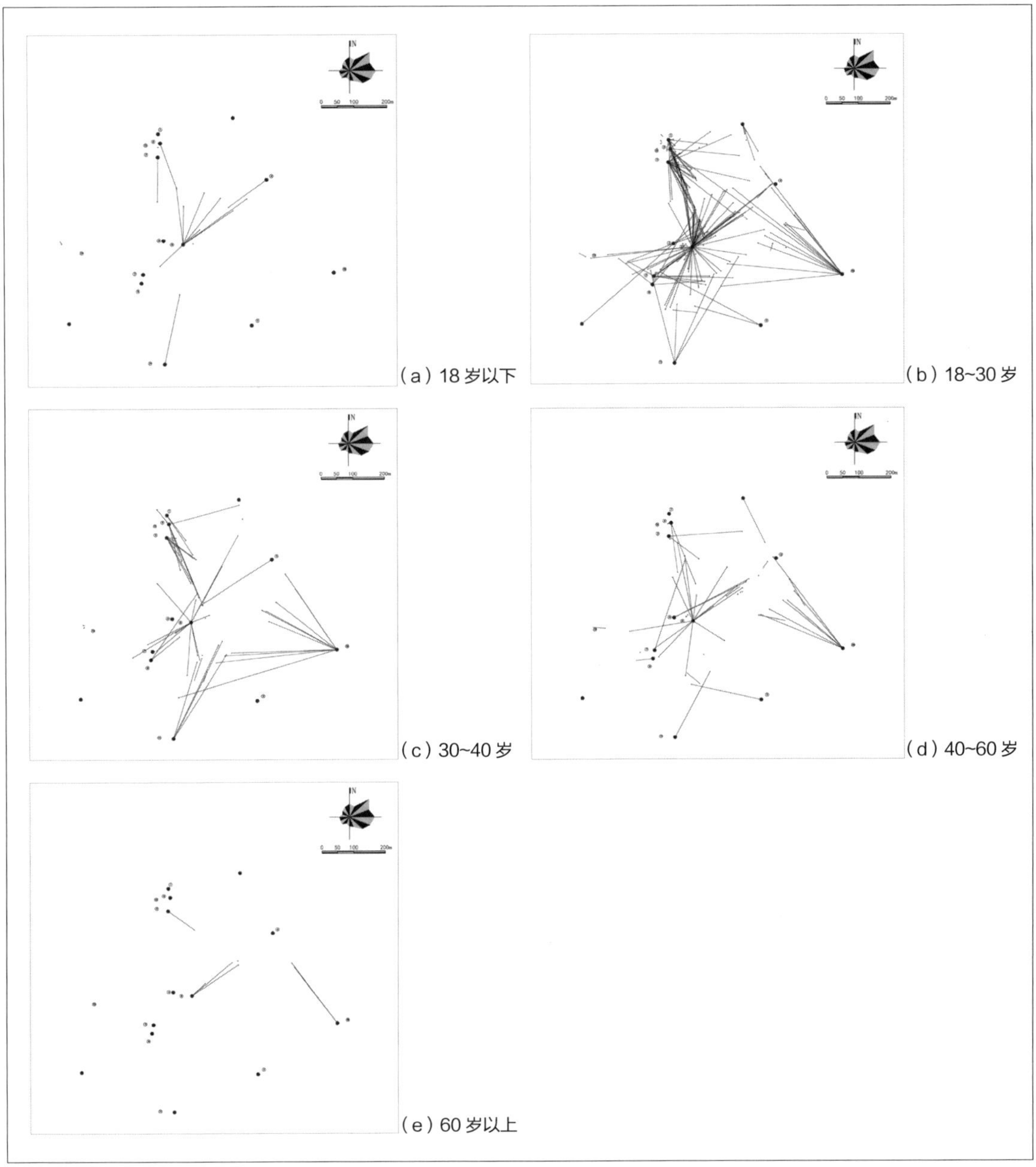

图 4-42 夫子庙不同年龄段居民避难路径形态

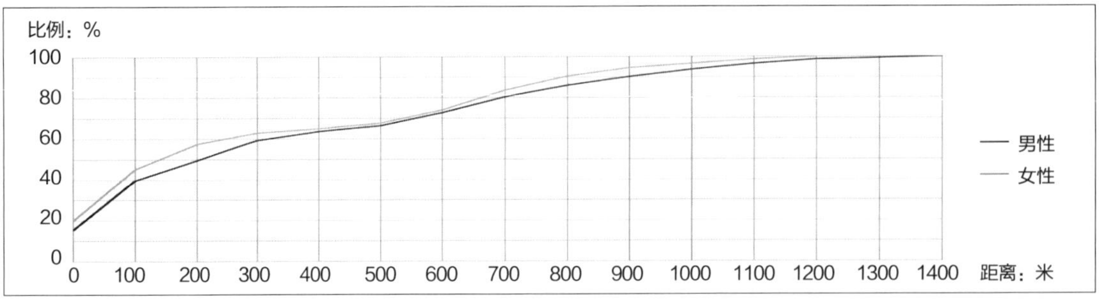

图 4-43 西街居民男性与女性的避难距离分布曲线

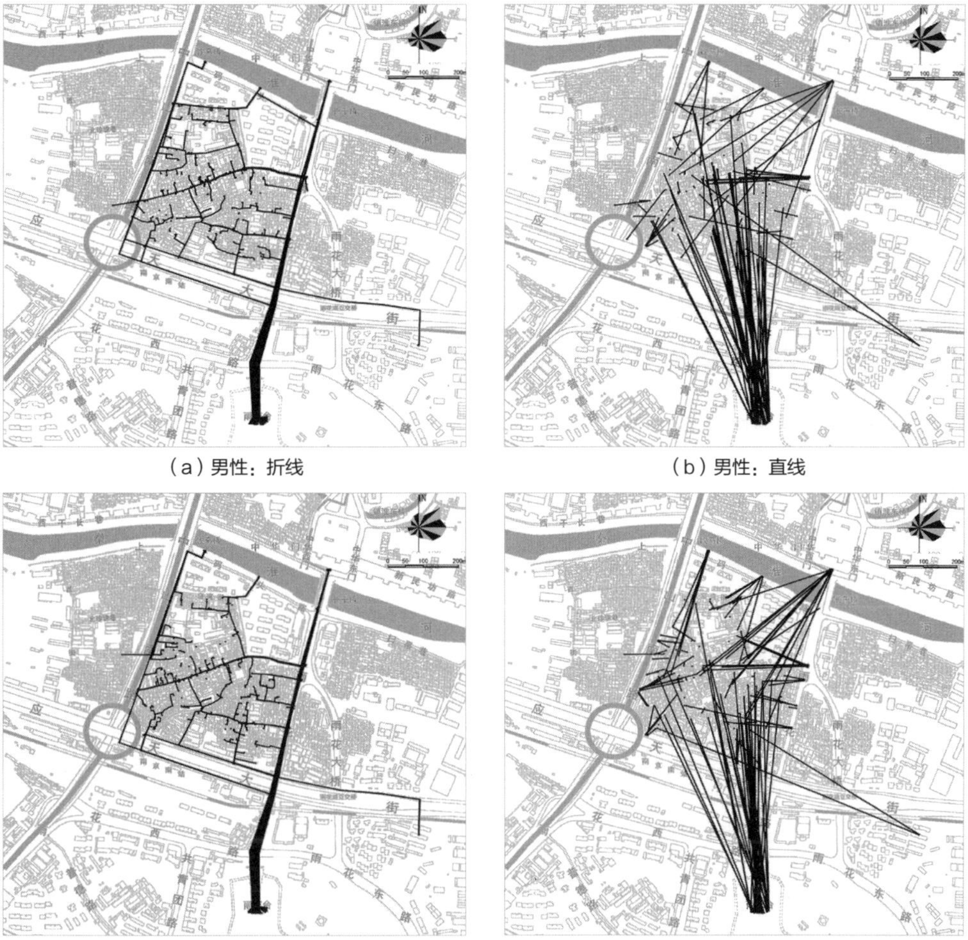

（a）男性：折线　（b）男性：直线

（c）女性：折线　（d）女性：直线

图 4-44 西街居民男性与女性避难路径比较

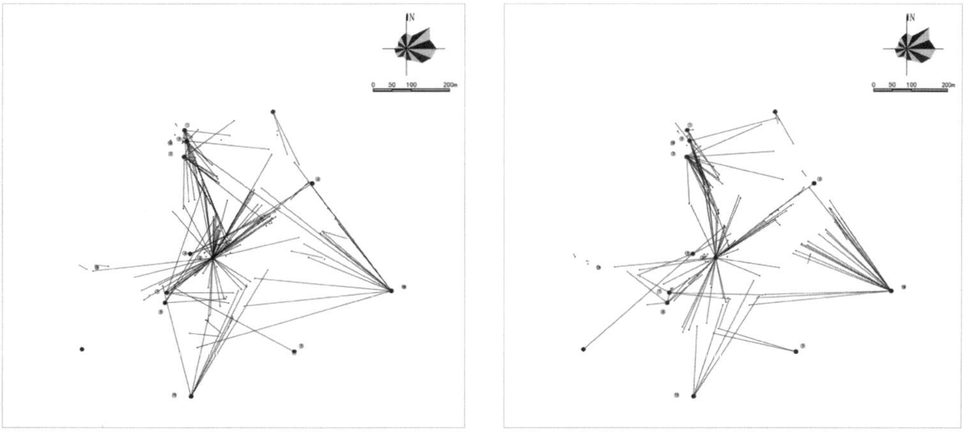

（a）男性　（b）女性

图 4-45 夫子庙居民男性与女性避难路径比较

2. 性别

以西街地区为例，男性居民和女性居民在避难距离的分布上高度相似，差异性很小。在避难地点和避难方向的选择上，也是极为相似，由此可见，性别不是影响民众选择避难路径和避难点的决定性影响要素（图 4-43，图 4-44）。图 4-45 是夫子庙地区不同性别人群的避难方向选择图示。

在避难路径影响要素的选择率方面，男性和女性也非常相似。例如，选择率最高的影响要素，男性选择最多的是道路是否通畅，女性选择最多的是离自己最近的道路。在选择率最低的影响要素上，男性和女性选择的都是人少的通道（表 4-5）。

表 4-5 男性和女性选择避难路径影响要素的比例比较

序号	选项	选择率（%）	
		男性	女性
①	离自己最近的通道	22.2	23.2
②	道路是否通畅或有障碍物阻挡	25.5	19.9
③	自己习惯的通道	15.5	14.6
④	道路两旁建筑物较少或低矮	11.0	9.7
⑤	E 到避难点距离最短的路	11.9	14.3
⑥	有明确的引导指示	7.4	7.0
⑦	避开人流，选择人流少的通道	2.4	4.6
⑧	跟着大家走	4.1	6.7
⑨	其他	0	0

3. 学历

调研对象中，没有受过教育的人群逃生路径大体上就是选择就近避难原则，靠近道路、空地就行；小学学历的群众在逃生方向上还是有一点的就近化；中学学历的人群在选择避难的时候已经开始考虑较大的避难场地；大学以上学历的群众选择的避难场地一般都是较大面积的空地（图 4-46，图 4-47）。

整体而言，在①②③④⑤⑥⑦⑧这几个选项，在所有学历人群的平均选择率，基本上呈现出逐渐降低的趋势。随着学历的上升，居民对于④“道路两旁建筑物较少或低矮”和⑤“到避难点距离最短的路”的选择率，也呈现出较为明显的上升趋势；同时，对于⑧“跟着大家走”也呈现出逐渐下降的趋势（图 4-48）。

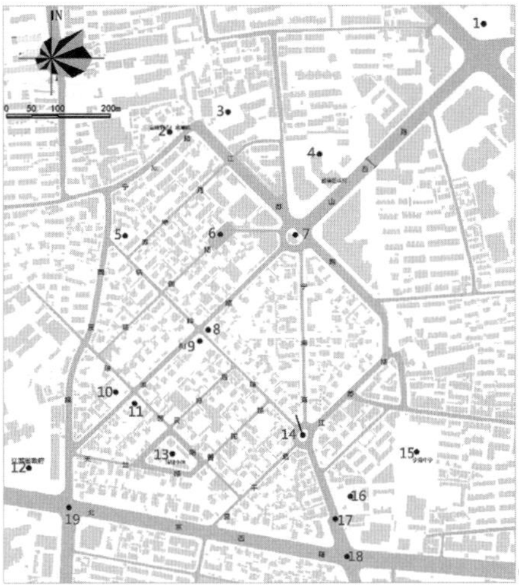

(a) 无学历

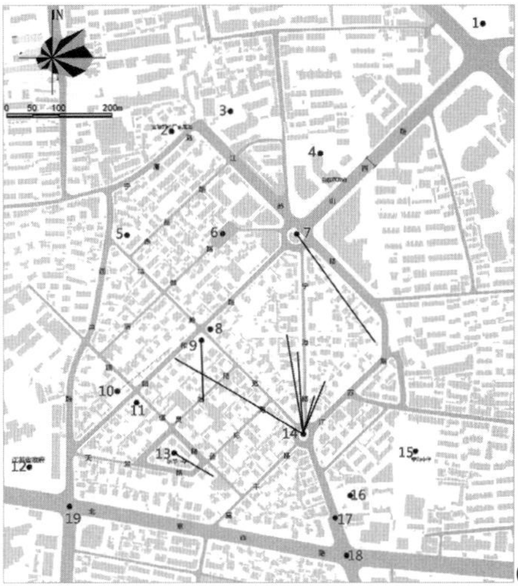

(b) 小学学历

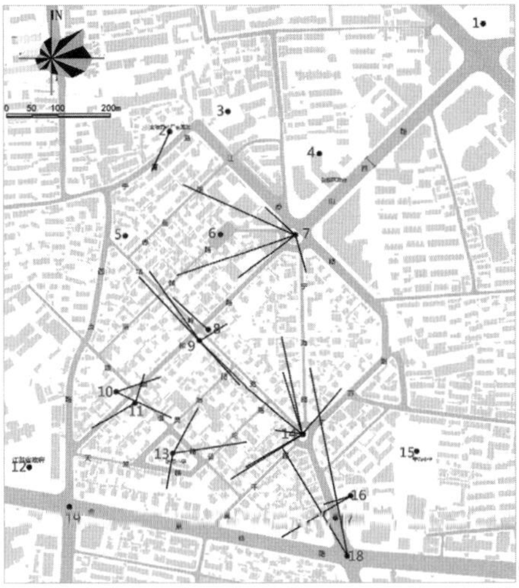

(c) 初中学历

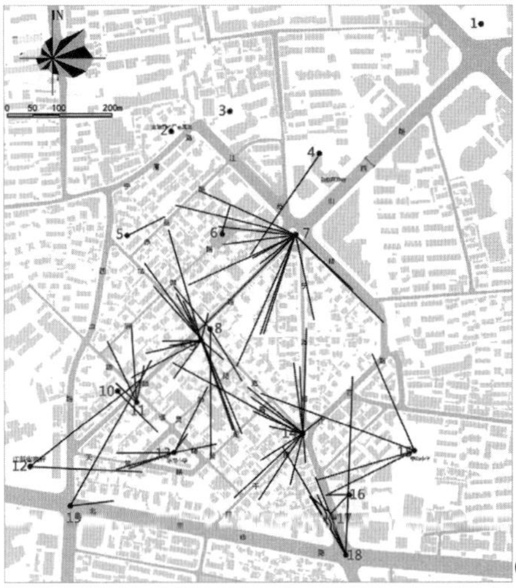

(d) 高中学历

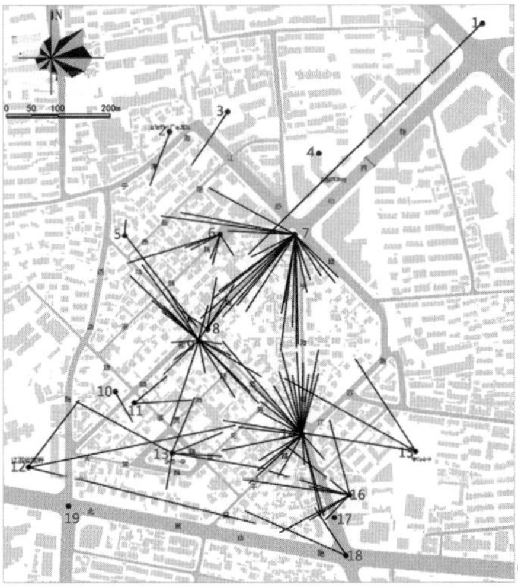

(e) 大学学历

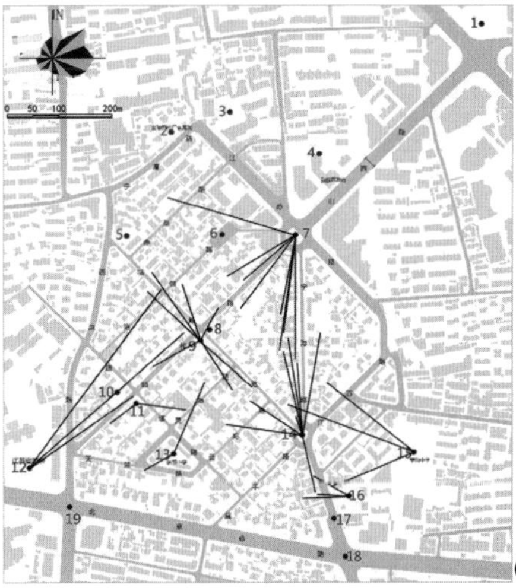

(f) 研究生学历

图 4-46 颐和路公馆区各类学历人群的避难方向

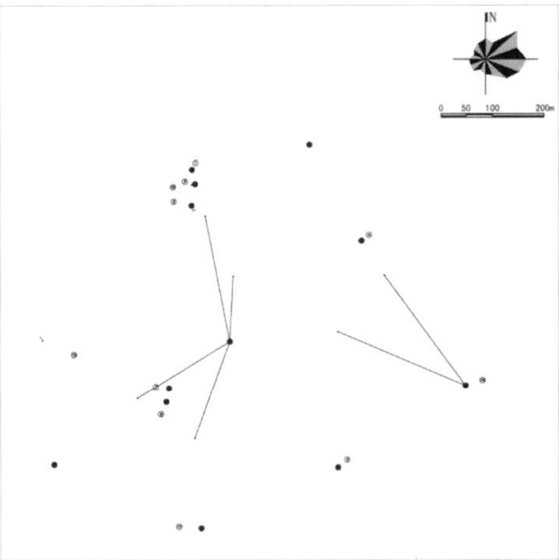

（a）小学学历

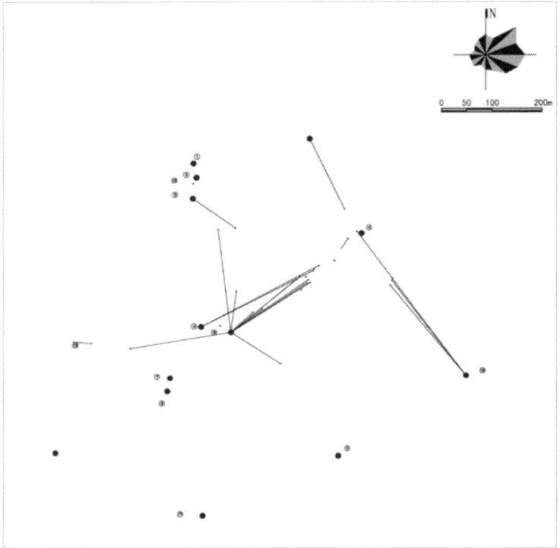

（b）初中学历

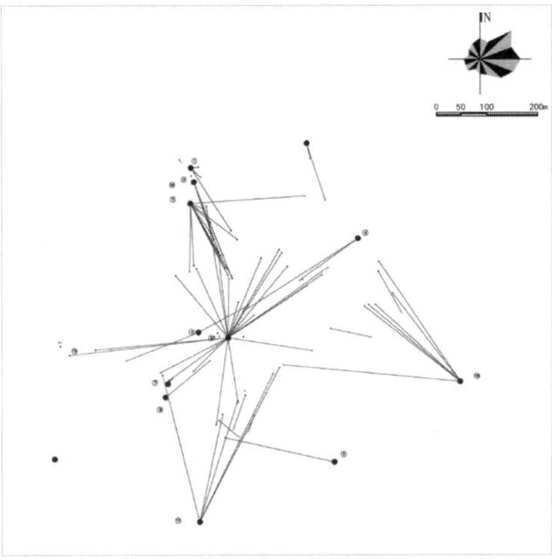

（c）高中学历

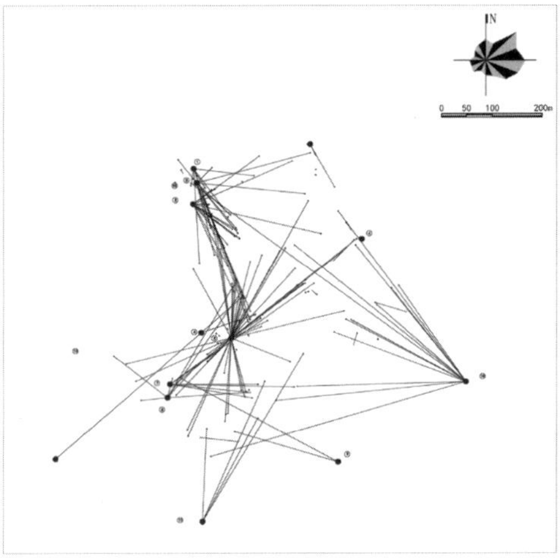

（d）大学学历

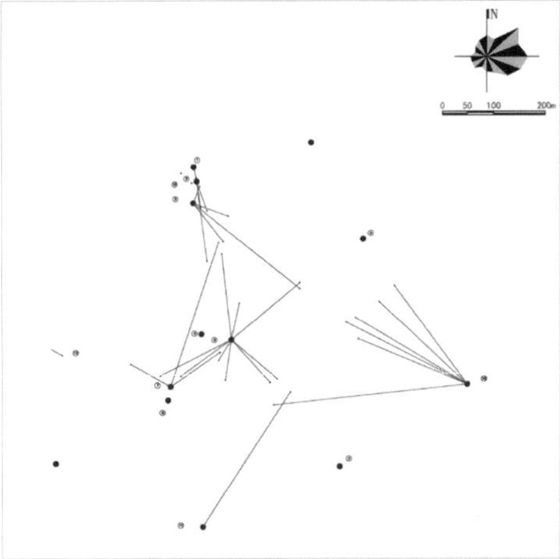

（e）研究生学历

图 4-47 夫子庙各类学历人群的避难方向

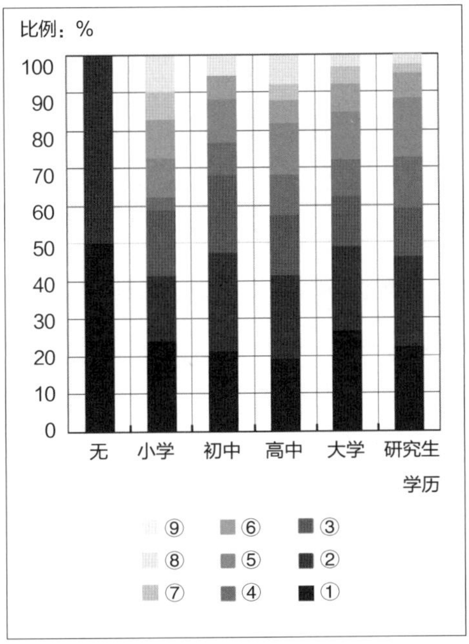

图 4-48 不同学历居民选择率比较图

在①“离自己最近的通道”上，高中学历人群的选择率偏低，其他几个学历层次的人群略高。

在②“道路是否通畅”上，小学学历人群的选择率偏低，其他较高学历人群的选择率较高。

在③“自己习惯的通道”上，小学和初中学历的选择率，要略高于高中、大学和研究生的选择率。

在④“道路两旁建筑物较少或低矮”上，各学历层次人群差异较大。例如，在初中学历人群中，选择率是 0；其次，小学学历人群的最低，然后，随着学历越高，选择率越高。

在⑤“有明确的引导指示”上，5 各学历层次人群的选择差异较小。

在⑥“避开人流，选择人流少的通道”上，选择率最高的是小学学历人群，初中学历是 0，其次最低的研究生学历，高中和大学学历的选择率居中。

4. 对周边环境熟悉程度

问卷结果显示，对周边环境熟悉的居民在选择疏散通道时考虑的因素前四名依次为：①“距离最近的通道”，选择率为 21.3%；②“道路是否通畅”，选择率为 16.1%；③“自己习惯的通道”，选择率为 14.9%；⑤“到避难点距离最短的路”，选择率为 13.8%。

对周边环境比较熟悉的居民在选择疏散通道时考虑的因素前四名依次为：②“道路是否通畅”，选择率为 24.9%；①“距离最近的通道”，选择率为 24.5%；③“自己习惯的通道”，选择率为 15.2%；⑤“到避难点距离最短的路”，选择率为 12.8%。

对周边环境不熟悉的居民在选择疏散通道时考虑的因素前四名依次为：②“道路是否通畅”，选择率为 22.9%；⑧“跟着大家走”，选择率为 14.6%；⑤“到避难点距离最短的路”，选择率为 12.5%；③“自己习惯的通道”，选择率为 12.5%。

整体上，居民选择道路的要素大致集中在①②选项，即大多数居民认为离自己最近的通道以及道路是否顺畅是影响居民逃生的主要因素，即效率与安全性。对于不熟悉周边环境的居民，他们较多地选择⑧“跟着大家走”，反映了这类群众的从众心理（图 4–49）。

对周边环境非常了解的人，选择逃生路径时大多会选择离避难点最近的道路；而选择有一点了解的人，大多会选择最安全的道路进行逃生；对于周边很不了解的，多是在此处租住房子的外来务工者，这些人大多会选择距离较近的马路或者直接躲在家中。另外，对基地环境熟悉的人，所选择的避难场所比较平均、全面；不熟悉的人只认准所熟悉的少数场地进行避难，避难场所比较局限（表 4–6）。

表 4–6 夫子庙地区对内外环境不同熟悉程度与避难点选择的对应关系

避难点	熟悉（人）	比较熟悉（人）	不熟悉（人）
预留空地	12	6	1
长乐路	8	6	0
白鹭洲公园	0	2	7
市西湖小学	6	0	0
马道街	4	1	0
南京市盲人学校	9	2	9
拆迁空地	10	43	0
剪子巷	8	15	1
箍桶巷	0	16	0
城墙边	10	25	0
秦淮区外国语学校	11	10	0
马道街小学	10	14	0
雨花门	8	12	0
小区空地	4	0	1
家门口	4	1	0
不跑	14	5	5

5. 地震避难经历

是否经历过地震，是否具有相关避难的经历，对于居民选择避难路径具有一定的影响。经历过地震的居民，具有一定的避难经验，在各影响要素的整体选择结果方面，①②选项的选择率最高。他们认为，①“离自己最近的通道”是最重要的，选择率 23.9%；其次为②“道路是否通畅”，选择率 19.7%。没有经历过地震的居民认为，②“道路是否通畅”是最重要的，选择率 23.7%；其次是①“离自己最近的通道”，选择率 22.1%。两类群体，在⑤选项上，选择率较为接近；在其余选项上，都是略有差异，互有高低（图4-50，图4-51）。

由 4-7 表可以看出，经历过地震的居民，避难意识要相对略好一些，所选择的避难场所的类型较为广泛，而没经历过地震的居民避难场所的选择就相对零散，距离较远。同时，在避难地点选择的合理性方面，没经历过地震的人群，不合理的选项会比较多。例如，在长乐路、剪子巷、箍桶巷、城墙边、雨花门和雨花门等空间中，没经历过地震的人群，选择量要明显高于经历过地震的人群。

表 4-7 夫子庙民众地震经历与避难点选择人数关系表

避难点	经历过（人）	没经历过（人）
预留空地	4	15
长乐路	2	12
白鹭洲公园	2	7
市西湖小学	3	3
马道街	4	1
南京市盲人学校	4	16
拆迁空地	7	46
剪子巷	5	19
箍桶巷	4	12
城墙边	3	32
秦淮区外国语学校	6	15
马道街小学	3	21
雨花门	4	16
小区空地	3	2
家门口	4	1
不跑	4	20

6. 是否受过防震教育和疏散演练

通常情况下，受到过相关防震减灾和避难疏散演习的人群，应该具有更好的避难行为能力，选择上应更具有科学性和合理性。但是，统计结果显示有些出人意料。经常接受过演练的人，选择避难地点的合理性并没有明显高于从未接受过演练的人；即使是偶尔接受演练的人群，也没有比从未接受过演练的人具有更高的合理性。这再次反映了一个不容忽视的现实情况，即：现实中的避难宣传和演习效果不佳。这需要引起关注，需要改进以后的宣传教育和演练方法，以便能真实有效地提高广大市民的避难行为能力（表 4–8）。

表 4–8 是否具有避震演练经历与避难点选择的关系

避难点	经常演练（人）	偶尔演练（人）	从未演练（人）
预留空地	0	13	6
长乐路	0	8	6
白鹭洲公园	0	1	8
市西湖小学	0	2	4
马道街	4	1	0
南京市盲人学校	0	6	14
拆迁空地	0	49	4
剪子巷	8	9	7
箍桶巷	0	9	7
城墙边	0	7	28
秦淮区外国语学校	7	7	7
马道街小学	0	14	10
雨花门	0	17	3
小区空地	5	0	0
家门口	0	4	1
不跑	0	15	9

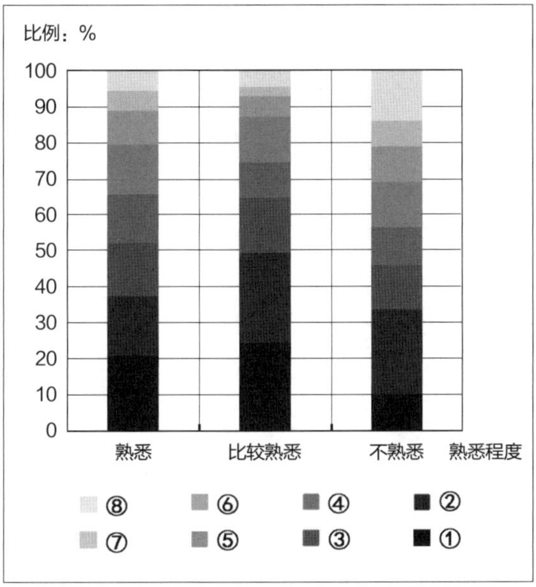

图 4-49 不同熟悉程度居民选择率统计图

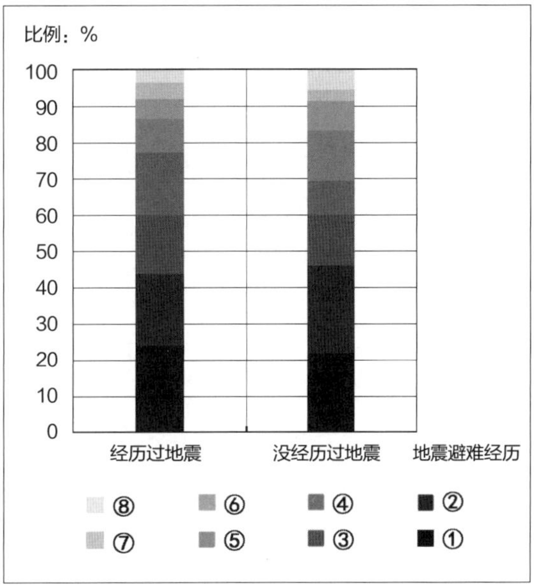

图 4-50 是否经历过地震对各项的选择率统计图

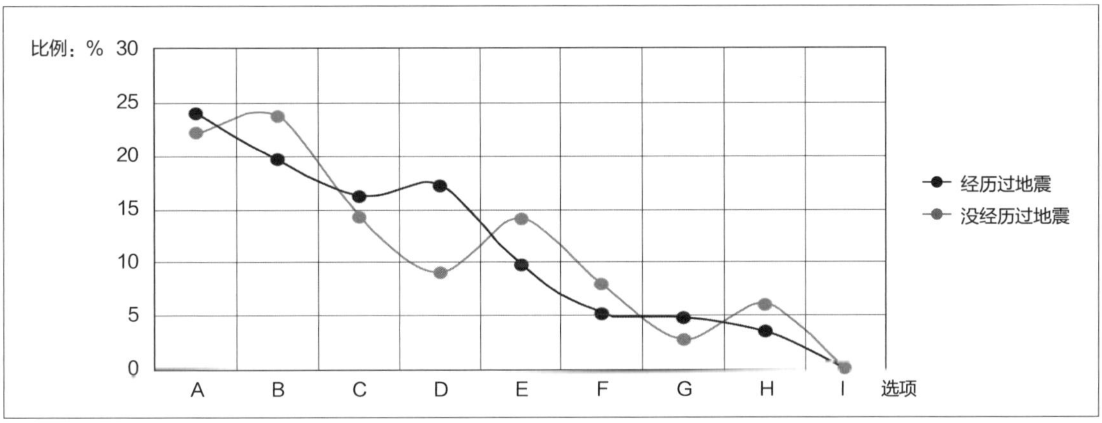

图 4-51 是否经历过地震对各项选择对比分析图

SELECTION OF SHELTER

第 5 章

避难场所选择

CHAPTER 5

避难场所是提供给人们在地震等灾害发生时，用于躲避灾害，并能保障基本生活的、带有一定避难所需的配套功能设施的场地[67-70]。避难场所可以是室外公共空间，也可以是公共建筑，如体育馆等。在本书中，避难场所也等同于避难空间。避难场所选择是一种选择行为，是基于人们对灾害情形的判断而作出一种对于安全空间的行为选择[71-72]。

避难地点，是指人们在紧急情况下选择的用于躲避灾害的地方。由于个体差异，人们选择的避难地点非常多样，这其中，有些地方可以作为避难场所，有些地方不能作为避难场所来使用。为了考察广大市民在紧急情况对避难场所的选择情况，本书课题组对避难场所的选择问题展开了调研。研究结果将对后续的避难场所规划提供理论基础。

5.1 避难场所的空间特征

5.1.1 避难地点的用地类型

在地震发生时，如果没有政府部门的有效组织和有序引导，民众在自主选择避难场所时，选择避难地点的用地类型会非常多样化。民众选择的避难地点有的合理，有的不合理，避难场所选择的整体有效性不是很高。

1. 门西荷花塘

以门西荷花塘为例，当地居民选择的避难场所共 25 个，包括学校、街道、广场、居委会和公园等；其中，街道 6 个，广场 9 个，学校 4 个，公园 1 个，工厂 1 个，办公设施 3 个和住宅 1 个。

按照被选择率的高低，可以分为四档。

第一档：包括广场、公园，被选择率均在五成以上。其中，广场更是超过了总人数的三分之二。

第二档：包括街头绿地、学校，被选择率均在三成以上。其中，街头绿地的被选择率为 43.7%，学校的被选择率为 36.3%。

第三档：包括停车场、房子附近空地、体育场馆、街巷或道路，被选择率均在二成左右。

第四档：包括自己家里、亲友家里，被选择率均低于 10%。

在所有类型的避难地点中，有几个类型是不合适的，包括停车场、房子附近的空地、街巷或道路、自己家里和亲友家里。其中，前三项的选择率还不低，这也反映了居民点避难意识不高和避难用地资源缺乏的情况（表 5-1）。

表 5-1 门西荷花塘居民选择的避难地点

指标	广场	公园	街头绿地	学校	停车场	房子附近的空地	体育场馆	街巷或道路	自己家里	亲友家中	其他
人数（人）	206	171	131	109	81	75	65	58	16	4	0
比例（%）	68.7	57.0	43.7	36.3	27.0	25.0	21.7	19.33	5.3	1.3	0

2. 门东三条营

在门东三条营，居民选择的避难场所的类型主要以拆迁空地、街头预留地、马路、学校为主，也包括城墙旁、城门洞下等特殊空间。此外，在实际调研过程中，有一定数量的居民选择在自己房子附近或家门口避难，甚至有不跑出去原地不动的情况。

在所有类型中，道路和教育用地的选择数量最多。其中，选择道路用地的数量最多，有 6 处，共 104 人，占比 34.7%；选择教育用地的数量有 4 处，共 71 人，占比 23.7%；选择绿地仅有 1 处，共 9 人，占比 3.0%（表 5-2）。

表 5-2 门东三条营居民选择的避难场所信息一览表

避难点名称	用地类型	面积（平方米）	人数（人）	比例（%）
拆迁空地	—	26996.3	53	17.7
城墙边	道路	7601.1	35	11.7
剪子巷	道路	2989.4	24	8.0
马道街小学	教育	2816.6	24	8.0
秦淮区外国语学校	教育	5465.4	21	7.0
南京市盲人学校	教育	4525.8	20	6.7
雨花门	道路	6966.3	20	6.7
预留空地	—	14040.3	19	6.3
箍桶巷	道路	4772.6	16	5.3
长乐路	道路	5967.8	14	4.7
白鹭洲公园	绿地	25054.9	9	3.0
市西湖小学	教育	4525.8	6	2.0
马道街	道路	5699.8	5	1.7
小区空地	居住	4467.7	5	1.7
家门口	居住	—	5	1.7
不跑	—	—	24	8.0

3. 颐和路公馆区

在颐和路，居民选择了 19 处避难地点，用地类型有 5 种；其中，最多的是街头绿地和房子附近的空地，均有 5 处。其次是城市道路和学校，分别有 4 处和 3 处；最后是广场和行政办公用地，各有 1 处。需要说明的是，房子附近的空地和城市道路都不是合理的避难场所；居民还选择了江苏省政府作为避难场所，因为其内部有大院，绿地面积很大，但平时一般人进不去，作为避难场所也不合适（表 5-3）。

表 5-3 颐和路的避难场所用地类型统计

用地类型	数量	名称
街头绿地	5	—
房子附近的空地	5	—
道路	4	—
学校	3	琅琊路小学、宁海中学
广场	1	山西路市民广场
行政办公	1	江苏省政府

4. 夫子庙

在夫子庙商业区，民众选择的避难地点共 13 个。其中，选择人数最多的地点类型是城市道路，有 4 处；其次为广场和学校，分别有 3 处和 2 处；停车场以及公园的数量最稀少，各有 1 处（表 5-4，图 5-1）。

表 5-4 夫子庙各避难点选择人数及选择率统计表

名称	用地类型	选择人数（人）	选择率（%）
健康路	城市道路用地	16	5
状元楼停车场	停车场用地	32	11
夫子庙入口广场	广场绿地	30	10
夫子庙小学操场	中小学用地	6	2
夫子庙中心广场	广场绿地	94	31
平江府路	城市道路用地	3	1
瞻园路	城市道路用地	17	6
夫子庙西广场	广场绿地	8	3
二十七中操场	中小学用地	3	1
白鹭洲公园	公园绿地	30	10
长乐路	城市道路用地	11	4
原地不动	—	34	11
房子附近空地	—	16	5

此外，在湖南路，民众选择的避难场所的类型有：广场、公园、学校、道路交通用地等类型。其中，广场包括：湖南路广场、凤凰广场；公园：包括玄武湖公园、公园绿地；居住用地是西流湾小区；学校包括：南工大虹桥校区、山西路小学、东南大学丁家桥校区、鼓楼职业技术学院、江苏省机关干部学院；城市道路交通用地包括：地铁站和道路十字路口 3 处、道路 4 处、地面停车场 3 处。

在西街地区，民众选择的避难场所的类型有：城市道路、城墙边、城门下、秦淮河边的绿地、中小学校、空地等（图 5-2）。

在新街口商业区，民众选择的避难场所共有 19 个，分为四个类型商业建筑周边广场、停车场、街头绿地和城市主干道。其中商业建筑周边广场有 7 处、停车场有 5 处、街头绿地有 2 处、城市主干道有 5 处（图 5-3）。

在丹凤公寓，居民在选择避难场所上的选择依次为：鼓楼广场（48 人）、丹凤街（37 人）、越时空广场（23 人）、北极阁广场（19 人）、同仁小学（16 人）、中山路（16 人）、南京师范大学附属小学（13 人）、珠江路小学（12 人）、东南大学（8 人）、赛格数码广场（6 人）。

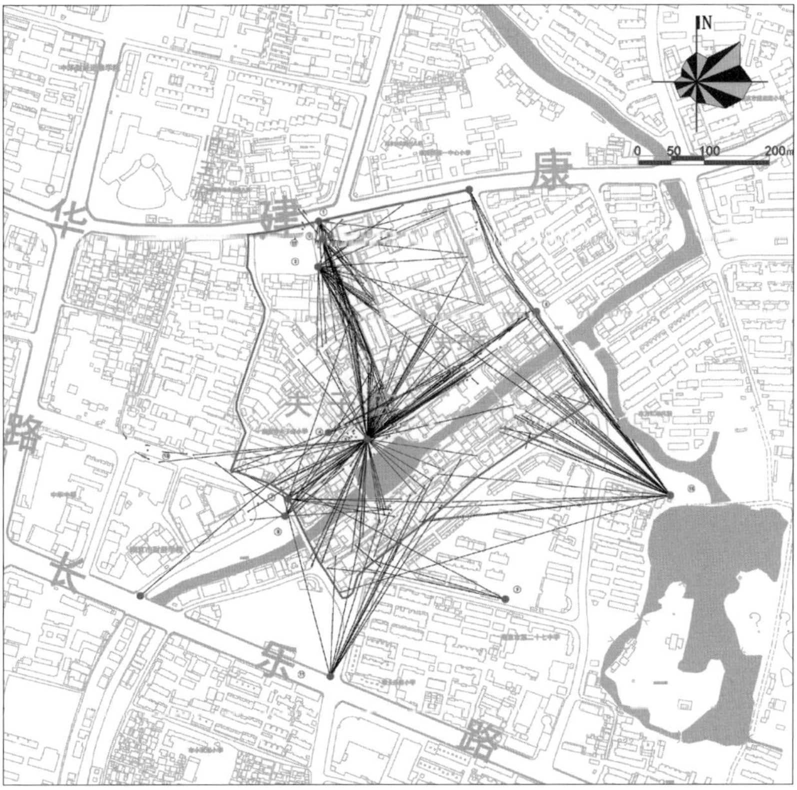

图 5-1 夫子庙历史街区居民避难方向分布

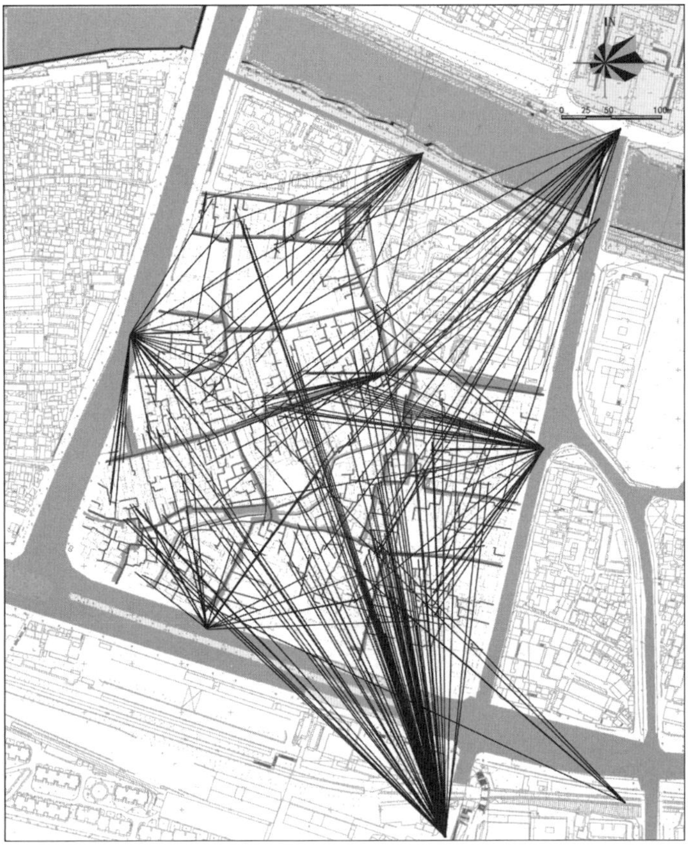

图 5-2 西街避难方向分布

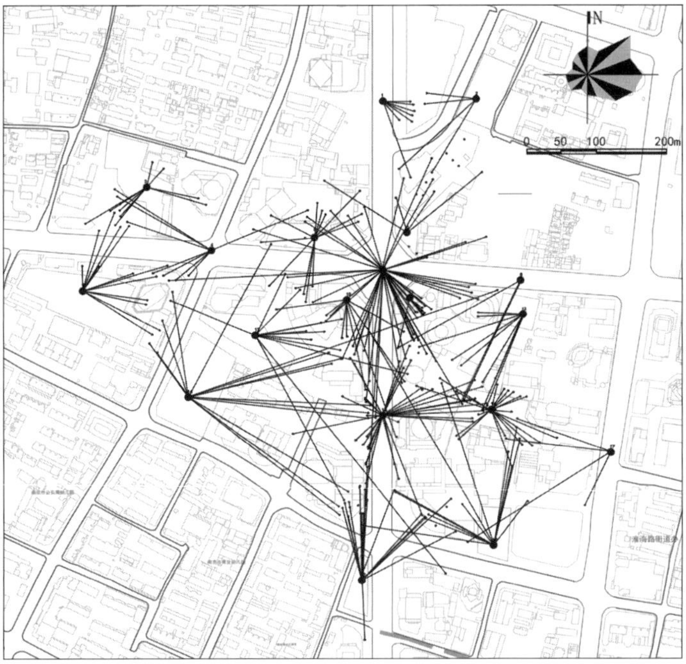

图 5-3 新街口避难地点分布

5.1.2 避难场所的用地规模与等级

避难场所的用地面积不同，等级也不同。在不同调研地区，民众选择的避难场所的用地规模和等级有一定差异性。通过梳理各避难场所的面积规模和等级，可以总结避难场所的等级特征。

1. 颐和路公馆区

该公馆区除去道路外，共有 15 个避难场所。这 15 个避难场所的面积都不同，大于 2000 平方米的有 7 处，属于短期固定避难场所，分别是山西路青少年广场、金陵制药厂家属院、江苏省疾病预防控制中心、鼓楼区人民政府、江苏省政府、宁海中学运动场和宁海中学等；小于 2000 平方米的有 8 处，属于紧急避难场所，分别是省级机关干部住宅区 1、江苏路广场与山西路交叉口、颐和路街头绿地、颐和路小广场、省级机关干部住宅区 2、宁海路全民热身点、琅琊路小学、江苏路和牯岭路转盘（表 5-5）。

表 5-5 避难场所面积统计表

避难点名称	面积（平方米）	等级
宁海中学运动场	12056	中期固定避难场所
江苏省政府	11059	
鼓楼区人民政府	5724	短期固定避难场所
山西路青少年广场	5600	
江苏省疾病预防控制中心	3145	
宁海中学	2742	
金陵制药厂家属院	2474	
省级机关干部住宅区 2	1715	紧急避难场所
颐和路小广场	1622	
省级机关干部住宅区 1	1452	
琅琊路小学	1081	
颐和路街头绿地	927	
江苏路广场与山西路交叉口	822	
宁海路全民热身点	830	
江苏路与牯岭路转盘	410	
珞珈路	0	—
宁海路	0	—
北京西路 1	0	—
北京西路 2	0	—

2. 湖南路

在湖南路，民众所选择的避难场所中，用地规模在 0.1 公顷以下的有 10 个，0.1~0.4 公顷的有 7 个，0.4~1.0 公顷的有 3 个，1.0~2.0 公顷的有 4 个。面积在 0.1 公顷以下的避难点多为道路，面积较大的多为广场、公园和学校，如山西路广场、玄武湖公园等（图 5-4）。

5.1.3 避难场所空间分布的均衡性

避难场所空间分布的均衡性，是指避难场所在空间各个方位上呈现出的均衡性特征。从研究方法上，以研究区域的几何中心为坐标原点建立横坐标和纵坐标，划分为 4 个象限，查看各个象限内的有效避难场所的数量，来分析各方位上避难场所数量分布是否均衡。

以湖南路商业街中点为中心，将其周边区域分为 8 个象限（图 5-5），统计每个象限中避难所的个数（表 5-6）。

表 5-6 湖南路避难场所方位及对应个数

方位编号	与商业街的位置关系	避难点个数
1	西北	7
2	西北	1
3	东北	0
4	东北	6
5	东北	1
6	东南	1
7	西南	1
8	西南	5
坐标轴上		2

在颐和路公馆区，民众选择的 19 处避难地点中，有 7 处位于颐和路公馆区内部，12 处位于其外部。在 4 个象限中，西北象限避难场所最少，仅有两处；其余 3 个象限中避难场所数目较为平均，东北、西南象限均有 5 处，东南象限有 7 处（图 5-6）。

以颐和路公馆区为例，共收回 300 份有效避难地图，其中 290 人选择避难，10 人选择原地不动。由 290 份地图统计总结出共 19 处避难场所（图 5-7，图 5-8）。

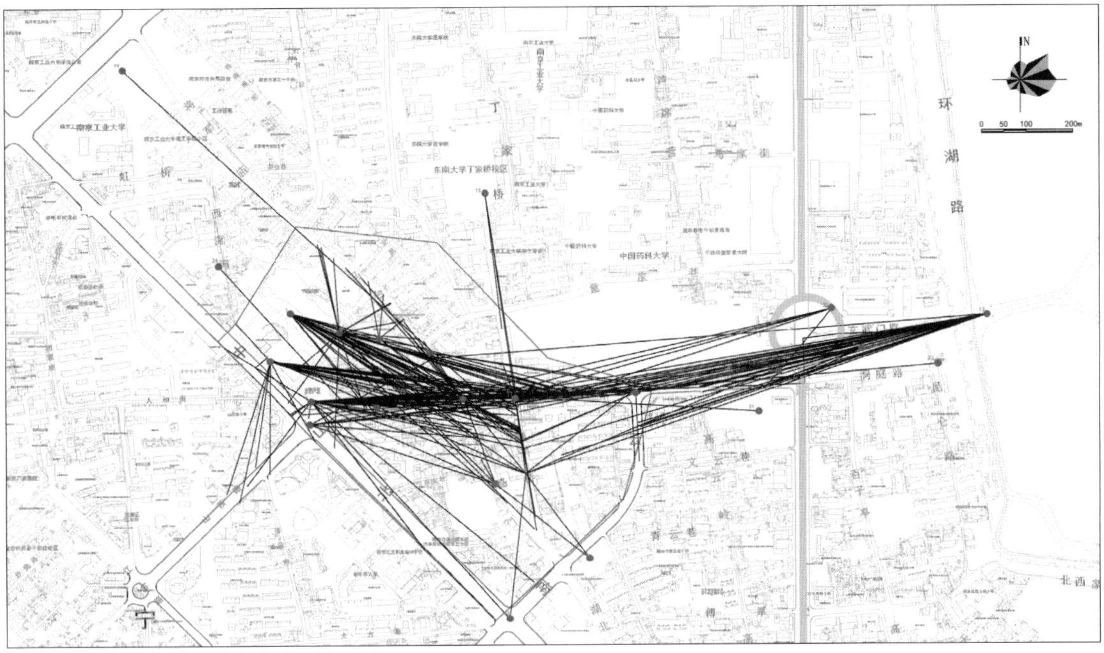

图 5-4 湖南路市民避难方向分布

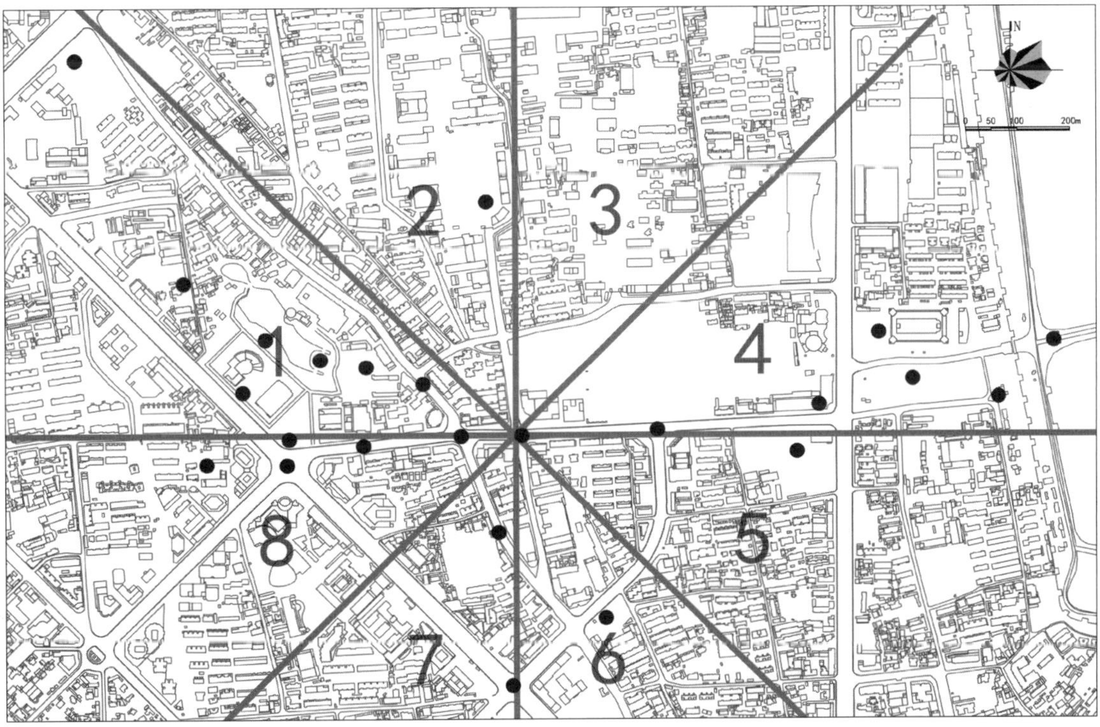

图 5-5 避难场所方位分布

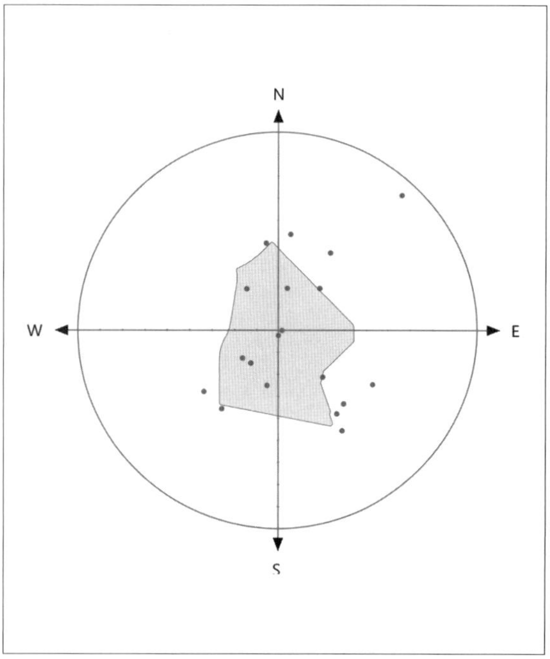

图 5-6 颐和路公馆区避难点的象限分布

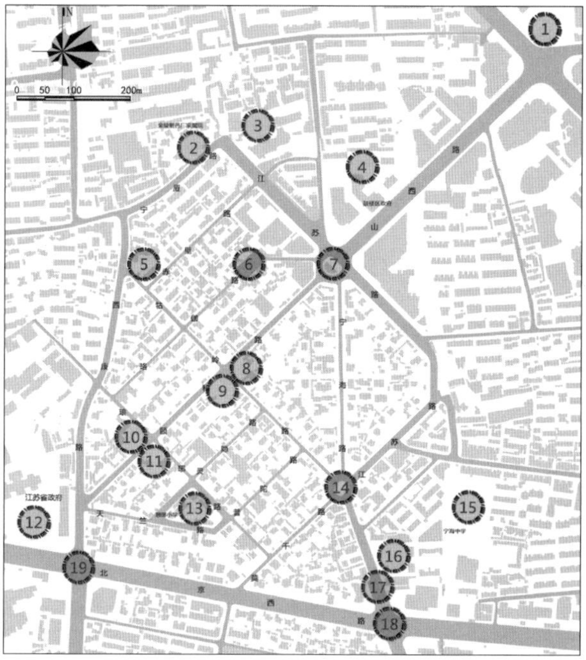

图 5-7 颐和路公馆区 19 处避难点分布

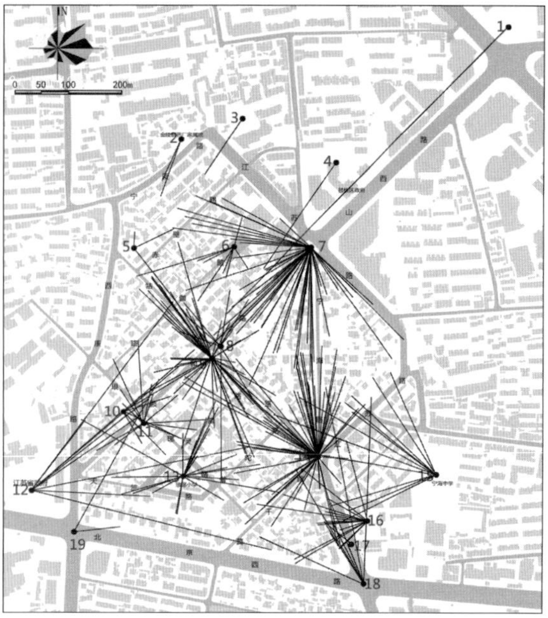

图 5-8 避难方向分布

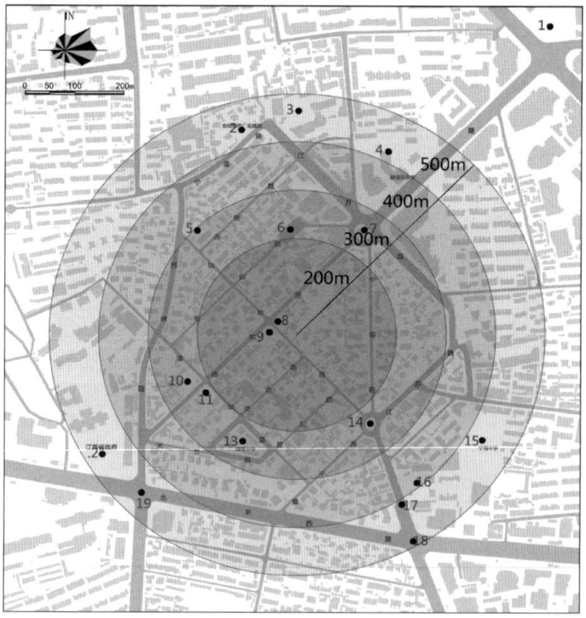

图 5-9 颐和路公馆区避难场所分布圈层图

5.1.4 居民选择避难场所的数量与密度

以颐和路公馆区为例，以调查所得居民选择的路径及避难点为依据，以颐和路公馆区中心为圆心每 100 米为区间划分避难点，制作避难点分布圈层图（表 5-7）。

表 5-7 颐和路公馆区避难场所数量、密度与避难人数统计表

圈层（米）	**数量**（个）	**避难人数**（人）	**百分比**（%）
100	0	0	0
200	2	59	20.34
300	7	178	61.38
400	1	16	5.52
500	8	36	12.41
500 以上	1	1	0.34

由避难圈层图可知，居民选择的避难场所主要分布在距颐和路公馆区中心 500 米以内。其中避难场所在距中心 200 ~ 300 米及 400 ~ 500 米的圈层分布密度较大，分别有 7 个和 8 个避难场所，因此总选择人数较多。0 ~ 200 米的圈层避难场所数量较少，仅有 2 个，但选择人数较多（图 5-9，图 5-10，图 5-11）。

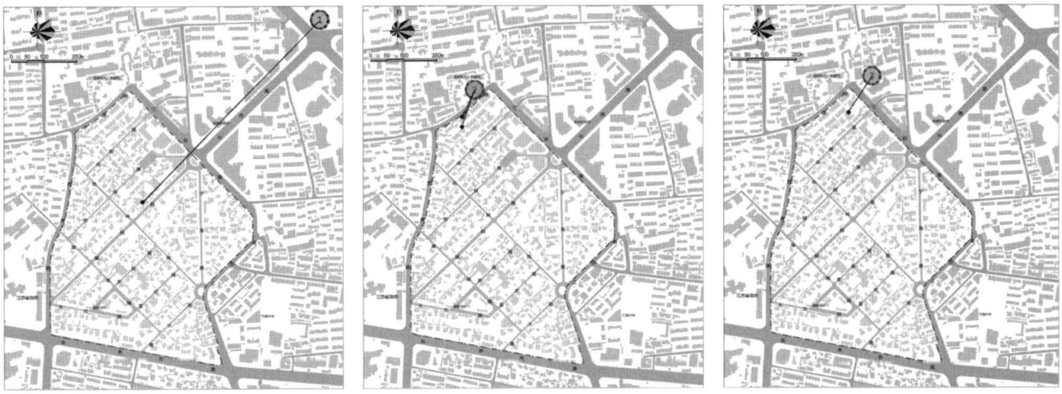

（a）1 号避难点　（b）2 号避难点　（c）3 号避难点

(d) 4 号避难点

(e) 5 号避难点

(f) 6 号避难点

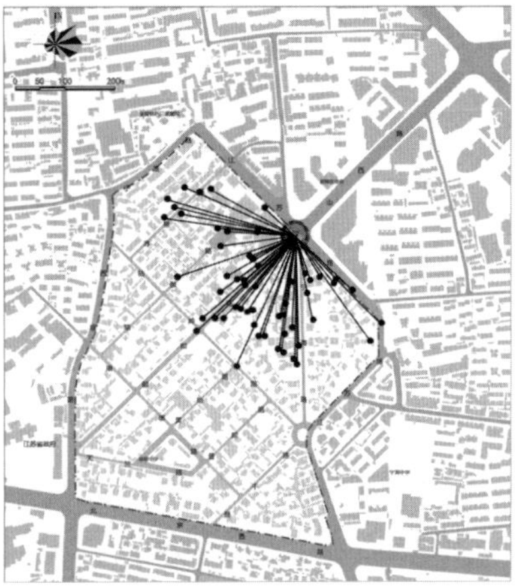

(g) 7 号避难点

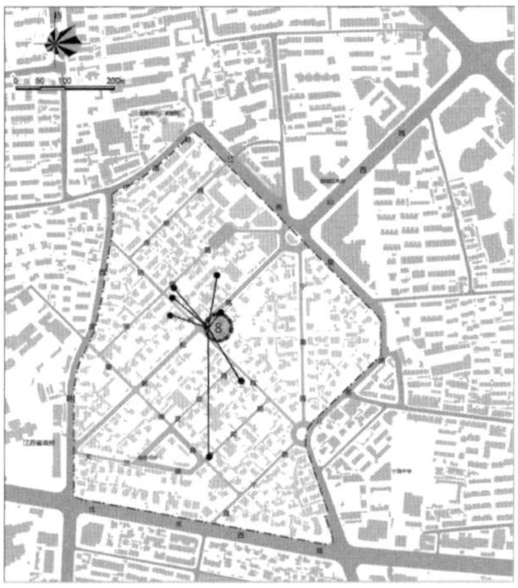

(h) 8 号避难点

(i) 9 号避难点

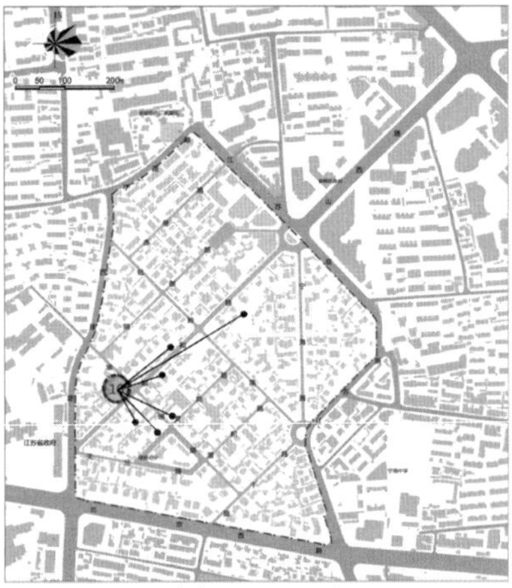

(j) 10 号避难点

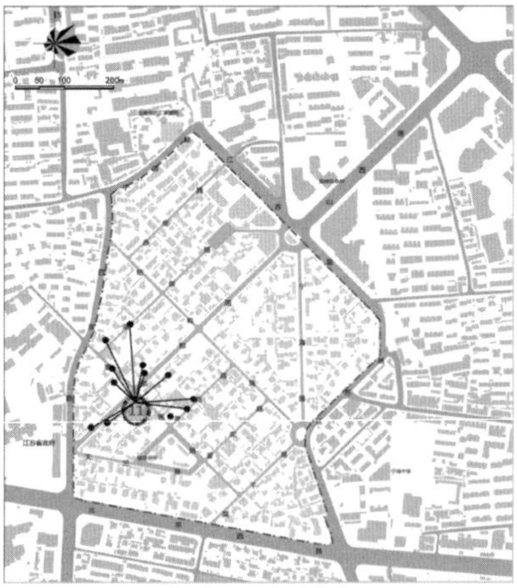

(k) 11 号避难点

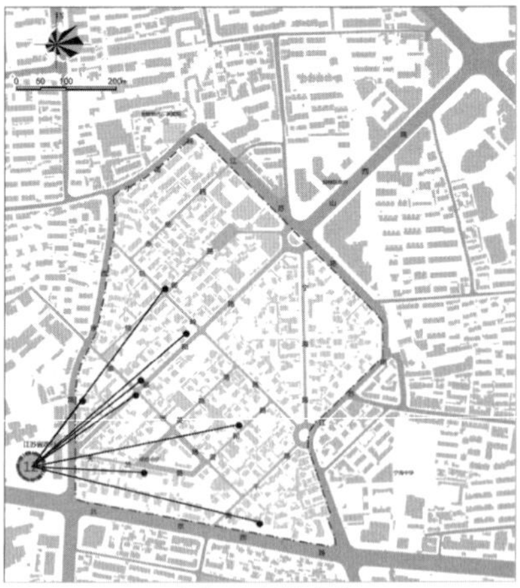

(l) 12 号避难点

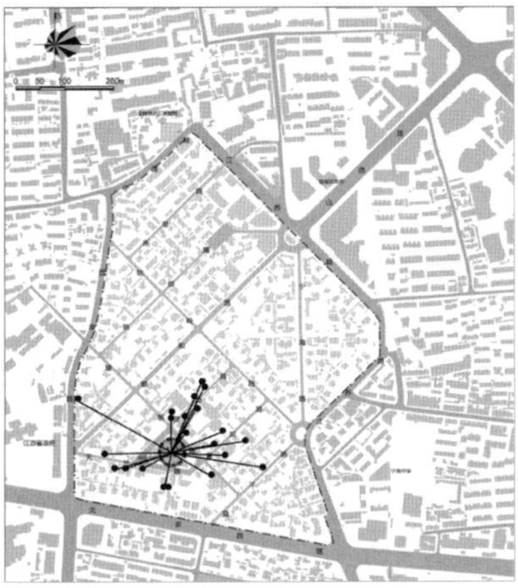

（m）13 号避难点

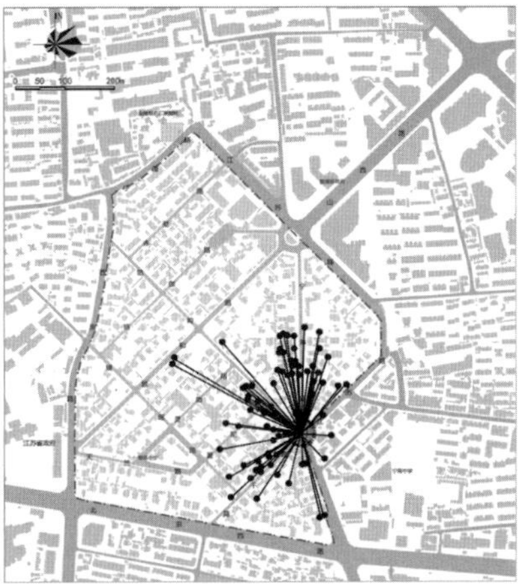

（n）14 号避难点

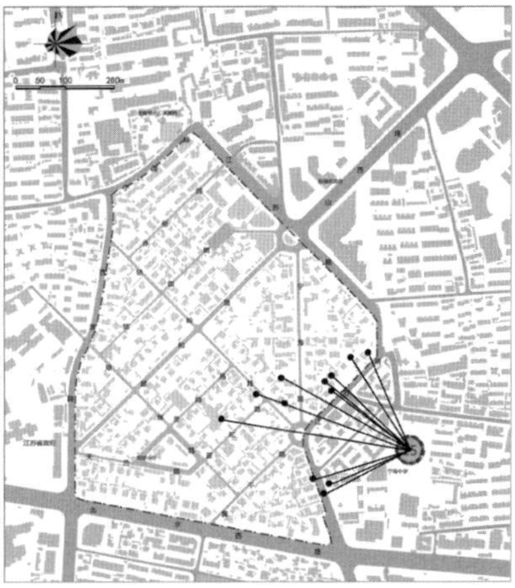

（o）15 号避难点

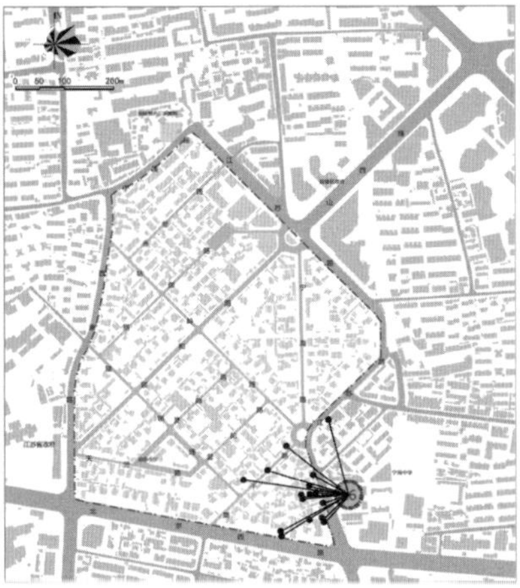

（p）16 号避难点

（q）17 号避难点

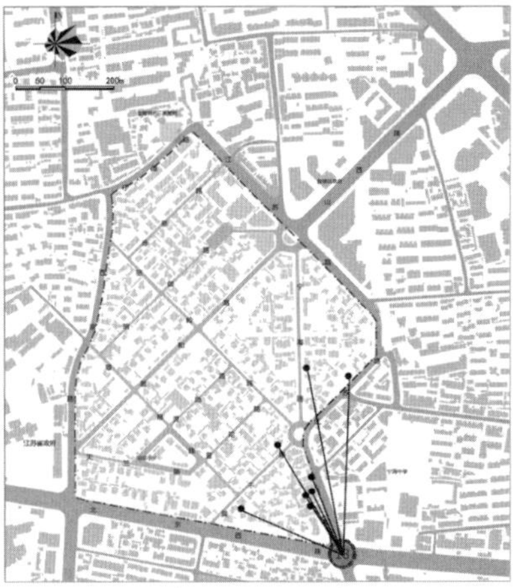

（r）18 号避难点

（s）19 号避难点

图 5-10 颐和路公馆区各避难点人员来源分布

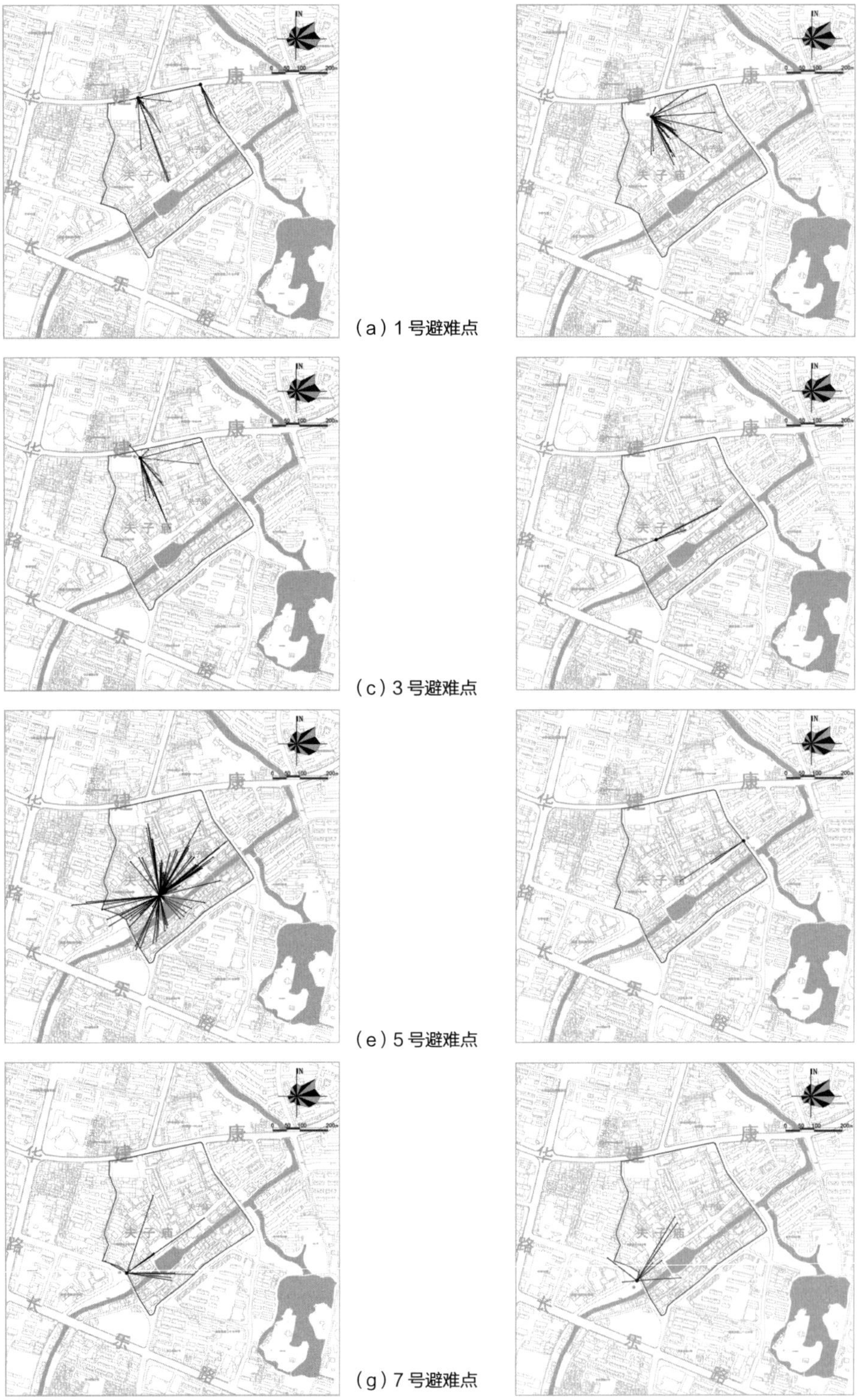

（a）1 号避难点

（b）2 号避难点

（c）3 号避难点

（d）4 号避难点

（e）5 号避难点

（f）6 号避难点

（g）7 号避难点

（h）8 号避难点

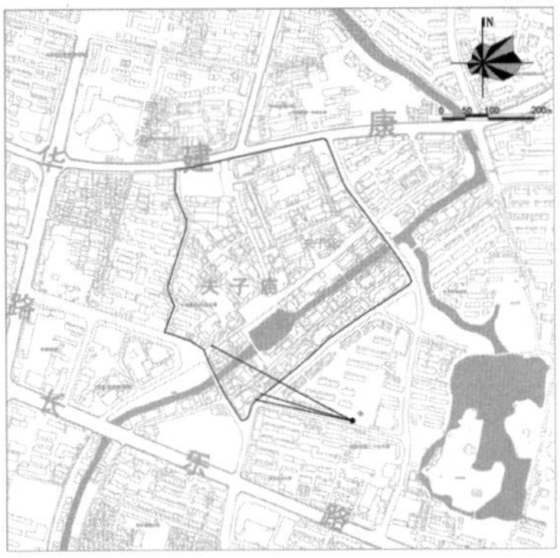

(i) 9 号避难点

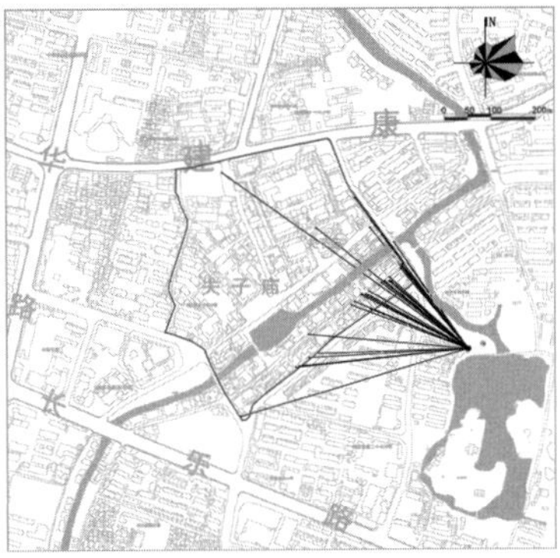

(j) 10 号避难点

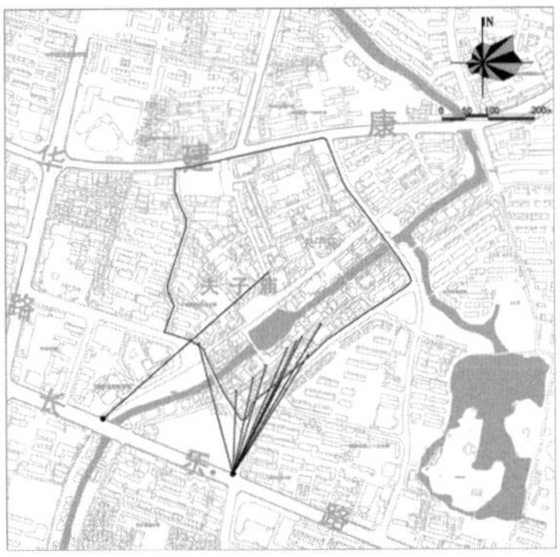

(k) 11 号避难点

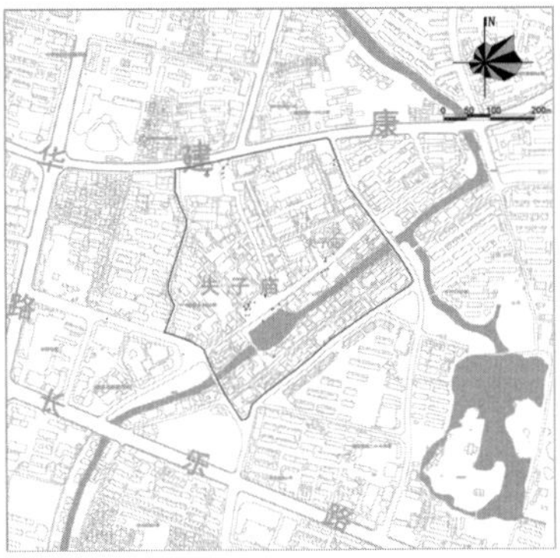

(l) 12 号原地不动

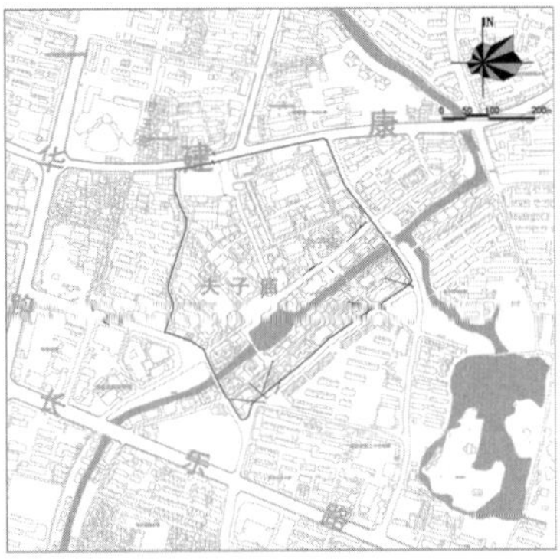

(m) 13 号就近

图 5-11 夫子庙各避难点人员来源分布

5.2 避难场所选择的影响要素

5.2.1 影响要素排序

民众在选择避难场所时，会受到很多要素的影响。研究发现，在诸多要素中，按照被选择率的高低，一共可以分为四档。

第一档的特点主要是地点空旷。所谓空旷，主要是指避难场所要有足够大的空地，一个要求用地的规模要大，二是场地要空，不能有太多的建筑物、构筑物或树木，或者被其他设施大量占据，即有效避难面积要大。在多个地区的调查中，空旷的被选择率均在 70% 以上，排序高居第一，高于第二位要素 10% ~ 20%。

第二档的特点包括距离近、安全。距离近主要是指从避难出发点到避难目的地之间的路程长度要短，不能太长，花费时间不能太多。安全是指避难场所要能够保证避难人员的生命安全，不能处于灾害高风险区或者周边有其他危险源。这两项要素的被选择率均在 44% ~ 62%，比例依然很高。

第三档的特点包括环境较熟悉、路线通畅。环境较熟悉是指人们在选择避难场所时，一般倾向于选择自己日常比较熟悉的地点，通常不会选择自己不熟悉情况的地点，这也是因为环境熟悉会给人带来较高的心理安全感，而陌生环境则给人带来更多的不确定性，在心理上依赖感或信任感较低。路线通畅是指逃生过程中所经过的路线要比较通畅，不能被其他障碍物阻挡，例如倒伏的行道树、电线杆或者倒塌的建筑物等，同时，还包括不能被其他线性要素阻隔，如河流、铁路、城墙等。在这两项影响要素中，在不同地区的被选择率存在较大差异，但总体上，环境熟悉度的被选择率会高于路线通畅性在 10 个百分点以上。环境熟悉度的被选择率基本在 26% ~ 46%，路线通畅的被选择率基本在 15% ~ 24%。跟前两档影响要素的被选择率相比，差距较大。

第四档的特点包括容易获得救灾物资、亲友都在一起、周围的人都往该处避难、是否有人引导前往等。容易获得救灾物资是指在某些地区容易获得外界给予的物资上的援助，有政府性或非政府性机构或组织的帮助。因亲友都在一起是指亲戚朋友都聚集在一起，在心理上容易获得信任感和安全感，形成有难同当的感受。周围的人都往该处避难，体现出自己容易受他人影响，跟随他人前往某处避难场所，这一种从众行为，多出现于自身对现状情况缺乏足够清晰的判断力和对未来行动计划缺乏足够的决策力，于是就跟随人群大流，盲目随从。是否有人引导是指如果有人引导，民众就会听从引导者的指挥。这也反映了紧急情况下，有计划有组织地开展避难活动的重要性。在大家都手忙脚乱的情况下，及时地对民众进行有效引导是非常重要的。这几项影响要素的被选择率在 5% ~ 18%，全部低于 20%，说明民众对这几项要素的考虑优先性较低（表 5-8）。

表 5-8 民众选择避难场所的考虑要素选择情况

地区	影响因素	空旷	距离近	安全	环境较熟悉	路线通畅无障碍物	容易获得物资救援	因亲友都在一起	周围的人都往该处避难	是否有人引导前往	其他
颐和路公馆区	选择人数（人）	218	186	183	138	72	45	31	26	15	2
	选择比例（%）	72.7	62.0	61.0	46.0	24.0	15.0	10.3	8.7	5.0	0.7
门西荷花塘	选择人数（人）	220	134	172	78	47	53	42	15	41	1
	选择比例（%）	73.33	44.67	57.33	26.00	15.67	17.67	14.00	5.00	13.67	0.33

5.2.2 避难场所的空旷程度

在门西荷花塘，空旷程度在居民选择避难场所考虑条件中，以 73.3% 的高选择率成为了众多选项中选择最多的一项。在场地选择中，公园、广场和街头绿地的高选择率，与街巷、体育场馆、房子附近空地等的低选择率同时说明了居民对于空旷场地在避难过程中的重视程度， 人们更愿意选择空旷的场地以避免房屋倒塌、机动车流等带来的二次伤害。而 220 人的选择人数也说明了空旷程度的重要性。

5.2.3 避难场所的距离

在门西荷花塘，83.7% 的受访者期望，能从自己家出发在 5 分钟内就可以到达附近的避难场所。15 分钟及以上的，选择比例非常低，在 10% 以下，几乎可以忽略。这反映出，大家都希望避难时间越短越好。

对于避难距离的期望值，87.7% 的受访者希望在 200 米以内，800 米及以上的选择比例低于 5%，这也说明，大家都希望避难距离要尽量短，避难场所要就近设置（表 5-9，表 5-10，表 5-11）。

表 5-9 门西荷花塘避难场所离自己家的期望时间

指标	5 分钟	10 分钟	15 分钟	30 分钟	1 小时	其他
人数（人）	251	0	23	13	9	2
百分比（%）	83.7	0.0	7.7	4.3	3.0	0.7

表 5-10 门西荷花塘避难场所离自己家的期望距离

指标	200 米	500 米	800 米	1000 米	1500 米	其他
人数（人）	263	0	11	0	11	5
百分比（%）	87.7	0.0	3.7	0.0	3.7	1.7

表 5-11 夫子庙各避难点的平均距离与避难选择关系

序号	避难点	平均距离（米）	避难人数（人）
3	白鹭洲公园	833	9
2	长乐路	678	14
1	预留空地	658	19
14	小区空地	537	5
4	市西湖小学	456	6
13	雨花门	384	20
7	拆迁空地	327	53
5	马道街	273	5
6	南京市盲人学校	237	20
12	马道街小学	232	24
11	秦淮区外国语学校	226	21
10	城墙边	207	35
8	剪子巷	192	24
9	箍桶巷	168	16
15	家门口	10	5

SAFETY OF SHELTERS IN PUBLIC CENTERS OF CITIES

第 6 章

城市公共中心的避难安全性

CHAPTER 6

通常，城市中心区的建筑密集，建筑功能和类型多样，高层建筑众多，人员结构非常复杂，流动性很强。开放空间短缺，造成了避难资源普遍较为紧张[73-78]。因此，城市一般公共中心还须构建一个充分的评价体系，对其可避难性究竟如何、面临哪些方面的问题等进行深入研究。本章构建了一个完整的城市公共中心避难安全性的评价体系，评价指标分为三级，第一级有三个要素，包括建筑、道路和避难场所（表 6-1）。

表 6-1 评价因子表

一级因子	二级因子	三级因子
建筑	安全性	建筑结构
		建筑年代
	容纳人数	建筑功能
		建筑面积
		建筑密度
	形态规则性	街区地块形态是否规则
		街区建筑群体组合形态是否规则
		单体建筑平面形式是否规则
	人流出入的便捷性	建筑出入口的位置
		建筑出入口的数量多少
		门前道路的宽度
		门前有无空地
		门前空地的面积大小
		门前空地分布的均衡性
道路	有效通畅性	道路宽度
		两侧建筑高度
		路网形式是否规则
		路网密度的大小
	过街便利性	是否有地面过街设施
		是否有地下或地上过街设施
	步行空间的安全性	高空坠物的风险高低
		人行道的宽窄
		人行道是否有高差
避难场所	供给量	数量
		面积大小
	可达性	门前道路的宽窄
		距离远近
	可识别性	是否有围墙隔离
		是否有良好的标识系统
	可进入性	是否有围墙
		能否被容易地进入
	安全性	场地是否会被倒塌的建筑覆盖
		场地内外是否有危险源
		场地内地质条件是否良好
	均衡性	各方位上是否有避难点
		各方位上的避难点的数量是否类似
		各避难点到地块几何中心的距离是否类似

6.1 建筑的避难安全性

6.1.1 安全性

对建筑安全性的评价，可以通过对建筑结构和建造年代进行赋值评价，选取 5 个等级（5，3，0，-3，-5），对研究区域内的每栋单体建筑进行评分，通过对二者的加权计算，即可得到建筑的安全性评价图。

当建筑结构为框架剪力墙或框筒结构时，避难安全性较好。

当建筑功能为会议展览类时，建筑内部会较为空旷，建筑面积较大，能容纳更多的人。当建筑密度较小时，如果震时建筑倒塌，不会将场地全部覆盖。

例如，在南京南站地区，建筑的建造年代较新（均在近 10 年内建成），结构的安全性较好，街区的建筑形态较为规则，人流在地块内部的建筑内外出入的便捷性较好。但是，该地区中快速路系统对空间造成的割裂感很强，可步行性较差。另外，较多单体建筑的平面形态较不规则，建筑出入口前的空地分布不均衡，也不利于避难活动的开展。

6.1.2 容纳人数

容纳人数的多少涉及建筑功能、建筑面积、建筑密度等指标。

建筑功能对人员结构有较大影响。例如，住宅建筑和办公建筑的人员结构相对较为稳定，对周边环境的熟悉程度较高。长途汽车站、火车站、机场等对外交通枢纽和商业建筑的人员结构较为复杂，人员流动性较强，对周边环境的熟悉程度偏低。

建筑面积跟建筑高度和容积率有很大关联，最后都会直接决定建筑内的人员数量，从而影响到该建筑是否属于人员密集型场所。一般情况下，建筑高度越高，建筑面积就越大，容积率就越大，所容纳的人口数量就越多（图 6-1，图 6-2）。反之，就越少。人数的多少，代表了对避难场所面积规模的需求大小。人数越多，则需求量越大。

建筑密度会影响到开放空间和疏散通道的比例。建筑密度越大，开放空间就越少，疏散通道也越少，且道路狭窄，其所面临的道路阻塞的可能性就越高，避难的效率就越低。

以南京奥体中心地区为例，分别对建筑功能、面积和密度进行赋值评价，分为 5 个等级（依次为 -5，-3，0，3，5），根据不同的建筑功能、不同的人均面积，对其可容纳的人数等级进行相应赋值；建筑总面积较大，可容纳人数越多，相反，其快速疏散能力较差，赋其低分（图 6-3，图 6-4）。

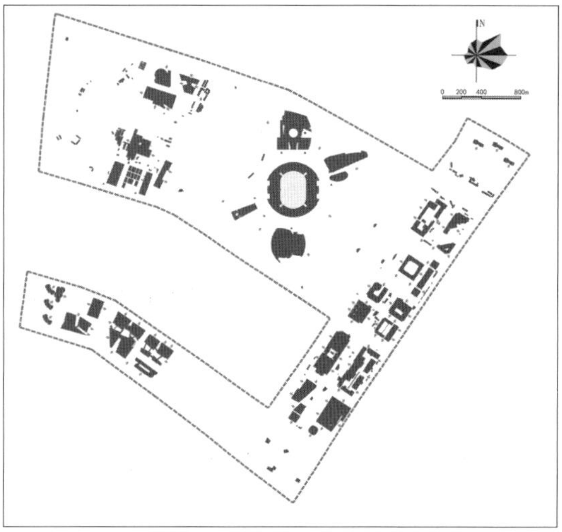

图 6-1 建筑图底关系

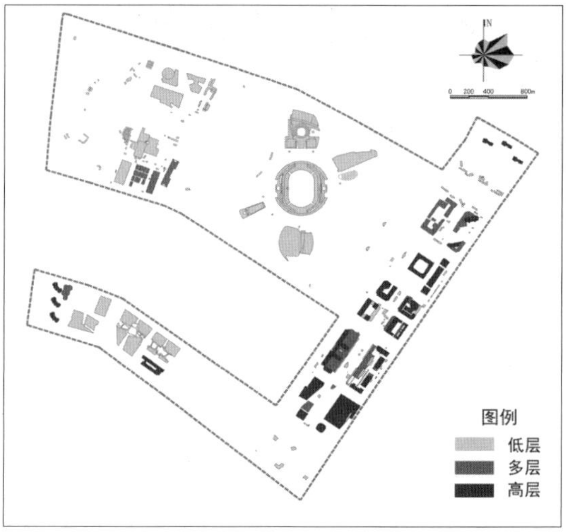

图 6-2 建筑高度分布

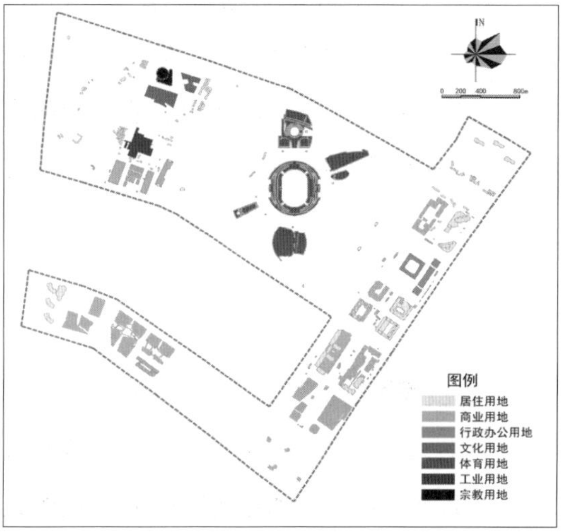

图 6-3 现状建筑功能分布

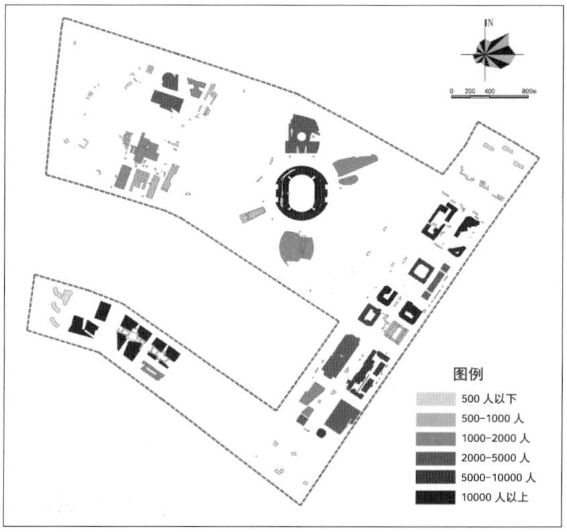

图 6-4 容纳人口分布

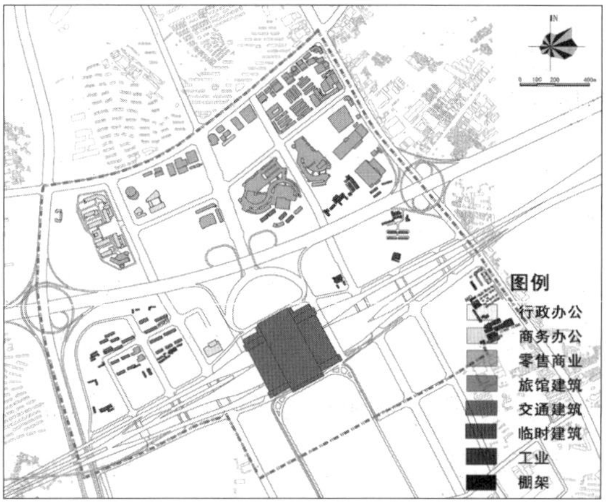

图 6-5 建筑功能

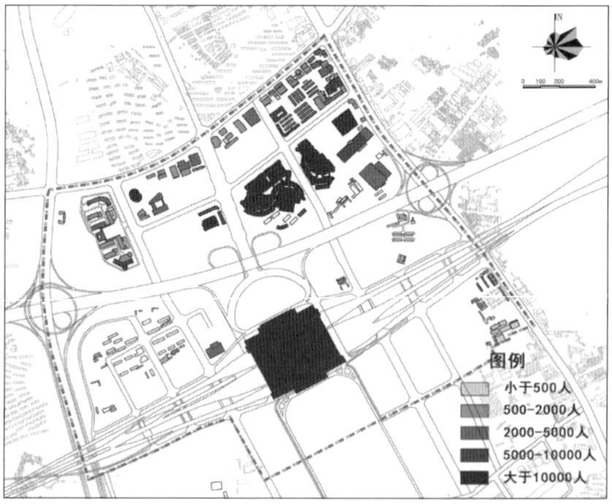

图 6-6 人口分布

在南京南站地区，研究区域内大部分建筑的功能性质以商业为主（图 6-4），其中包括沿街零售商业、汽车销售中心、超市、家具城等；主体建筑南京南站站房属于交通建筑，在地块四周分布有旅馆建筑和商务办公建筑，现状中临时建筑则占有一定比重。不同功能建筑，建筑面积不同，其容纳人口也不同（图 6-5，图 6-6）。

6.1.3 形态规则性

街区地块形态、建筑群体组合形态、单体建筑平面形式较为规则时，更利于逃生。需要对以上三个要素的规则性进行评判，分别赋予相应的分值，通过加权可得出其建筑整体形态的避难安全性。

在建筑单体平面形态方面，南京南站地区的建筑单体平面形态不一，主要有“一”字形、“L”形、“U”形、“回”字形和异形。“一”字形建筑主要是沿街零售商业、汽配城中的各类商业建筑、部分旅馆建筑以及临时建筑。“L”形建筑主要是部分商业建筑和商务办公建筑。“U”形建筑很少，以地块西北边的雨花台派出所为代表。“回”字形建筑在调研区域内极少，有一栋位于区域北部的商业建筑属于此类形态。调研区域内的异形建筑以明发商业广场为代表，位于区域中部。

建筑平面形态越简单，内部交通流线也就越简洁明了，避难的安全性也就相对越高；反之，平面形态越复杂，内部流线也复杂，避难安全性也相对较低。

建筑群体不同的组合方式也是影响避难安全性的重要因素，研究区域内的建筑主要有以下几种群体组合方式：行列式、围合式和混合式。

行列式在商业建筑组合中较为少见。在南站地区，宁南国际汽配城建筑呈行列式排布，功能分区和流线组织较为简洁。

围合式建筑多为商务办公，通过围合形式形成建筑的入口广场或内庭院，便于组织公共绿地和小型休息场地。例如，南站地区的中兴集团办公楼，就是通过建筑群体之间的围合，形成面积较大的内院及入口广场。

混合式多表现为以上两种形式的结合。在南站地区的东北部，临街商业与行列式的商业组合成混合式的建筑群体。

在河西国际博览中心，形态规则性主要体现在三个方面：单体建筑平面形式是否规则，街区建筑群体组合形态是否规则，街区地块形态是否规则。建筑 E4 为南京国际博览中心，建筑平面组合形态是以 6 个单元连接的方式，单元之间通过灰空间过渡（表 6-2）。

建筑 A1、B1、B2、B3、B4、B5、B6 的平面形态都是矩形，其中 A1、B3 属建筑平面形态非常规整的建筑；B1、B2、B4、B5、B6 的平面相对较为规整，但都有缺口。在疏散流线的组织上，平面规整的流线要相对简洁一些；有缺口的平面，流线相对较为迂回。

建筑 B9、C2、E3 的平面形态都是回字形，其中 B9 的中庭较小，不可用于避难场所，C2 的中庭较大，建筑倒塌下来不会全部覆盖，可用作避难场所。E3 中庭较小，整体形态较为封闭，中庭与外部交流不便，发生灾难时，建筑中庭的人不易逃生。

表 6-2 河西国际博览中心各类建筑形态

建筑平面形态类型	基本图示	建筑平面实际形态
矩形		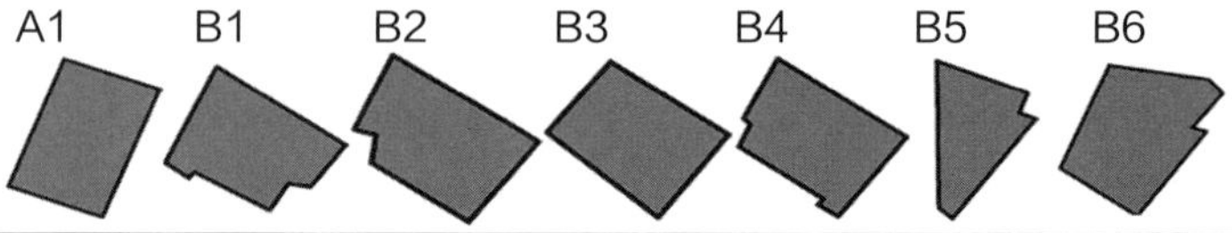
条形		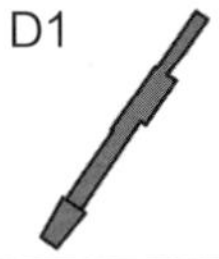
凹字形		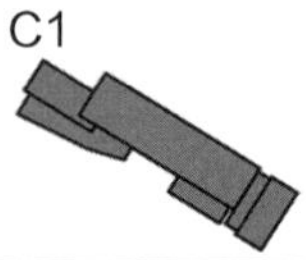
回字形	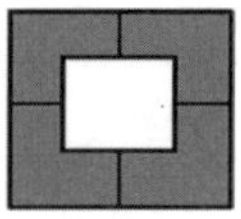	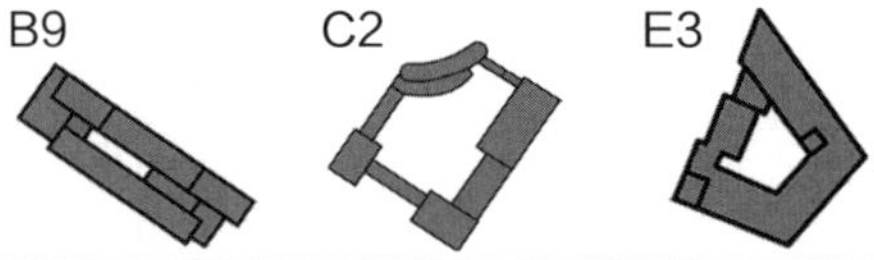
连廊形		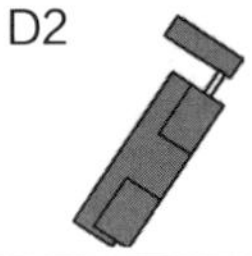
半围合形	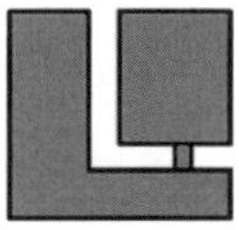	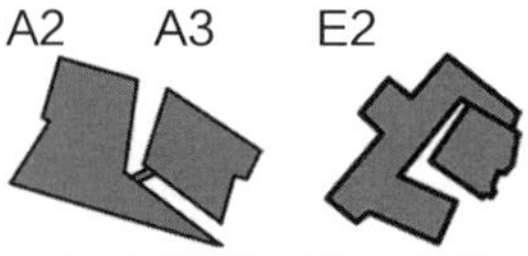
单元叠加形	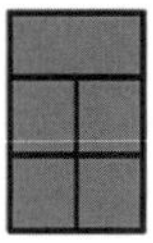	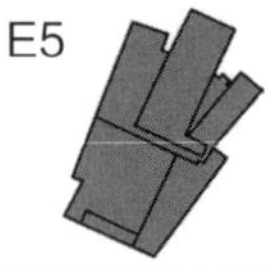
单元组合形		

6.1.4 人流出入的便捷性

建筑人流出入的便捷性是评价建筑避难安全性的一项重要的二级因子。当建筑设置较多出入口，并且出入口位置分布均匀，门前道路较宽，门前有较大的空地，且建筑周围的空地分布均衡时，有利于避难。研究可以根据上述 6 个三级因子分别对基地内的公共建筑进行赋值评分。

1. 建筑出入口

建筑出入口的设置直接影响灾害发生时人群的疏散效果，因此，对于建筑避难安全性的评价至关重要。在南京南站，站房建筑出入口的数量最多，包括地面一层的 8 个和二层的 4 个出入口共计 12 个；基地北侧商业、办公等建筑的出入口为 1 ~ 6 个不等。商业建筑的出入口均面向城市道路，有的直接毗邻城市道路，有的通过绿化与城市道路有一定的隔离；办公建筑的出入门一般不直接临城市道路，分布方向也相对多样。商业建筑出入口前道路的宽度相对办公建筑更宽（图 6-7）。

建筑出入口的前广场或预留空地有利于人群疏散，灾时可以作为紧急避难场所。因此，建筑出入口前的疏散小广场或空地的设置与否，以及面积大小、分布的均衡性是影响建筑避难安全性评价的重要因子。南站地区内的公共建筑出入门前有独立广场的并不多，多数是以停车场的形式预留有一定面积的空地。南京南站的南广场和北广场是本书

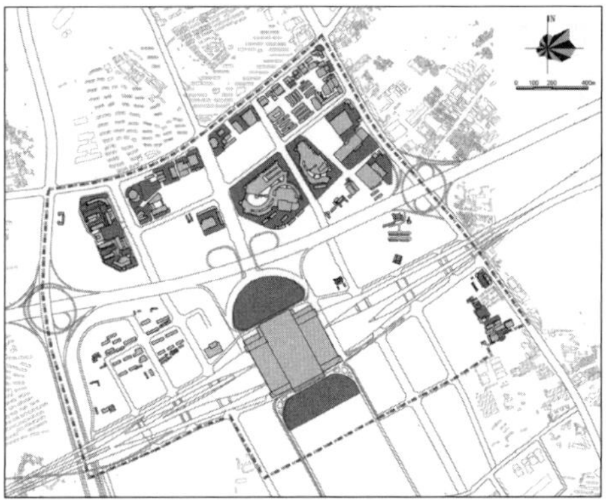

图 6-7 现状建筑出入口分布

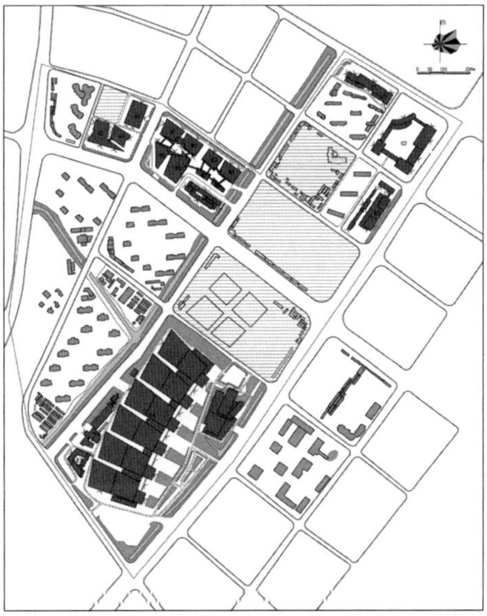

图 6-8 河西国际博览中心建筑出入口

研究区域内面积最大的两个建筑入口广场。其中，北广场和南广场达到长期固定避难场所要求的规模；同时，办公建筑出入口前广场的面积略大，而商业建筑出入口前广场的设置较少。在河西国际博览中心，研究区域内建筑物共有出入口 75 处（图 6-8）。

可以根据建筑出入口位置设置和建筑出入口数量的合理性来判断是否有利于避难疏散，将基地内建筑按好、较好、中、较差、差（5，3，0，-3，-5）五个等级进行赋值评分。

2. 门前空间

门前空间包括门前道路宽度、门前空地的面积大小和分布均衡性等方面。可以依据建筑门前道路宽度的不同等级、门前空地面积的规模大小等指标将建筑的避难安全性划分为 5 个等级。例如，建筑门前空地面积越大就越有利于避难疏散。

综上所述，建筑避难安全性评价结果分别通过对建筑本身的安全性、容纳人数和形态规则性及建筑人流出入便捷性这 4 个因子评价所得。

以南京南站地区为例，南站站房、中兴商务办公区及其对面的 SOHO 办公区，其建筑较新，结构安全性较好，得分最高，其建筑的避难安全性最佳；在区域东北部，街区建筑整体安全性较差，宁南国际汽配城建筑年代相对久远，建筑结构存在隐患，安全性相对较弱，在整个区域中，得分最低。

在建筑容纳人数方面，体量较大或层数较多的建筑，容纳人数较多，得分较高；相反，其所获得分值越低。

在建筑形态规则性方面，整体街区体块较为规整，效果良好。除了异形建筑的形态较为复杂外，大部分建筑均是板式或规则的形状。

在建筑人流出入的便捷性方面，明发商业广场的出入便捷性最高，主要由于其临近道路等级较高，且建筑出入口数量较多，门前空地分布较为均衡，建筑四周都有；南京南站站房的人流出入便捷性次之。街区整体人流出入便捷性较好，情况较差的为北侧商业区内建筑密度较高的城市空间。

根据以上 4 个评价因子加权可得知不同类型的建筑，对于容纳人数的多少，在避难安全性方面而言，其所占比值不同，南京南站与商务办公区的容纳人数更多，在进行人员疏散时具有一定的困难性，故其分值相对较低。层数较低且周边具有一定面积的广场空间、便捷性较强的建筑，其总体得分较高。

城市公共中心的避难安全要考虑建筑出入口的因素，其中包括 4 个方面：建筑出入口的位置和数量，门前道路的宽度，门前有无疏散小广场及其面积大小，门前广场分布的均衡性。可以根据不同类型城市公共中心的具体情况，对其进行评估分级。

图 6-9 南京南站道路网分布

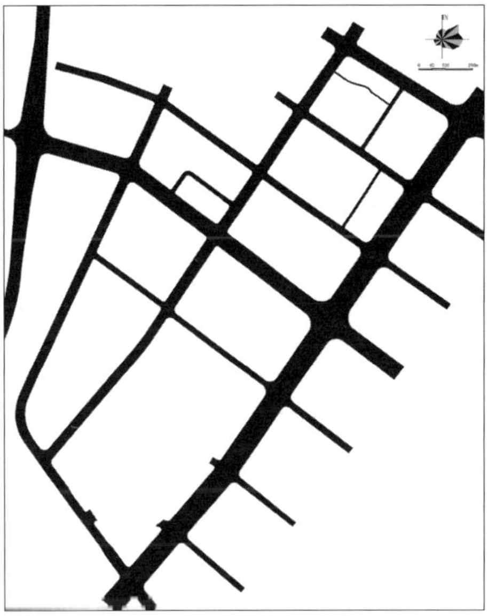

图 6-10 南京河西国际博览中心道路网分布

6.2 道路的避难安全性

道路作为综合防灾体系的重要组成部分，是受灾人员到达各个避难场所、救援物资到达灾区的必经路径。因此，道路是开展避难安全评价的重要影响因子。道路对避难安全性的影响主要包括以下 3 个方面：道路的有效畅通性、过街便利性和步行空间安全性。

6.2.1 有效畅通性

道路系统的畅通与否直接关系着受灾人员能否逃离灾害现场和逃离受灾现场所消耗的时间，以及救援队伍与救援物资到达灾区所消耗的时间。影响道路有效畅通性主要有 4 个因素：路网形式、路网密度、道路宽度和两侧建筑物的高度。

1. 路网形式

通常情况下，城市道路系统网络主要有 4 种形式：方格网式、自由式、环形放射式和混合式。不同类型的路网形式，在灾时开展避难疏散工作时，面临着不同的问题。

南京南站地区的道路系统主要呈方格网形式，路网布局整齐，规则性强，有利于避难方向的快速识别，有利于机动灵活地组织交通。同时，方格网路网的交叉口一般都是规则的十字交叉口，交叉口的交通组织相对较为容易（图 6-9）。

南京河西国际博览中心的路网形式采用方格式路网（图 6-10）。地块内有 3 条主干路构成道路网络骨架，两条横向分别为奥体大街和河西大街，一条纵向为江东中路，；有 3 条次干路，分别为乐山路、燕山路、金沙江西街；有 3 条支路，分别为富春江西街、楠溪江西街、白龙江西街。基地内道路网密度为 7.09 公里 / 平方公里。

2. 道路密度

道路密度是指某一地区内平均每平方公里用地上所有道路的长度。道路密度需要具有一定的合理性，过大则路网过密，过小则路网过疏，都不利于避难疏散的开展。基本要求是能够让受灾人员快速转移出去，且当其中的部分疏散通道遭到破坏或者阻塞无法通行时，还能有其他道路作为备用通道与事先指定的通道联成网络。

3. 道路宽度

道路宽度反映了道路的容量和疏散的效率。道路越宽，能容纳的人流量或车流量越大，灾时发生交通堵塞的几率就相对偏低，对于提高路网的整体疏散效率，有着重要影响。

4. 两侧建筑物高度

绝大部分灾害发生时，都会对建筑物造成一定的破坏，使其破损甚至倒塌。道路两侧的建筑物倒塌后，会覆盖部分道路，使道路的有效疏散宽度降低。

《城市抗震防灾规划标准》（GB 50413—2007）中提出：紧急避震疏散场所内外的避震疏散通道有效宽度不宜低于 4 米，固定避震疏散场所内外的避震疏散主通道有效宽度不宜低于 7 米。与城市出入口、中心避震疏散场所、抗震救灾指挥中心相连的救灾主干道不宜低于 15 米。避震疏散主通道两侧的建筑应能保障疏散通道的安全畅通。

在计算避震疏散通道的有效宽度时，道路两侧的建筑倒塌后瓦砾废墟影响可通过仿真分析确定；简化计算时，对于救灾主干道两侧建筑倒塌后的废墟的宽度可按建筑高度的 2/3 计算，其他情况可按 1/2 ～ 2/3 计算。

因此，道路两侧建筑物后退道路红线越多，建筑物高度越低，倒塌后对道路的影响就越小，道路的有效通行宽度就越大。

6.2.2 过街便利性

受灾人员从灾害现场前往避难场所的途中，要横穿道路，若过街设施较差，则会影响转移效率。过街设施包括地面人行横道线、安全岛、过街天桥和地道。

1. 地面过街设施

道路达到一定宽度或是车道达到一定数量时会设置隔离带，若无过街设置，灾害发生时受灾人员在疏散过程中将无法快速横穿道路到达避难场所，大大降低避难效率。

地面过街设施的数量多少与设置间距有关，间距越大，则数量越少，行人过街的便利性就越差；反之，间距越小，则过街设施的数量越多，行人过街的便利性就相对越高。

2. 地上、地下过街设施

当行人横过城市快速路时，应当设置地道或人行天桥。人行天桥或地道的出入口处应规划人流集散用地，其面积不宜小于 50 平方米。

由于城市快速路上的车辆数量较多，车速较快，与其他城市道路交汇时，会对横穿快速路行人的安全性造成一定影响，且快速路上的车的疏散效率也会降低，设置人行天桥或地道可以将车流与人流分开，能较大程度地提高了车辆疏散以及人流疏散的效率。根据各个因子对道路过街便利性的影响程度，计算出每条道路的过街便利性得分。

6.2.3 步行空间安全性

1. 高空坠物

受灾人员在疏散的过程中，若人行道上空有较多高空坠物，会对行人的安全造成极大的威胁，且坠落后会阻碍其他受灾人员通行，使得这条道路的疏散能力降低。造成高空坠物的原因包括建筑外墙上的玻璃、玻璃幕墙、广告牌、店招、灯箱、外挂空调、旗杆、花盆花架等附属设施的松动。

2. 人行道宽度

人行道越宽越有利于受灾人员的转移。灾害发生时，人行道是灾民可以直接利用的最有效的逃生路径，人行道越宽，单位时间内疏散的人数越多。若人行道宽度变化多且变化大，容易使疏散人群发生意外。在南京南站地区，大部分道路两侧的人行道宽度在 2 ~ 4 米，玉兰路、绿都大道部分路段的人行道宽度较大；但是，在明城大道、金阳西街、金阳东街的部分路段，却没有设置人行道。

3. 高差变化

人行道的高度变化越平缓，受灾人员在疏散的过程中就越安全。若人行道的高差变化较大，不便于行人快速转移，且易发生摔倒、踩踏等事故，进而影响疏散效率。在南站地区，整体地势较平缓，内部人行道高差变化较小，对受灾人员的疏散不会造成困难。

4. 人行道上的街道设施

一般情况下，绿化隔离带、花台花箱、地下人行或车行出口、喷泉、围护栏杆、电话亭书报亭等常常被设置在人行道两侧，供行人使用。然而，有时由于设置的位置不当，使得灾害发生时，这些日常为人们提供便利的设施却阻碍了受灾人员的疏散，降低了疏散效率（图 6-11）。

综上所述，将各道路的 3 类因子得分进行汇总，计算出各道路的有效畅通性、过街便利性、步行空间安全性的得分，进而计算出各道路的整体得分。地块内道路的整体得分则将各道路的得分进行平均。

例如，南京南站地区道路系统的避难安全性整体评价分数较高，说明研究区域内道路的安全性较好。研究区域内的道路有效通畅性、步行空间的安全性较好，道路的过街便利性有待改善。

在有效畅通性上，绕城大道、玉兰路、双龙大道的得分最高，为 4 分。这三条路都比较宽，且道路两侧的建筑高度较低，对灾时疏散的有效畅通性有较大帮助。而玉盘西街得分最低，主要是因为其两侧有 15 层的住宅，灾难发生时若房屋倒塌，对受灾人员的疏散会有较大阻碍。

在过街便利性上，双龙大道、绕城大道的得分在 0 分以下，主要是因为两条道路均无过街设施，道路的隔离性较强。

在步行空间安全性上，研究范围内的各条道路的步行空间安全性均较好，得分最低的玉盘西街为 0 分，主要是因为其两侧的建筑物多且高，高空坠物的危险性较高。

最后，可以总结出以下有利于道路疏散的因素：第一，当道路较宽、两侧建筑较低、路网形式规则、路网密度较大时，避难安全性较好；第二，路面过街设施较多时，有利于避难；第三，人行道较宽、无高差时，避难安全性较好；第四，无高空坠物时，步行空间较为安全。

在不利因素方面，主要包括：道路的隔离性强，缺少人行道和过街设施，人行道宽度较窄，被乔木占据较大通行空间。

6.3 避难场所的安全性

对于避难场所的评价，主要从供给量、可达性、可识别性、可进入性、安全性和均衡性 6 个评价指标开展。

6.3.1 供给量

在一定区域范围内避难场所的数量和面积应当满足相关规定，尤其在人口密集，建筑密度高，开发强度大的地区，所需要保证的避难空间则更多。对避难场所的供给量要大于需求量，才能满足解决避难场所的面积规模问题。对避难场所供给量的研究主要包括避难场所的数量和面积两个方面。区域范围内避难场所的数量较多，面积较大，则有利于避难疏散；反之，则不利于疏散（图 6-12，图 6-13，图 6-14，图 6-15，图 6-16，图 6-17，图 6-18，图 6-19）。

6.3.2 可达性

避难场所的可达性，是指避难人群通过某种交通方式到达目标避难设施的便捷程度。一般来说，避难场所的服务对象是区域内所有居民，应当具有良好的交通可达性，方便周边居民在受灾时快速到达。评价因子包括避难场所临近道路的宽度、与建筑物之间的距离等。

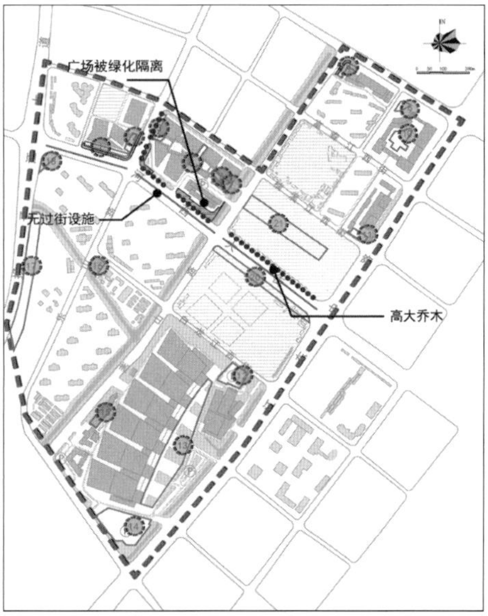

图 6-11 河西国际博览中心疏散不利因素分布

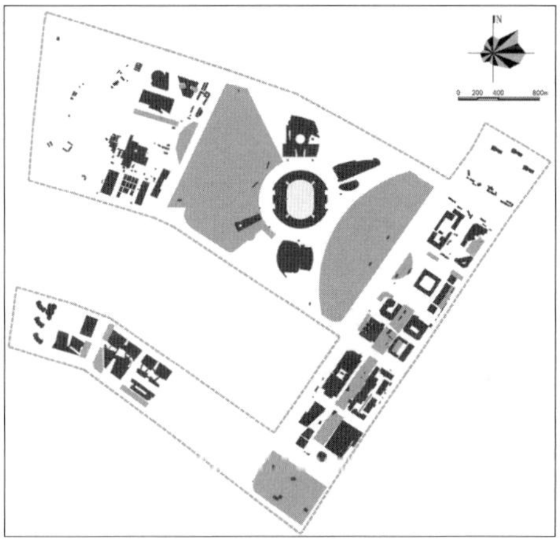
图 6-12 现状建筑入口前广场分布

图 6-13 建筑倒塌覆盖范围

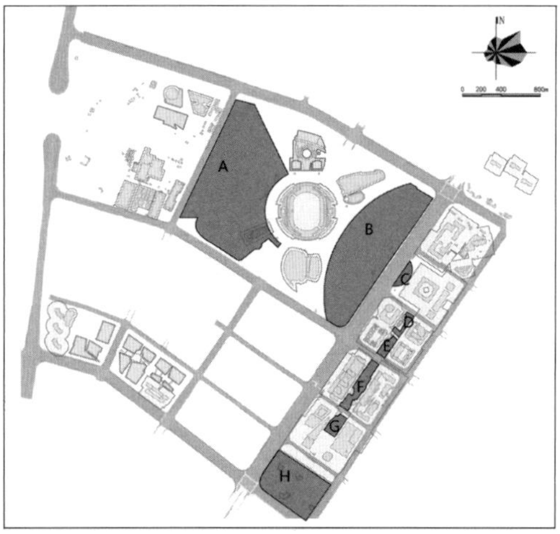

图 6-14 潜在避难场所分布

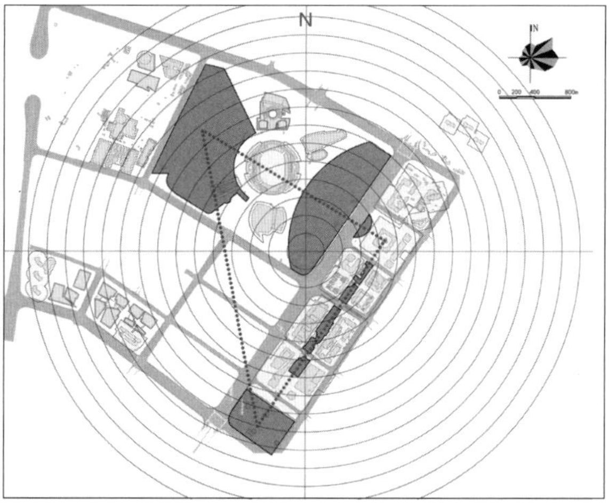

图 6-15 避难圈构型

图 6-16 河西国际博览中心空地分布

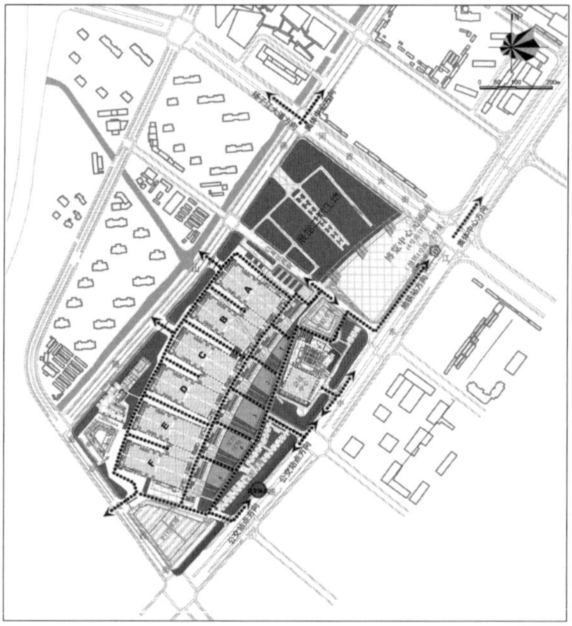

图 6-17 河西国际博览中心人流分析

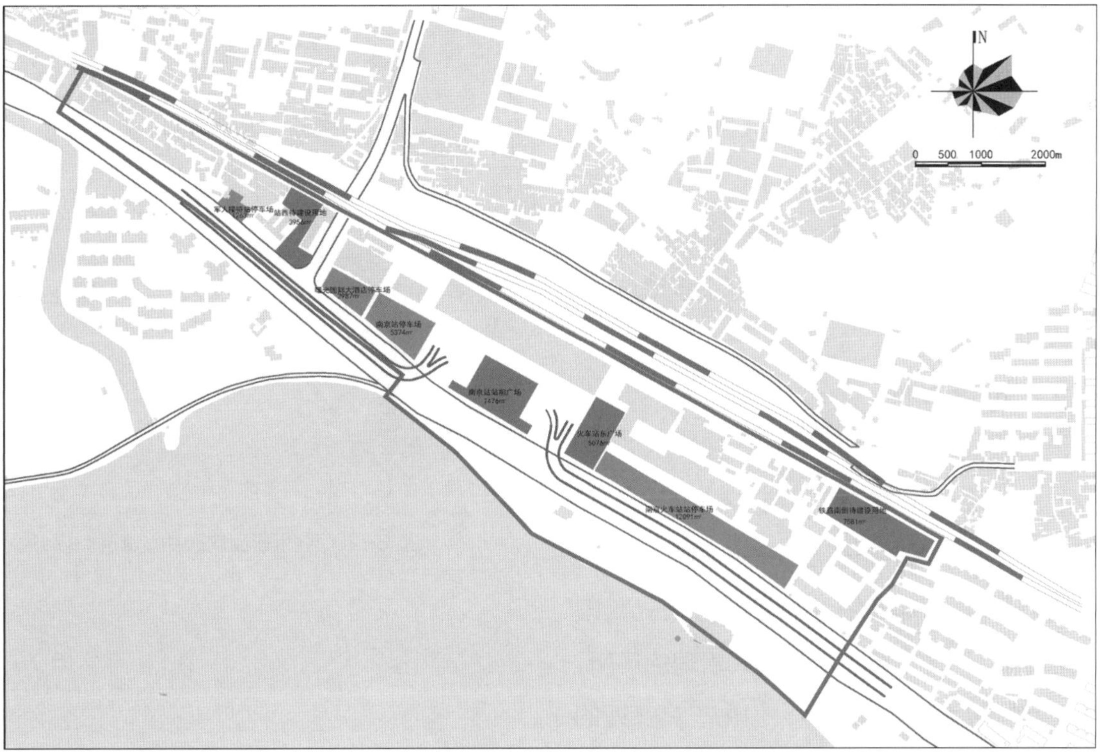

图 6-18 南京火车站潜在避难空间分布

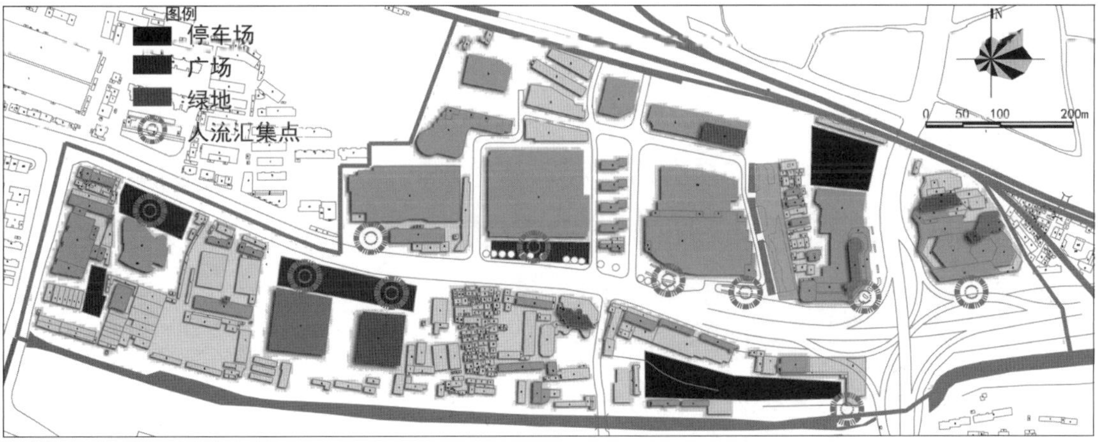

图 6-19 南京玉桥市场地区潜在避难空间分布

6.3.3 可识别性

避难场所应具有良好的可识别性，不宜有围墙或其他构筑物或植物的遮挡，以便为目标人群提供疏散方向上的便利，方便大家对避难场所进行定位。应急标识应设置在道路转弯、交叉口及通道出入口等有可能改变通行方向的位置上；同时，指示标牌上的文字和图示信息也应简洁明确，表达清晰。

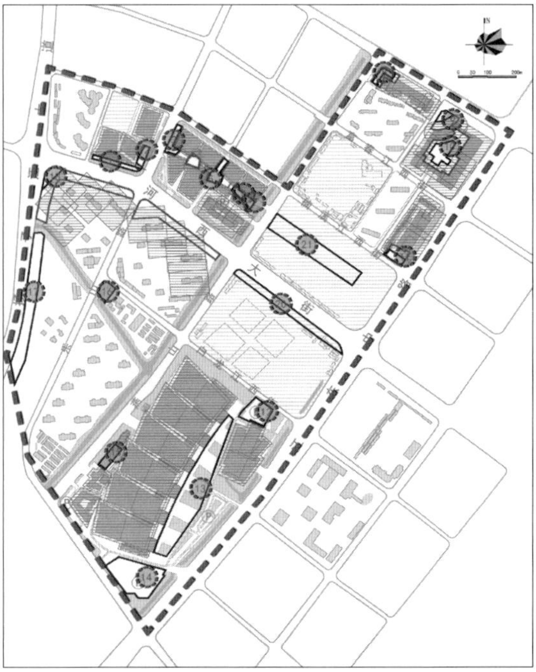
图 6-20 河西国际博览中心建筑倒塌分析

6.3.4 可进入性

避难场所需有较高的可进入性，以便居民能够容易进入。妨碍居民进入的因素包括是否有围墙隔离和是否实行全封闭式管理等。例如，一些实行完全封闭式管理的场所，虽然其有较大的空地资源，但由于其管理的严格性，在灾时居民不能轻易进入，就不能发挥出承担避难场所的功能。

6.3.5 安全性

一般来说，避难场所的空间选择应避开不良工程地质区域或其他自然灾害的高风险区。例如，应远离危险化学品的仓储区等危险源，周边也不宜有高大建筑物或危旧房屋。评价因子包括是否会被倒塌的建筑覆盖、场地内外是否有危险源、场地内地质条件是否良好等（图 6-20)。

6.3.6 均衡性

避难场所在区域内的分布是否均衡，是居民能否在较短时间内到达避难区域的重要影响因素，也是保证避难的高效性、优化城市避难场所的关键。在评价时，可以根据区域内各方位上避难点的分布情况、如数量和距离远近情况，来进行等级划分。

在南京南站地区，区域范围内避难场所的总体分布呈现为北部集中，南部稀疏；北部的避难场所虽然数量较多，但面积普遍较小；可达性最好的避难场所为区域东部地区的麦德龙及百安居的入口广场，因其临近道路的等级较高，500 米范围内建筑较多，服务对象的可达性较高。南京南站南广场和北广场在可识别性、可进入性、安全性方面，都是最佳避难场所；但另一方面，由于区域范围内的建设现状，基地内避难场所资源的分布较不均衡。

南京南站地区避难场所的安全性一般。避难场所在供给量和可识别性上不足，在可达性的安全性评价上稍好，其他方面的安全性都较为一般。

能对避难场所的安全性造成有利影响的因素包括：疏散避难场地较多，避难场地面积较大，门前道路较宽，距离避难场所较近，避难场所无围墙隔离，有良好的标识系统，可进入性较好，场地不会被倒塌的建筑覆盖，场地内外无危险源，场地内地质条件较好，避难场所的区域空间分布较为均衡等。

造成不利影响的因素包括：街角型广场开放性不足，被绿化包围；建筑主要出入口门前的广场面积过小，被绿化包围，可进入性较差等

综上所述，南京南站地区的整体避难安全性评价等级为中，在三个一级因子中，建筑的安全性评价得分最高，道路次之，得分最低的是避难场所。总体来说，建筑的安全性，人流出入便捷性，道路的有效畅通性、便利性，避难场所的供给量、可识别性、安全性等都有待完善。

6.4 避难场所的理想布局模式

6.4.1 布局原则

城市公共中心多为商业和办公街区，建筑在布局模式上有以下几个特征：街区尺度较小，建筑以点式布置模式居多，建筑的主要出入口分布较为均衡，主要出入口门前有广场。

综合考虑商业、办公建筑的布局特征后，对其避难场所的布局模式遵循以下原则：第一，避难场所主要是绿地、出入口前的广场；第二，与等级高的道路相邻的广场、绿化面积较大；第三，商业街区的公共性较强，充分利用街角空间设置避难场所。

6.4.2 布局方式

以商业或商务办公类的街区为例，设定街区尺度为 300 米 ×300 米，每个街区内的建筑按照点式矩阵形式进行布局，如图 6-21 所示。街区周边是城市次干道和支路，以此路网形成为空间骨架，设定次干道宽度为 30 米，支路宽度为 18 米。在这种情况下，可以充分利用街角空间所形成的大面积绿地来作为避难场所。将此种模式进行空间拓展，加入城市主干路，即得到图 6-22 的布局模式。然后，按照各绿地的面积大小进行避难场所的等级划分，可以将其分为紧急避难场所、短期固定避难场所、中期固定避难场所和长期固定避难场所（图6-23，图6-24）。

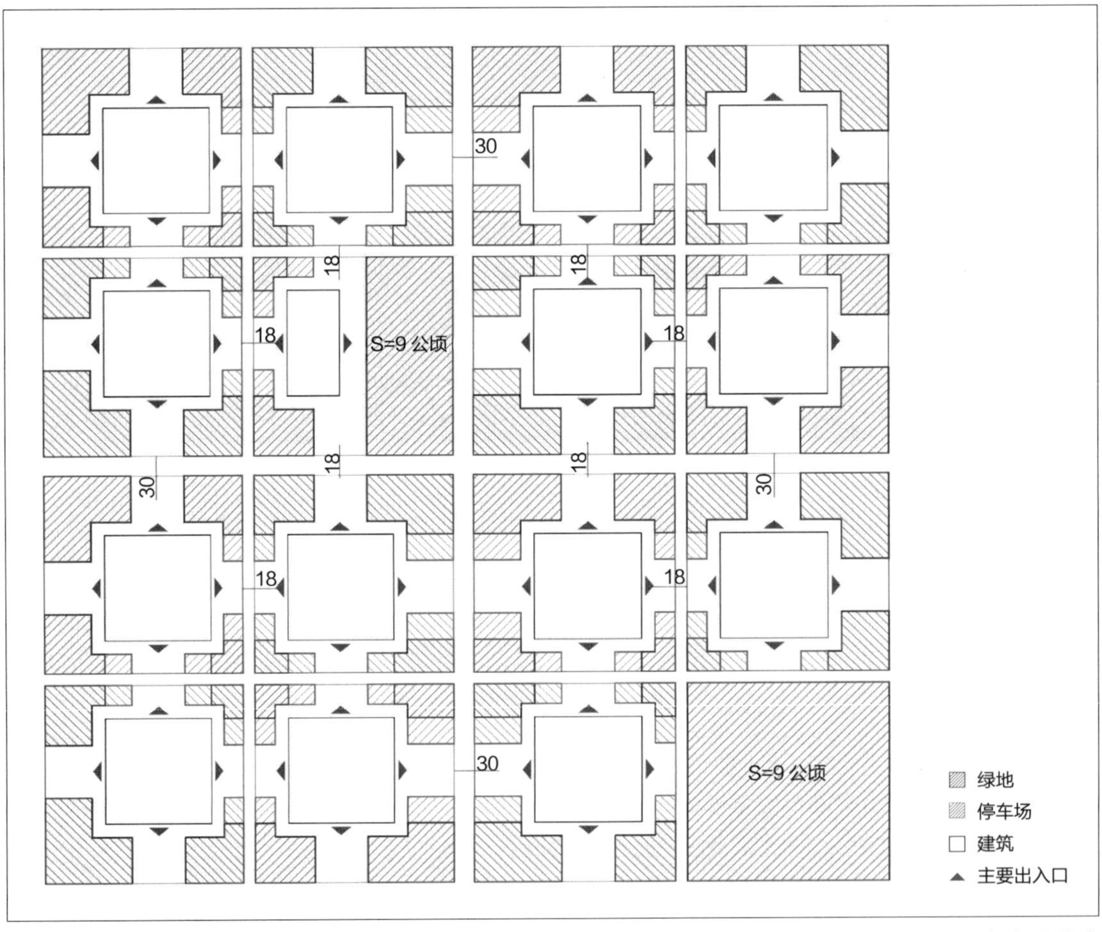

图 6-21 理想布局模式

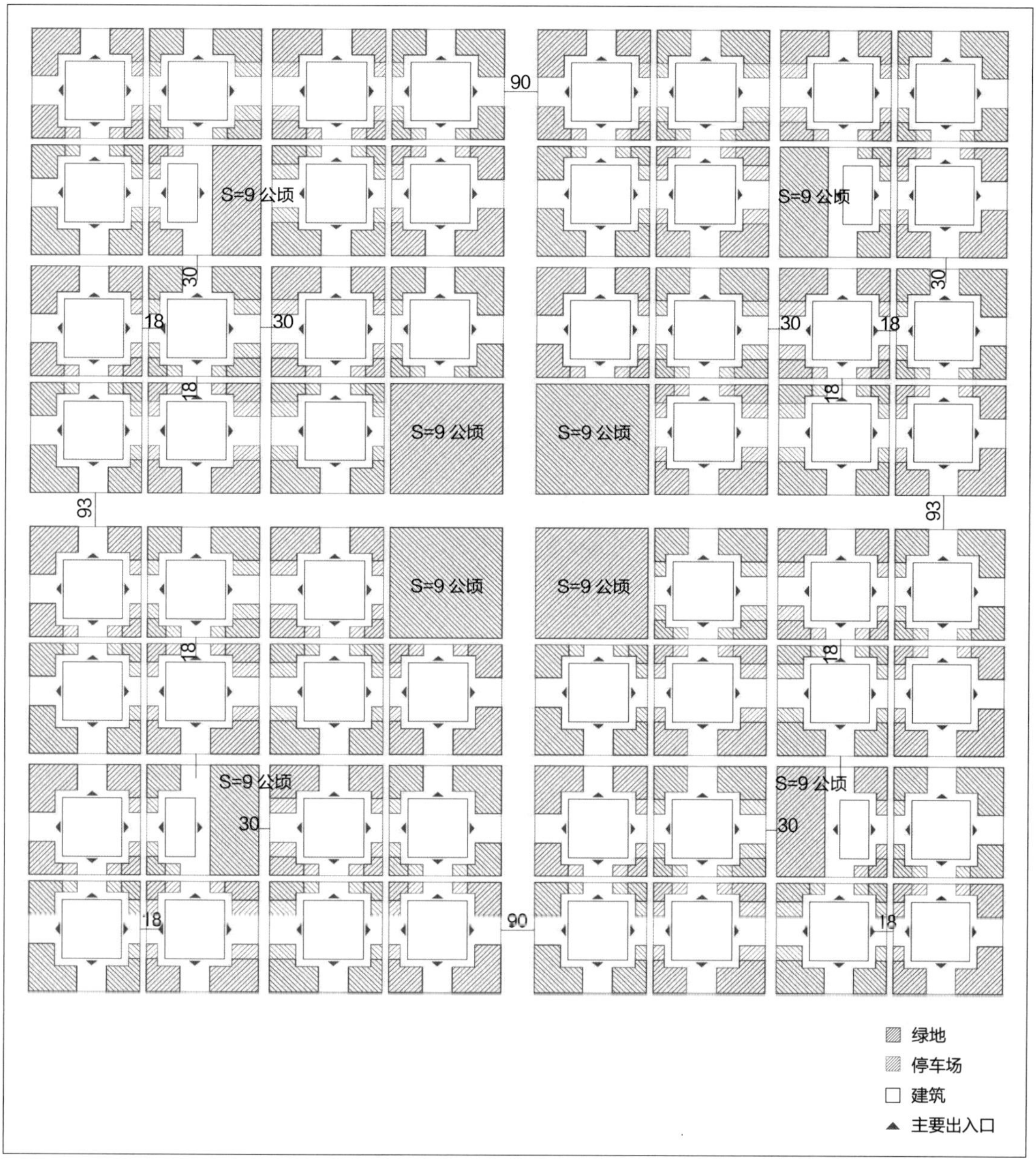

图 6-22 尺度扩展后的理想布局模式

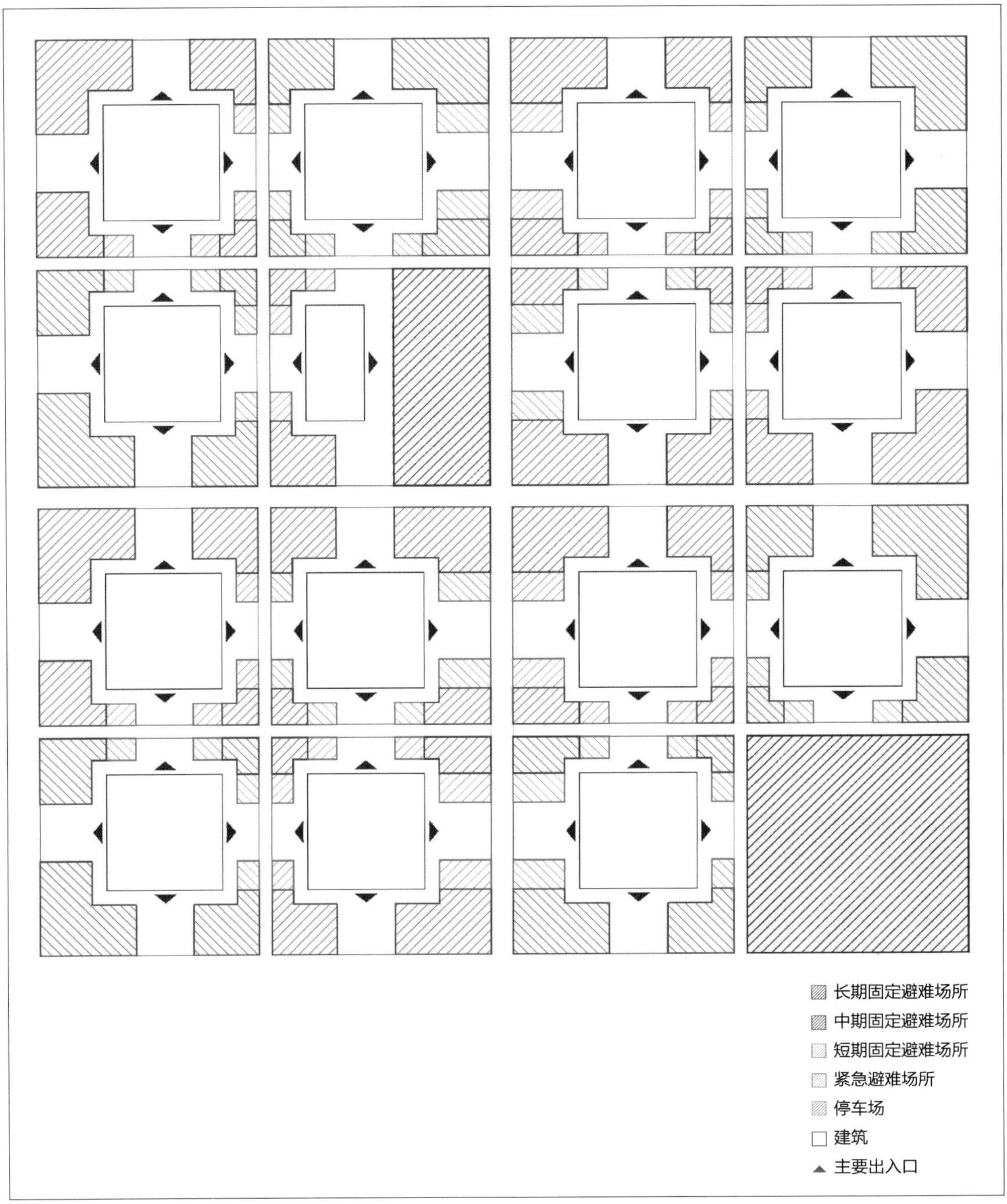

图 6-23 划分避难场所等级的布局模式

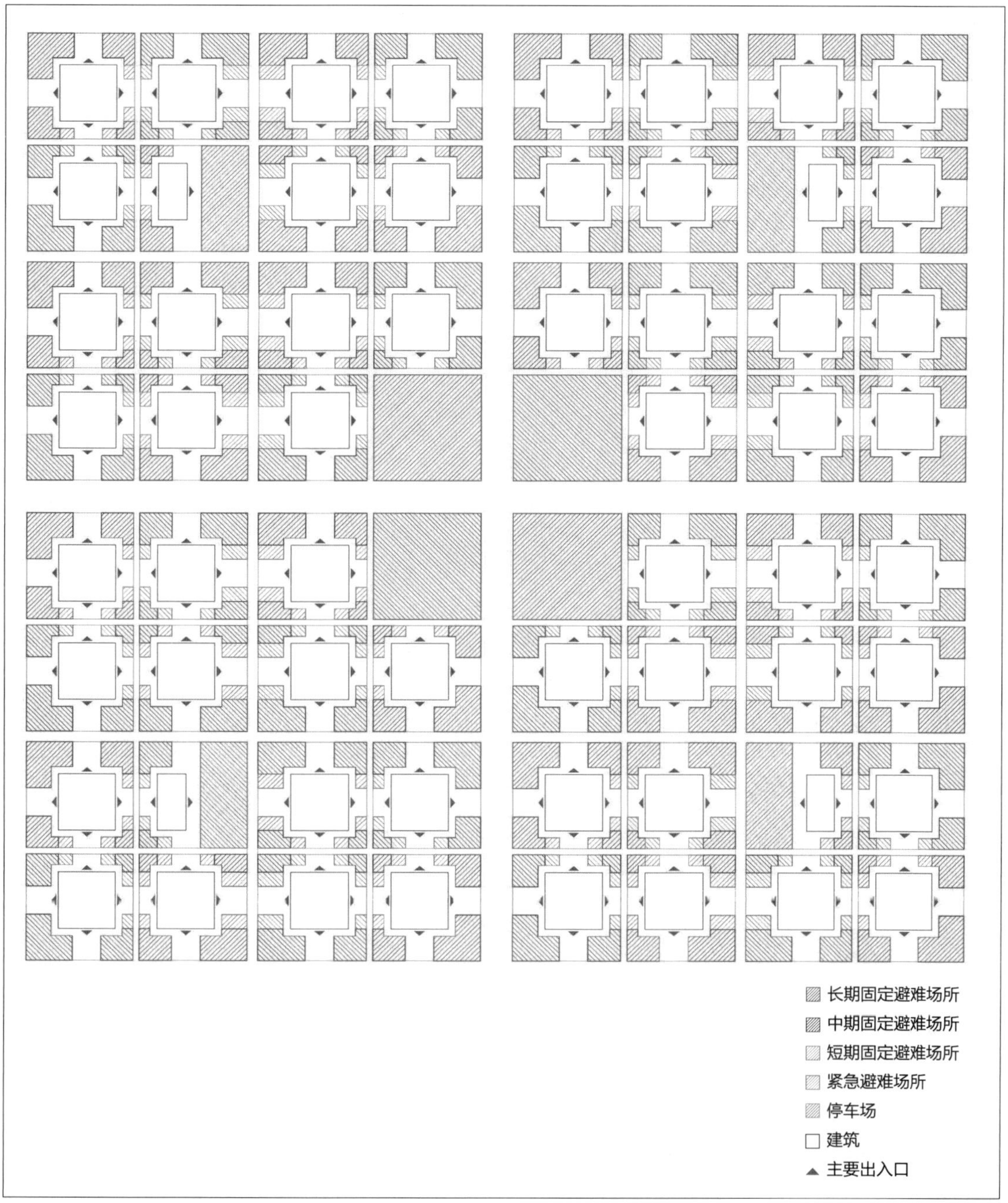

图 6-24 划分避难场所等级的尺度扩展布局模式

EFFECTIVENESS OF EVACUATION PASSAGEWAY IN THE AREA WITH DENSE HISTORICAL BUILDINGS

第 7 章

历史建筑密集区避震通道的有效性

CHAPTER 7

汶川大地震后，各地纷纷开始规划建设避难场所体系，疏散通道网络的建设没能得到足够的重视[79-82]。但实际上，疏散通道连接着避难场所，其有效性程度高低直接关系到避难场所最终能否被快捷地到达，地位十分重要。特别是在老城区，物质空间的潜在风险性高，抗震能力较差，在疏散通道的有效性方面问题更加突出，这些问题需要人们的高度关注。本书课题组关注的主要问题之一是在历史建筑密集区内，影响避震通道有效性的因素有哪些？且这些要素是如何产生作用的？

课题组选取南京老城区中华门城堡南侧的西街地区作为调研基地（图 7-1）。西街也被称为长干里古居民区及越城遗址区，而春秋时期的越城被视为南京建城史的开端，至今有近 2500 年的历史，是历史上在南京建造的第一座城池。基地东面是雨花路，路东就是大报恩寺遗址，南面是应天大街，西面是中山南路，北面是秦淮河，占地 15.5 公顷。西街地区现状用地性质主要为居住、小型工业和商业，还有部分传统手工业（表 7-1）。

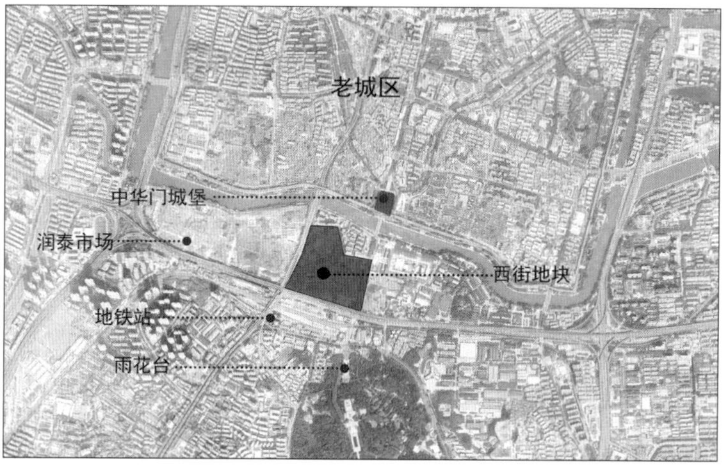

图 7-1 西街地区区位图

表 7-1 历史演变用地分布表

清末到民国	解放前后	改革开放后
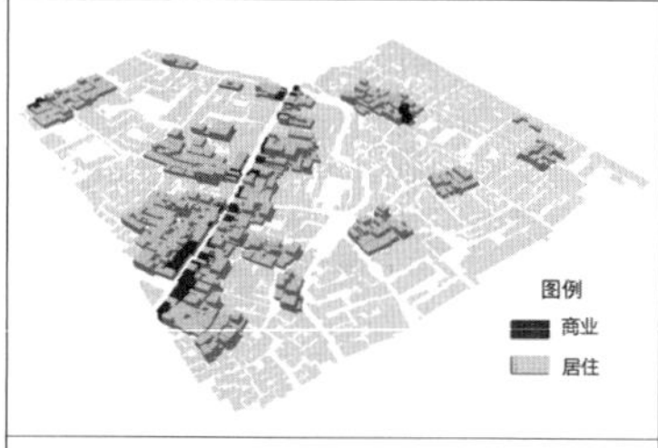	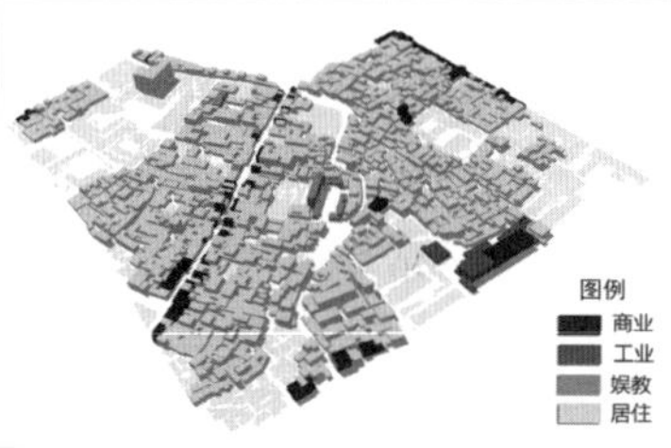	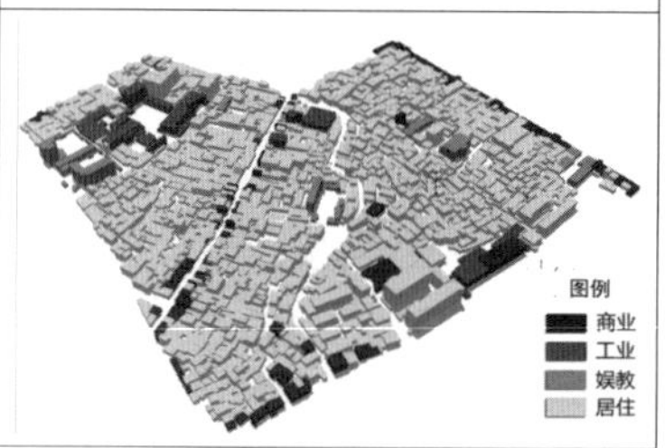
老城南以小手工业兴起，主要街道西街两侧皆为商业和手工业	居民房屋部分炸毁，一部分难民战后在空地或原址上新建了一批砖瓦房，建造杂乱，零散分布	改革开放后，居住密度渐增，城市道路更新与新建使街区周边部分住宅的性质转为商业，有小型工业迁入

7.1 建筑安全

7.1.1 危房比例

建筑本体质量差，危房比例高，会造成两个方面的影响。一是建筑在地震时发生倒塌，对建筑内部的人造成伤害；二是倒塌的建筑阻塞了疏散通道，导致内外交通联系中断。课题组根据房屋危险性程度的高低，将所有房屋分为三类，即：高危险性房屋、中危险性房屋和一般建筑。高危险性建筑零散分布在雨花路和西街沿线。中危险性建筑集中分布在雨花路两侧、西街两侧、内部河道两侧，在街区内部也有零散分布（图 7-2）。

从建设年代的时间序列来看，清末到民国时期的建筑多为木结构，建筑数量占据总建筑数量的比例大约为 34%，这时期的建筑多处于年久失修的状态，且违章搭建的情况非常多。在抗日战争时期，出现了一些棚户房，建筑数量占比为 3%，房屋质量很差，完全没有抗震能力。在 1961 年前后，砖混结构的建筑开始增多，建筑数量占比为 57%，失修情况严重。改革开放后，钢筋混凝土建筑开始出现，建筑数量占比为 6%，建筑抗震性能较好。

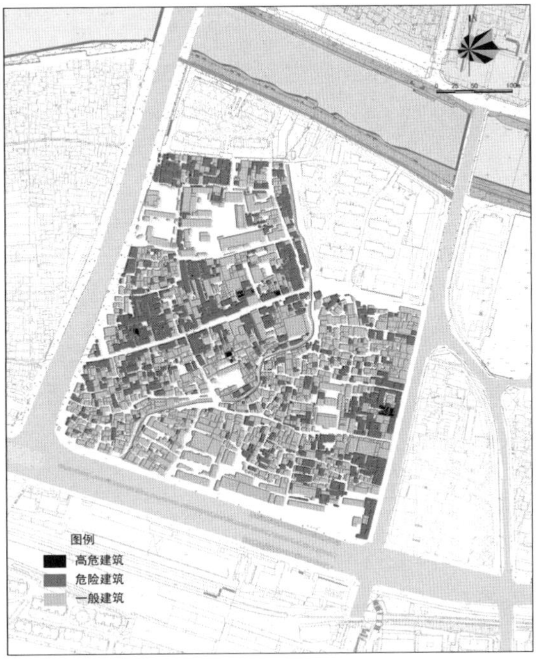

图 7-2 建筑质量分布图

图 7-3 建筑道路图底关系

7.1.2 建筑密度

西街地区的总建筑密度为 62.9%。较大的建筑密度带来人口密度相对较大，进而带来震灾时人流量较大。在相同的道路情况下流量的增大会导致疏散速度的降低（图7–3，图7–4）。

过大的建筑密度对西街地区的建筑空间格局和街巷空间造成了很大影响，将西街地区的通道型建筑空间格局分为三段：出户段、沿路段和外部连接段，不乏潜在的隐患（表7–2）。

表 7–2 路段建筑空间分类表

出户段	沿路段	外部连接段
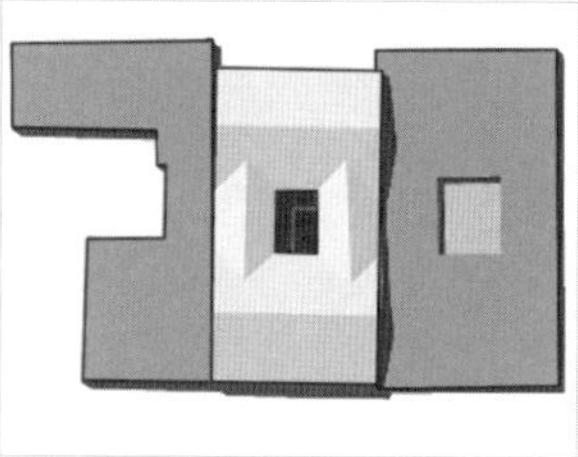 （a）天井式	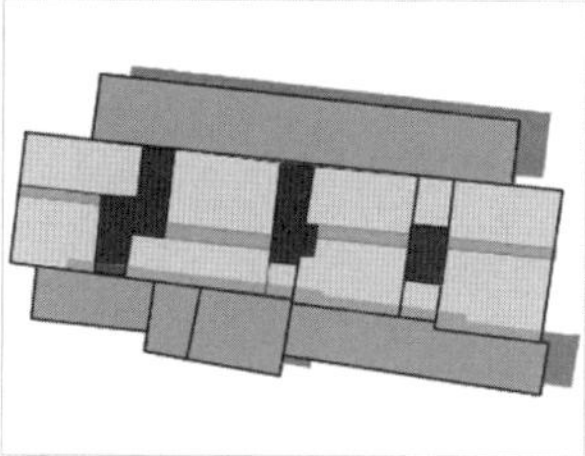 （a）院进式	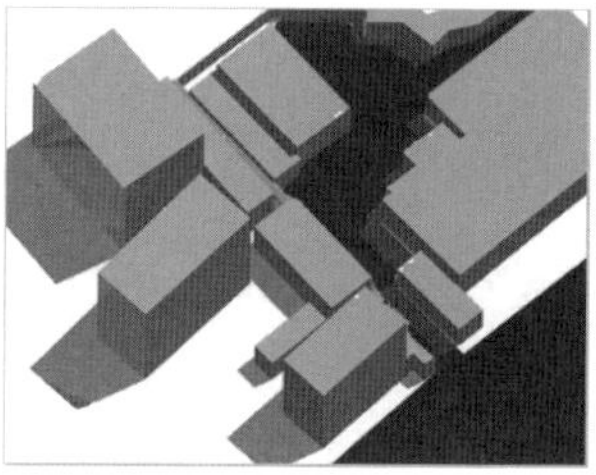 （a）口袋式
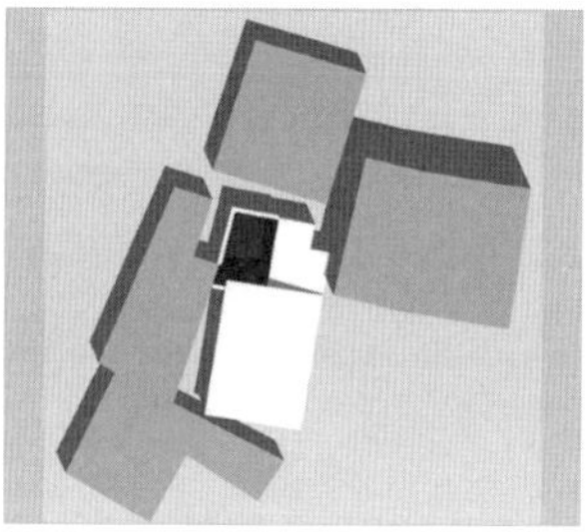 （b）独院式	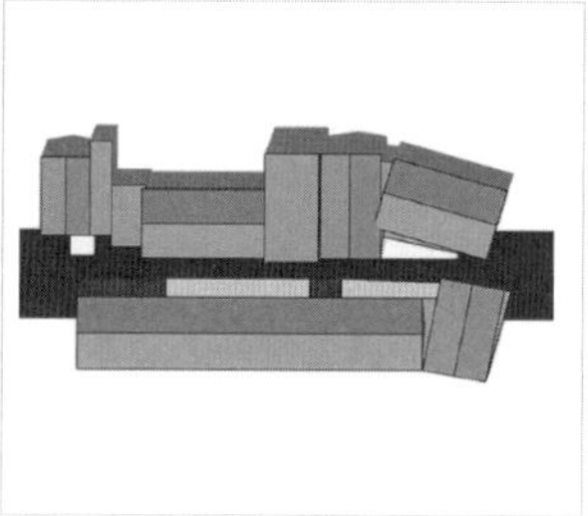 （b）夹道式	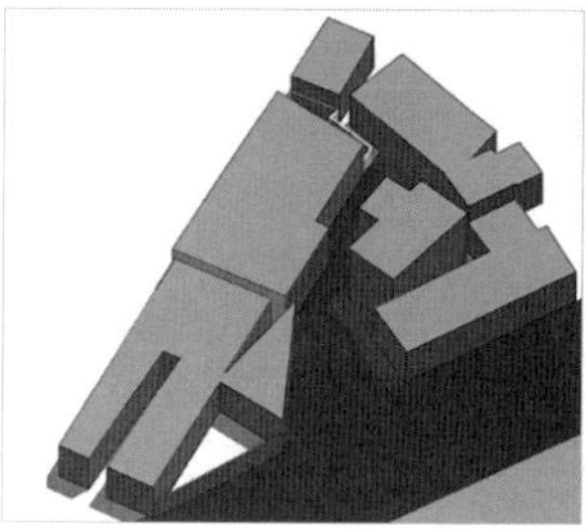 （b）喇叭式
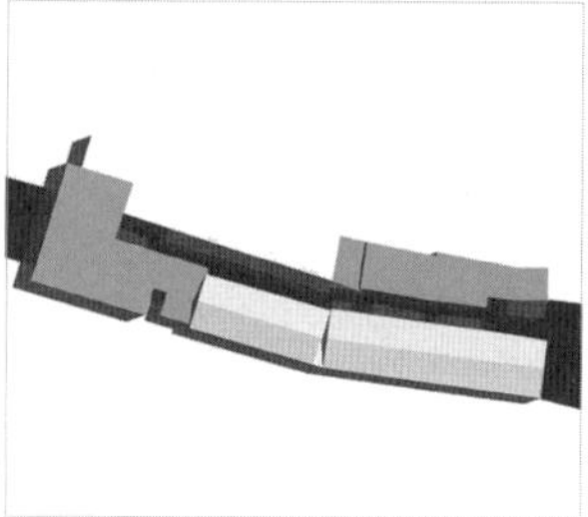 （c）过道式		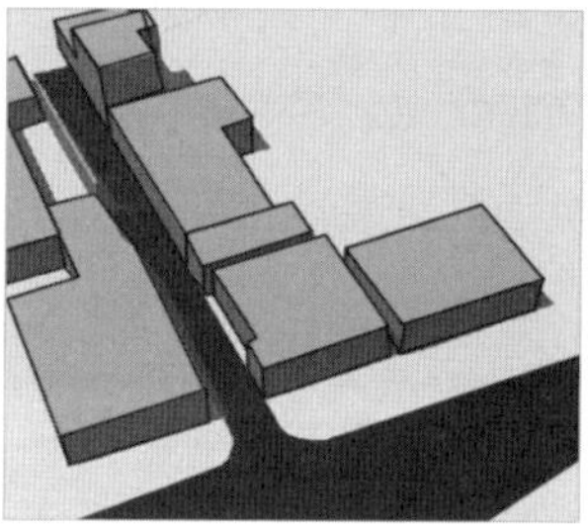 （c）正常式
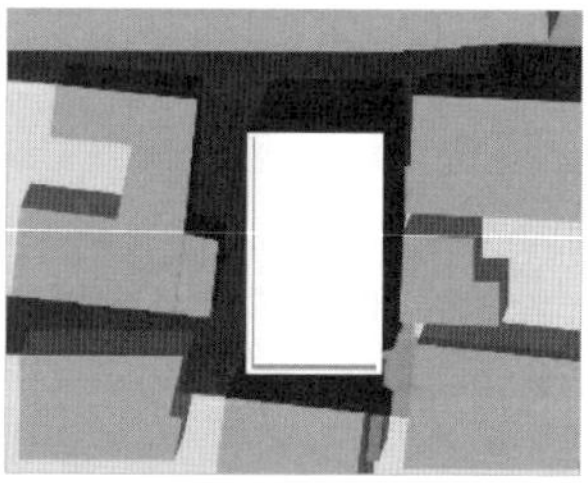 （d）岛式		

表 7-3 道路有效宽度分类比例表

有效宽度比例分类		所占比例	各路网体系有效宽度比例	路网整体有效宽度比例
主路	0.9 ~ 1	0.6	0.84	0.82
	0.6 ~ 0.9	0.3		
	0.6 及 0.6 以下	0.1		
支路	0.8 ~ 1	0.47	0.81	
	0.5 ~ 0.8	0.45		
	0.5 及 0.5 以下	0.08		

图 7-4 建筑疏密分布图

图 7-5 现状道路分布图

7.2 道路安全

7.2.1 路网形制

在西街地区内部，尽端道路较多，各出发点逃生可选路径却较少（图 7-5）。一旦唯一逃生路径阻断则该处大部分居民无法逃生或逃生困难，尽端道路承担的疏散责任和其安全系数完全相悖。西街地区的避难路径局部也呈现网络性，但过于弯曲，则增加了逃生者在避难过程中的反应时间，降低了避难速度。

7.2.2 道路密度

道路密度影响到整个地区避难效率的均衡性。现有道路网络状密度与其实际人口密度不相符。存在“人口密度>道路密度>路网密度”的相似负载关系，使得该地区路径选择不能满足人口的负荷。

地块中大多道路原宽度低于疏散标准，存在严重的占道现象，道路的有效疏散面积十分有限。逃生群体总数一定，由于道路有效宽度变窄，单位时间内通过道路截面的人数变少，必然会加长等待逃生的队列。地块道路密度 70.06 公里 / 平方公里，尽端路密度 26.69 公里 / 平方公里，道路密度和网络性较低（图 7-6，图 7-7）。

7.2.3 道路高宽比

道路高宽比是指街道沿线建筑物之高度 *H* 与道路总宽度 *D* 之比率，以 *H/D* 表示之。高宽比普遍大于安全值（<1），会造成较严重的道路拥塞情况。在西街地区，比较典型的道路高宽比，分别是 0.6，1.5，5 和 7。其中，前两种分布在主要道路上，在整个街区内占比较少；后两种分布在西街地区的巷道，数量多，分布广，占比很高（图 7-8，图 7-9）。

7.2.4 有效宽度

道路有效宽度是指道路实际可通行的净宽。地块中道路占用情况较严重。堆放、停车、违章搭建、绿化等减少了道路有效疏散面积（表 7-3，图 7-10，图 7-11，图 7-12）。

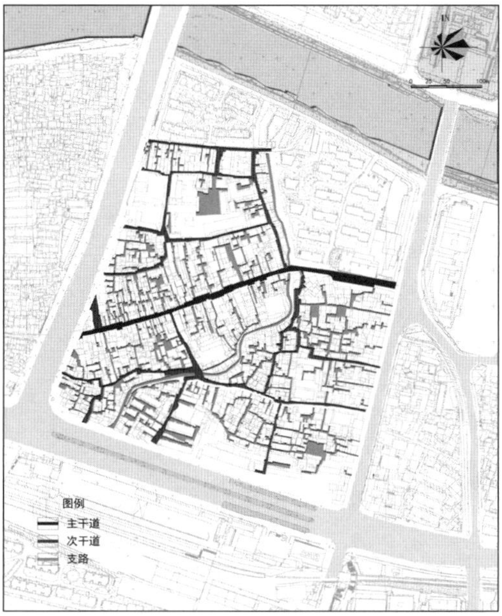

图 7-6 道路等级分划图

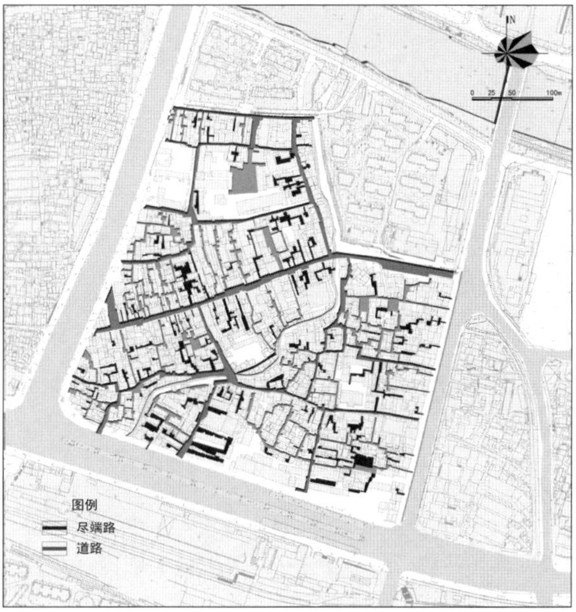

图 7-7 尽端道路分布图

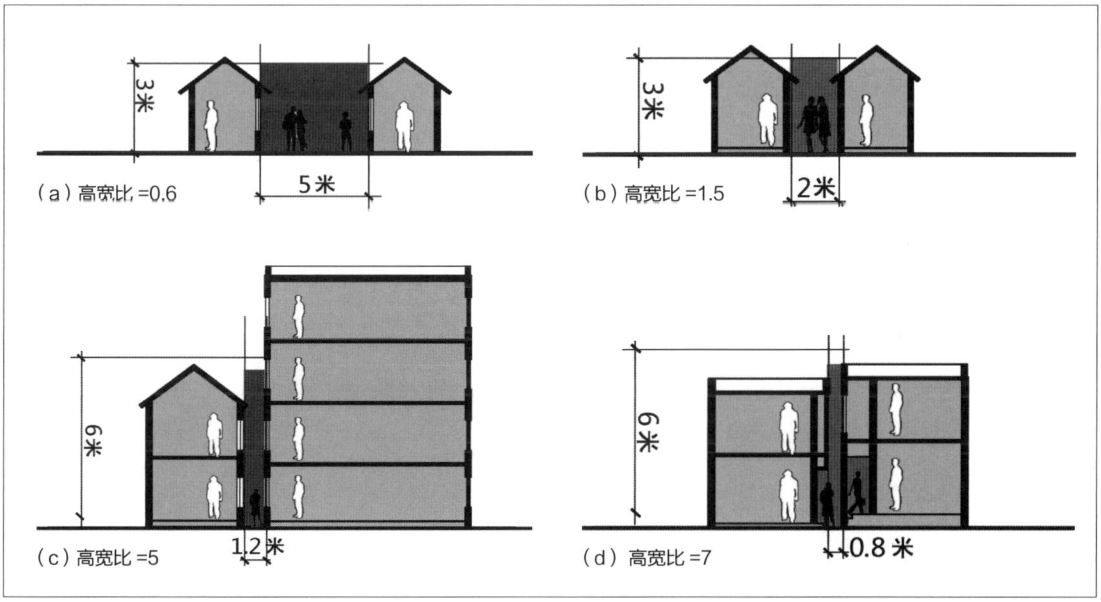

图 7-8 道路高宽比剖面分类示意（单位：米）

图 7-9 道路最大高宽比分布图

图 7-10 道路有效宽度比例分布图

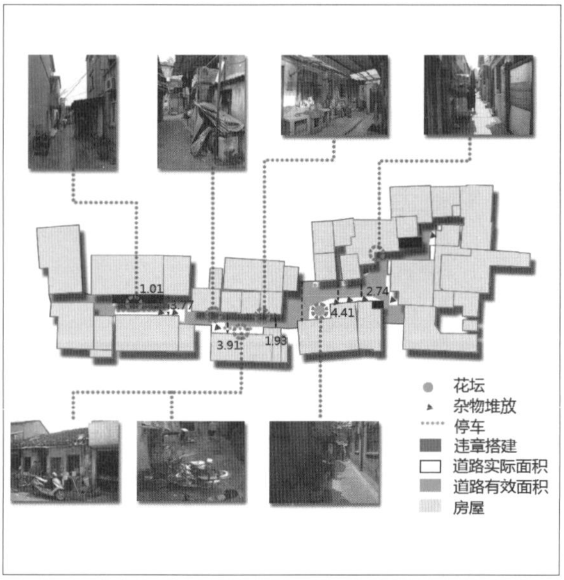

图 7-11 主路放大节点占道示意图

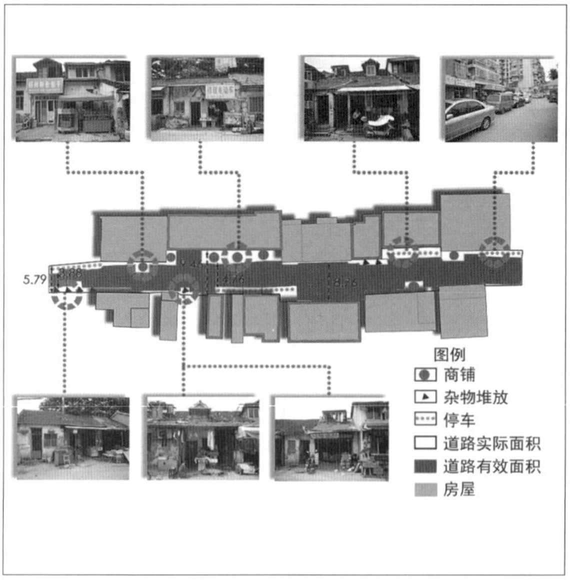

图 7-12 支路放大节点占道示意图

7.3 避难场所安全

在现场的问卷调查中，居民选择了各种类型的避难场所（表 7–4）。有些避难场所的安全性和有效性存在一定的问题。地块内部避难场所利用率低，多由于客观条件的限制，如门禁。地块外部城市道路和公园是逃生人群的主要避难方向（图 7–13）。

表 7–4 避难场所分类说明表

	避难场所	现状说明		选择比例（%）
内部避难场所	西街	主要生活街道	多数不能有效发挥其避难功能	8
	学校	进出受限，有门禁		4
	金谷油厂	进出受限，有门禁		4
	院子	—		3
外部避难场所	雨花台	指定避难场所	承担承担主要避难职能	33
	城市路	公共道路广场		28
	秦淮河绿化带	公共绿地		11
	中华门城堡	进出受限，有门禁		8
	长干桥	公共道路广场		1

由于避难场所客观条件的制约（如门禁），导致人们在第一选择不能实现的情况下只能转向其他避难场所，造成避难路径绕曲，同时增加某些避难通道的人流负荷，降低避难速度（图 7–14，图 7–15）。

本地块居民选择的外部避难场所由城市道路连通，区内道路对外出口分布不均，主要道路出口分布随机（表 7–5）。

表 7–5 地块外部连接出口数量表

道路名称	主要出口个数	次要出口个数	主要出口密度	出口密度
雨花路	3	10	0.049	0.097
窑湾街	2	7	0.142	0.201
中山南路	6	4	0.123	0.168
应天大街	3	1	0.057	0.060

图 7-13 西街地区的道路出口分布

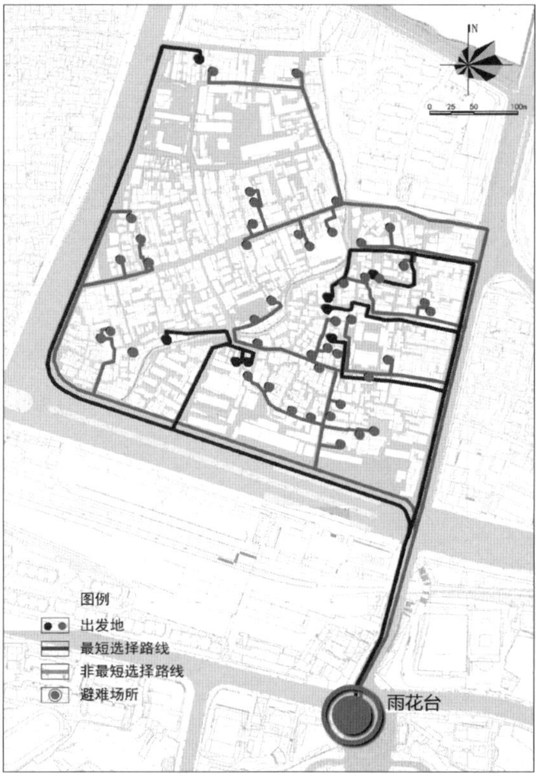

图 7-14 选择路径与最短路径示意

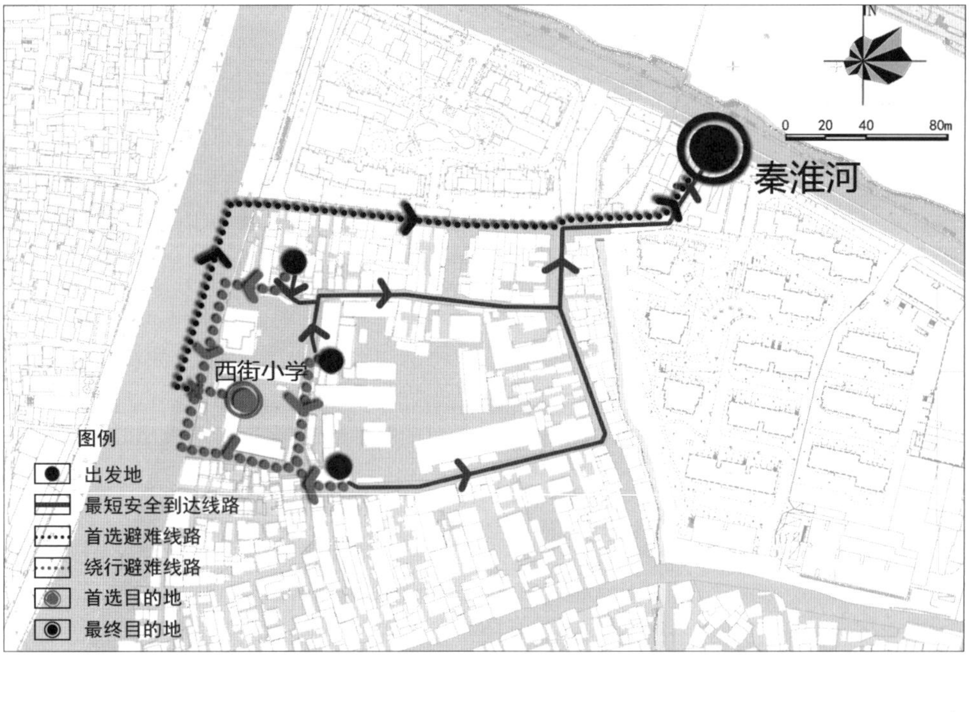

图 7-15
绕行路线示意

7.4 危险源

在西街地区，危险源主要分火灾性质和坍塌、坠落性质两类。地块火灾致因危险源主要分布在西街及雨花路沿线，坍塌坠落致因危险源均匀分布。

容易发生火灾的地点类型包括：厨房、用火摊点、木构建筑、变电箱等。首先是厨房，特别是沿街饭店的厨房，多使用液化气罐，很多液化气罐直接裸露在外，几乎没有任何安全防护措施，火灾风险较大。其次，沿街用火的摊点，以早餐摊点和夜市摊点为主。再次，西街有大量的历史建筑，属于木结构的建筑，火灾风险较高。最后，西街大量的变电箱距离民宅很近，裸露的电线很多，老化严重，火灾风险也比较高（图 7-16）。

容易发生坍塌坠落的危险物主要类型包括：树木、广告牌、空调机、电线杆、加盖建筑、骑楼、棚子等。这些危险物的坍塌或倒伏，主要由于地震引发的。地震发生后，大量老旧建筑坍塌、广告牌、空调机坠落、电线杆倒伏，对本来就非常狭窄的街巷空间造成严重阻塞（图 7-17，图 7-18，图 7-19）。

针对地块危险建筑较多的现状，将其作为阻断因子进行分析。根据西街地区危房的空间分布状态，来推断地震中最易阻断的道路分布，进而得出西街地区可逃生人群与不可逃生人群的分布（图 7-20）。

图 7-16 火灾危险源分布

图 7-17 坍塌坠落危险物的空间分布

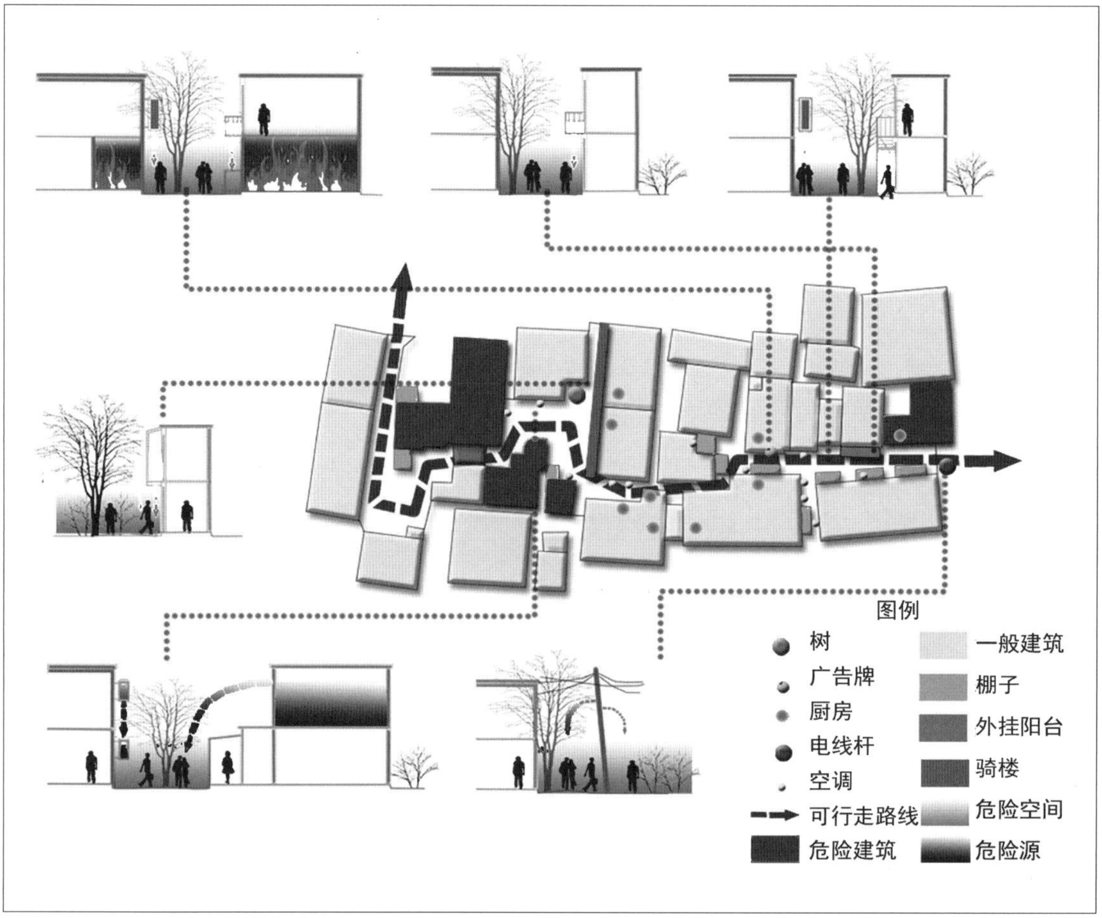

图 7-18 道路各危险源阻断示意

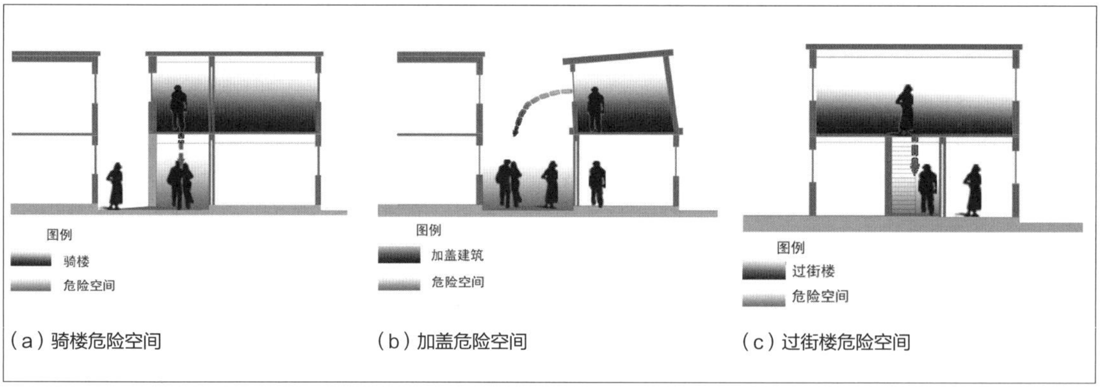

图 7-19 路段危险建筑空间示意

图 7-20 危险源阻断逃生模拟图

SPATIAL CHARACTERISTICS OF
REFUGE RESOURCES
IN THE OLD COMMUNITY

第 8 章

老小区避难资源的空间特征

CHAPTER 8

老小区，是城市主城区常见的住区空间类型，数量多，分布广。但是，由于建设年代早，老小区内部的公共开放空间资源相对较为缺乏。单独依靠小区内部空间资源来开展避难活动存在诸多困难[83-87]。为了全面了解老小区内部和外部空间的避难资源条件，本书课题组在南京老城区内选择了 8 个老小区作为研究样本，调查基地内部和外部的空间环境。8 个样本小区分别是：工人新村、明华新村、仁义里、瑞金路小区、三牌楼小区、上海路小区、山西路小区和集庆门小区。

研究步骤如下：以样本小区的几何中心为圆心，半径为 1500 米的圆圈为边界，预选该范围内的潜在的避难场所资源。调查对象以各类空地资源为主，包括学校、公园绿地、广场、体育场馆、停车场等。空地资源的调查有两个目的：第一，是了解空地资源的数量、类型、规模与空间分布特征；第二，是为了方便与实际居民选择的避难场所进行比对，分析二者的异同。

8.1 用地类型

从用地类型上看，现状潜在避难场所资源的用地类型有 10 类，即教育科研用地、公园绿地、广场用地、停车场用地、办公用地、体育场馆用地、军事用地、居住用地、医疗卫生用地和文化设施用地（表 8–1）。

表 8–1 现状潜在避难场所资源各类型用地的汇总统计简表

序号	用地类型	总用地面积（公顷）	占总用地面积的百分比（%）	总数量（个）	占总数量的百分比（%）
1	教育科研用地	75.1	38.9	95	61.0
2	公园绿地	58.3	30.2	18	11.7
3	广场用地	24.6	12.7	14	9.1
4	停车场用地	14.9	7.7	17	11.0
5	办公用地	7.8	4.0	4	2.6
6	体育场馆用地	5.0	2.6	1	0.6
7	军事用地	4.0	2.1	3	1.9
8	居住用地	1.5	0.8	1	0.6
9	医疗卫生用地	1.2	0.6	1	0.6
10	文化设施用地	0.7	0.4	1	0.6

从各类用地的面积总量上看，规模最大的是教育科研用地和公园绿地，分别占总用地面积的38.9%和30.2%；其次是广场用地、停车场用地和办公用地，比例分别是12.7%、7.7%和4.0%；再次是体育场馆用地和军事用地，比例分别是2.6%和2.1%；最少的是居住用地、医疗卫生用地和文化设施用地，比例分别是0.8%、0.6%和0.4%。

从数量上看，现状潜在避难场所资源有154个，用地类型最多的是教育科研用地，数量为94个，占总数量的61.0%，远远高于其他类型的用地数量；排名第二和第三的是公园绿地和停车场用地，分别有18个和17个，比例分别为11.7%和11.0%；排名第四的是广场用地，有14个，占9%；第五和第六的是办公用地和军事用地，分别有4个和3个，比例分别只有2.6%和1.9%；排名第七位的是体育场馆用地、文化设施用地、医疗卫生用地和居住用地，分布只有1个，仅占0.6%。

分布结果显示出来的特征与南京中心城区内的用地结构有很大关系。南京有一个很大的特点就是高校众多，多数老校区都分布在中心城区；而中学和小学又在全城均衡分布，数量较多。对办公用地、军事用地、居住用地、医疗卫生用地和文化用地的避难而言，有效用地依然是这些类别用地中的绿地。这也反映了从避难角度来讲，最重要的是室外的空旷场地，场地的类型主要是绿地，其次是广场、停车场和体育场。

教育科研类避难场所：教育科研类避难场所共有95处，合计用地面积为742007平方米，平均为7810.6平方米；最大的为南京政治学院操场，用地面积为51912平方米；最小的为拉萨路小学操场，用地面积为1488平方米。高校由于校园的用地面积较大，在三类学校中平均面积最大，约为1.5公顷，其平均面积是中学类避难场所的2.4倍，是小学类避难场所的5倍，故以中期固定避难场所为主；中学校园的用地面积相对高校要小，平均用地面积为6550平方米，因此，以短期固定避难场所为主；小学校园的用地面积最小，平均用地面积约为3000平方米，故以短期固定场所为主。而在所有的教育科研类避难场所中，短期固定避难场所占了多数，为62处，占总数量的65%（表8-2，表8-3）。

表8-2 现状潜在教育科研类各等级避难场所简表

等级	平均用地面积（平方米）	最大用地面积（平方米）	最小用地面积（平方米）	潜在的长期固定避难场所	潜在的中期固定避难场所	潜在的短期固定避难场所	潜在的紧急避难场所	合计（处）
高校	15434	51912	3026	1	17	8	0	26
中学	6550	18174	2592	0	5	33	0	38
小学	2962	10500	1488	0	1	21	9	31

表 8-3 现状潜在教育科研类各等级避难场所比例表

等级	潜在的长期固定避难场所	潜在的中期固定避难场所	潜在的短期固定避难场所	潜在的紧急避难场所
数量（个）	1	23	62	9
比例（%）	1	24	65	10

公园绿地类避难场所：公园绿地类避难场所共有 18 处，合计用地面积为 582921 平方米，平均用地面积为 32385 平方米。最大的为清凉山公园，用地面积为 150789 平方米；最小的为百子亭绿地，用地面积为 2343 平方米。其中，潜在的长期固定避难场所有 3 处，包括清凉山公园、玄武湖公园、古林公园等；潜在的中期固定避难场所有 10 处，包括莫愁湖公园、南湖公园、午朝门公、郑和公园等；潜在的短期固定避难场所有 5 处，包括鼓楼公园、百子亭绿地等（表 8-4）。

表 8-4 现状潜在公园绿地类各等级避难场所比例表

等级	潜在的长期固定避难场所	潜在的中期固定避难场所	潜在的短期固定避难场所	潜在的紧急避难场所
数量（个）	3	10	5	0
比例（%）	17	55	28	0
平均用地面积（平方米）	323845	20364	6231	0

广场类避难场所：广场类潜在避难场所共有 14 处，合计用地面积为 246344 平方米，平均用地面积为 17596 平方米。最大的是和平广场，用地为 72899 平方米；最小的是三牌楼广场，用地为 1687 平方米。其中，可以作为长期固定避难场所的有 1 处，可以作为中期固定避难场所的有 7 处，短期固定避难场所有 5 处，紧急避难场所有 1 处。可见，广场用地作为中期和短期固定避难场所的情况最普遍（表 8-5）。

表 8-5 现状潜在广场类各等级避难场所比例表

等级	潜在的长期固定避难场所	潜在的中期固定避难场所	潜在的短期固定避难场所	潜在的紧急避难场所
数量（个）	1	7	5	1
比例（%）	7	50	36	7
平均用地面积（平方米）	72899	20046	6287	1687

停车场类避难场所：本课题中停车场用地既包括社会公共停车场，又包括一些单位或公建的停车场，共有 17 处。其中，可以作为短期固定避难场所的占了 70%（表 8-6）。

表 8-6 现状潜在停车场类各等级避难场所比例表

等级	潜在的长期固定避难场所	潜在的中期固定避难场所	潜在的短期固定避难场所	潜在的紧急避难场所
数量（个）	0	4	12	1
比例（%）	0	24	70	6
平均用地面积（平方米）	0	18722	6026	1651

办公用地类避难场所：办公类用地有 4 处，基本是以政府机构的单位绿地为主。其中，可以作为长期固定避难场所的有 2 处，如江苏省省政府院内绿地；可以作为短期固定避难场所的有 2 处，如江苏省公安厅门前绿地。

体育场馆类避难场所：体育场馆类只有 1 处，即五台山体育场，用地为 50316 平方米，可以作为长期固定避难场所。

军事用地类避难场所：军事用地共有 3 处，包括东大影壁西操场，用地规模为 26801 平方米，可以作为中期固定避难场所；南京军区警备司令部西侧绿地和东侧绿地，用地规模为 7150 平方米 和 6402 平方米，可以作为短期固定避难场所。

居住用地类避难场所：居住类用地有 1 处，即香缇丽舍绿地，用地规模为 14695 平方米，可以作为中期固定避难场所。

医疗卫生类避难场所：医疗卫生类用地仅有 1 处，即南京市中医药大学第二附属医院绿地，用地规模为 11540 平方米，可以作为中期固定避难场所。

文化用地类避难场所：文化设施类用地仅有 1 处，即梅园新村纪念馆北侧绿地，用地规模为 7302 平方米，可以作为短期固定避难场所。

8.2 规模与等级

按照国标《城市抗震防灾规划标准》（GB 50413- 2007）《城镇防灾避难场所设计规范》（GB 51143- 2015）和《城市综合防灾规划标准》（GB T51327- 2018），对避难场所划分为 3 个等级，即中心避难场所、固定避难场所和紧急避难场所。每个等级避难场所的指标如表 8-7 和表 8-8 所示。

表 8-7 各级避难场所分级控制指标

级别 \ 项目	有效避难面积（公顷）	疏散距离（公里）	短期避难人口规模（万人）	责任区内用地规模（平方公里）	责任区内常住人口规模（万人）
长期固定避难场所	5.0~20.0	1.5~2.5	2.3~9.0	3.0~15.0	5.0~20.0
中期固定避难场所	1.0~5.0	1.0~1.5	0.5~2.3	1.0~7.0	3.0~15.0
短期固定避难场所	0.2~1.0	0.5~1.0	0.1~0.5	0.8~3.0	0.2~3.5
紧急避难场所	不限	0.5	根据城市规划建设情况而定		

注：中心避难场所的应急功能用地规模不宜小于 20 公顷，承担固定避难任务的中心避难场所的控制指标尚宜满足长期固定避难场所的要求。

资料来源：中华人民共和国建设部．城市抗震防灾规划标准 :GB 50413—2007[S]. 北京：中国标准出版社，2007.

表 8-8 潜在避难场所资源的用地规模汇总简表

等级	用地面积范围（平方米）	各用地面积之和（公顷）	占总用地面积的百分比（%）	数量（个）	占总数量的百分比（%）
紧急避难场所	< 2000	1.9	0.9	11	7.1
短期固定避难场所	2000 ~ 10000	45.1	23.4	87	56.5
中期固定避难场所	10000 ~ 50000	89.6	46.4	49	31.8
长期固定避难场所	> 50000	56.5	29.3	7	4.6
中心避难场所	> 200000	0	0	0	0

本研究中的 8 个老小区，总共涉及 154 个潜在避难场所，本书按照国标对所有潜在避难场所进行分类统计。从用地面积大小上看，小于 2000 平方米的用地资源数量有 11 个，占总数量的 7.1%，可以作为紧急避难场所；0.2 ~ 1.0 公顷的有 87 个，占 56.5%，这是数量最多的一类用地资源，这些可以作为短期固定避难场所；1 ~ 5 公顷的有 49 个，占 31.8%，可以作为中期固定避难场所；5 公顷以上的有 7 个，占 4.6%，可以作为长期固定避难场所。

也就是说，在现状所有潜在的避难场所资源中，短期和中期固定避难场所的用地数量占了总数量的 88.3%，用地规模占了 69.8%；而 2000 平方米以下和 5 公顷以上的数量都比较少，二者的数量之和占总数量的 11.7%，但是，由于长期固定避难场所的单个用地规模较大，其用地面积之和占总用地的比例也较大，为 29.3%，高于短期固定避难场所的

表 8-9 现状各类用地中各等级潜在避难场所的数量与比例

用地类型	长期固定避难场所		中期固定避难场所		短期固定避难场所		紧急避难场所	
	数量（个）	百分比（%）	数量（个）	百分比（%）	数量（个）	百分比（%）	数量（个）	百分比（%）
教育科研类用地	1	1	23	24	62	65	9	10
公园类用地	3	17	10	55	5	28	0	0
广场类用地	1	7	7	50	5	36	1	7
停车场类用地	0	0	4	24	12	70	1	6
办公类用地	2	50	0	0	2	50	0	0
体育场馆类用地	1	100	0	0	0	0	0	0
军事用地	1	33	0	0	2	67	0	0
居住用地	0	0	1	100	0	0	0	0
医疗卫生用地	0	0	1	100	0	0	0	0
文化用地	0	0	0	0	1	100	0	0
合计	**9**	–	**46**	–	**89**	–	**11**	–

23.4%。而 2000 平方米以下的用地资源不仅数量偏少，用地面积也小，因此，其用地面积之和仅仅占总用地面积的 0.9%（表 8-9）。

从等级上看，可以作为长期固定避难场所的有 9 处用地，占总用地数量的 6%；可以作为中期固定避难场所的用地有 46 处，占 30%；可以作为短期固定避难场所的用地有 89 处，占 57%；可以作为紧急避难场所的用地有 11 处，占 7%。

以上结果反映了中心城区能够作为长期固定避难场所的用地依然缺乏；而用地规模大于 20 公顷且能够作为中心避难场所的用地根本没有；最多的是可以作为短期固定避难场所的用地，其比例占了总数量的一半以上；其次是可以作为中期固定避难场所的用地，比例约为 1/3；而紧急避难场所的数量和比例也是意外的低。这说明中心级别的避难场所在南京中心城区很难落地，没有适合的用地。长期固定避难场所和紧急避难场所的数量和比例相当，均偏低。短期固定和中期固定避难场所的数量多。整个用地结构呈现出两头低、中间高的纺锤形形态。

8.3 位置关系

总体而言，8 个小区周边现状潜在避难场所的数量大体是均衡的，各小区的平均数在 30 个左右。现状潜在避难场所的位置与小区出入口位置的关系不存在必然的相关性。就方位而言，以样本小区为中心，周边 4 个象限中的避难场所的数量有一定差异性，最小值为 0，最大值为 59%. 这与小区周边的土地使用性质有较强的相关关系，例如如果周边学校和绿地数量较多，则该方位上的潜在避难场所的数量就多（图 8–1，表 8–10）。

表 8–10 各方位的现状潜在避难场所数量与比例

序号	小区名称	NE		ES		SW		WN		合计	
		数量（个）	比例（%）	数量（个）	比例（%）	数量（个）	比例（%）	数量（个）	比例（%）	数量（个）	比例（%）
1	仁义里	8	30	6	22	9	33	4	15	27	100
2	工人新村	0	0	9	33	16	59	2	7	27	100
3	明华新村	4	13	10	33	10	33	6	20	30	100
4	集庆门小区	7	23	8	26	6	19	10	32	31	100
5	瑞金路小区	5	17	9	30	6	20	10	33	30	100
6	三牌楼小区	2	7	15	50	7	23	6	20	30	100
7	山西路小区	15	36	9	22	6	15	11	27	41	100
8	上海路小区	6	21	8	29	8	29	6	21	28	100

注：NE 为东北象限，ES 为东南象限，SW 为西南象限，WN 为西北象限。

居民选择避难场所与小区的位置关系：统计结果显示，各样本小区中居民选择的避难地点的方位分布，周边四个象限的数据具有一定差异性。这与周边的土地性质和道路等级宽度有一定的相关性。即使同一个小区，各方位上现状潜在的避难场所比例与居民实际选择的比例也存在一定的差异性（图 8–2，表 8–11）。

表 8–11 居民选择的各方位的避难地点数量与比例

序号	小区名称	NE		ES		SW		WN		合计	
		数量（个）	比例（%）	数量（个）	比例（%）	数量（个）	比例（%）	数量（个）	比例（%）	数量（个）	比例（%）
1	工人新村	2	22	2	22	2	22	3	33	9	100
2	仁义里	6	35	4	24	5	29	2	12	17	100
3	明华新村	2	20	5	50	2	20	1	10	10	100
4	集庆门小区	7	33	1	5	5	24	8	38	21	100
5	瑞金路小区	2	25	2	25	1	13	3	37	8	100
6	三牌楼小区	2	12	7	41	2	12	6	35	17	100
7	山西路小区	6	67	2	22	1	11	0	0	9	100
8	上海路小区	5	28	6	33	2	11	5	28	18	100

注：NE 为东北象限，ES 为东南象限，SW 为西南象限，WN 为西北象限。

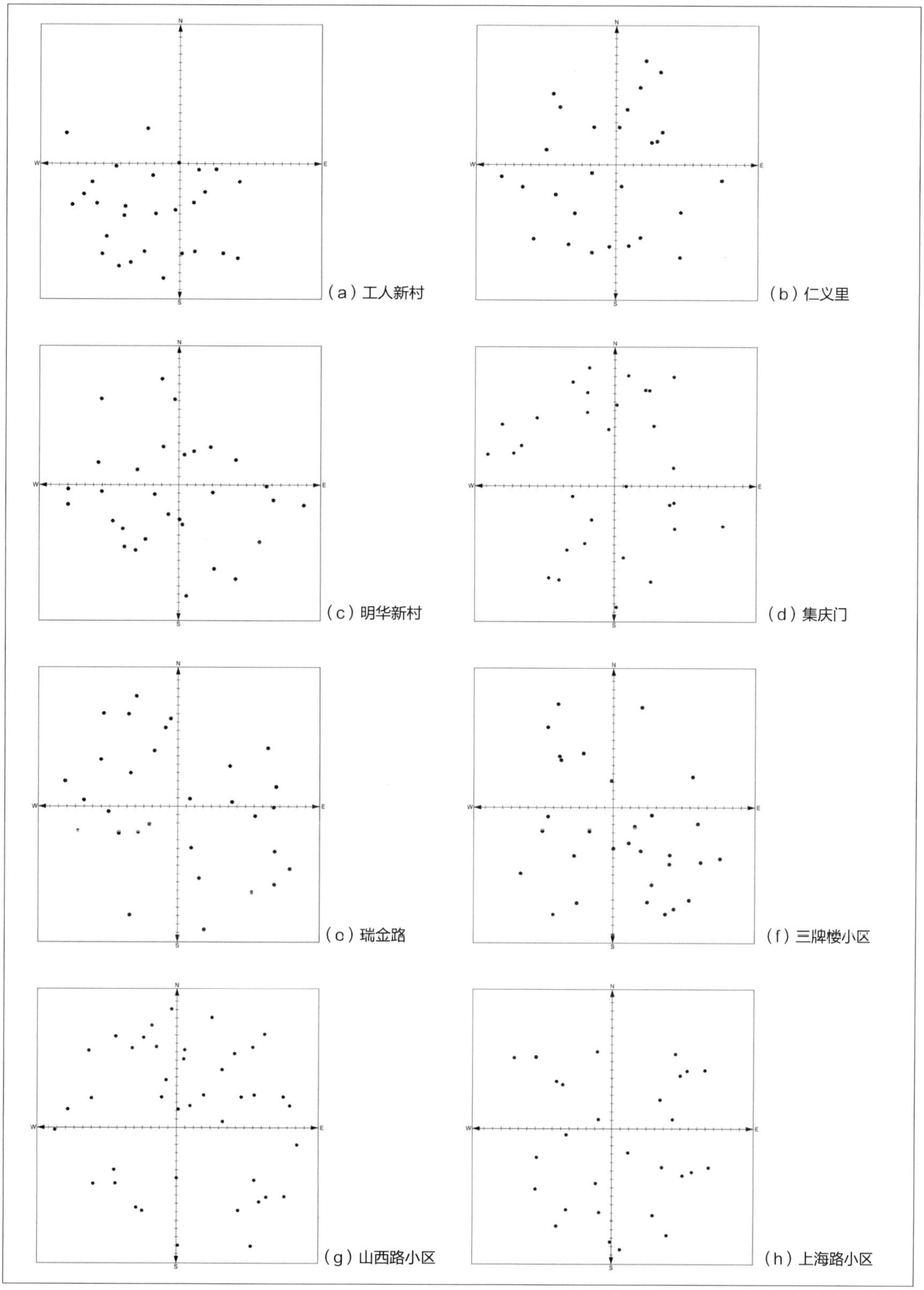

图 8-1 各小区现状潜在避难场所的方位分布

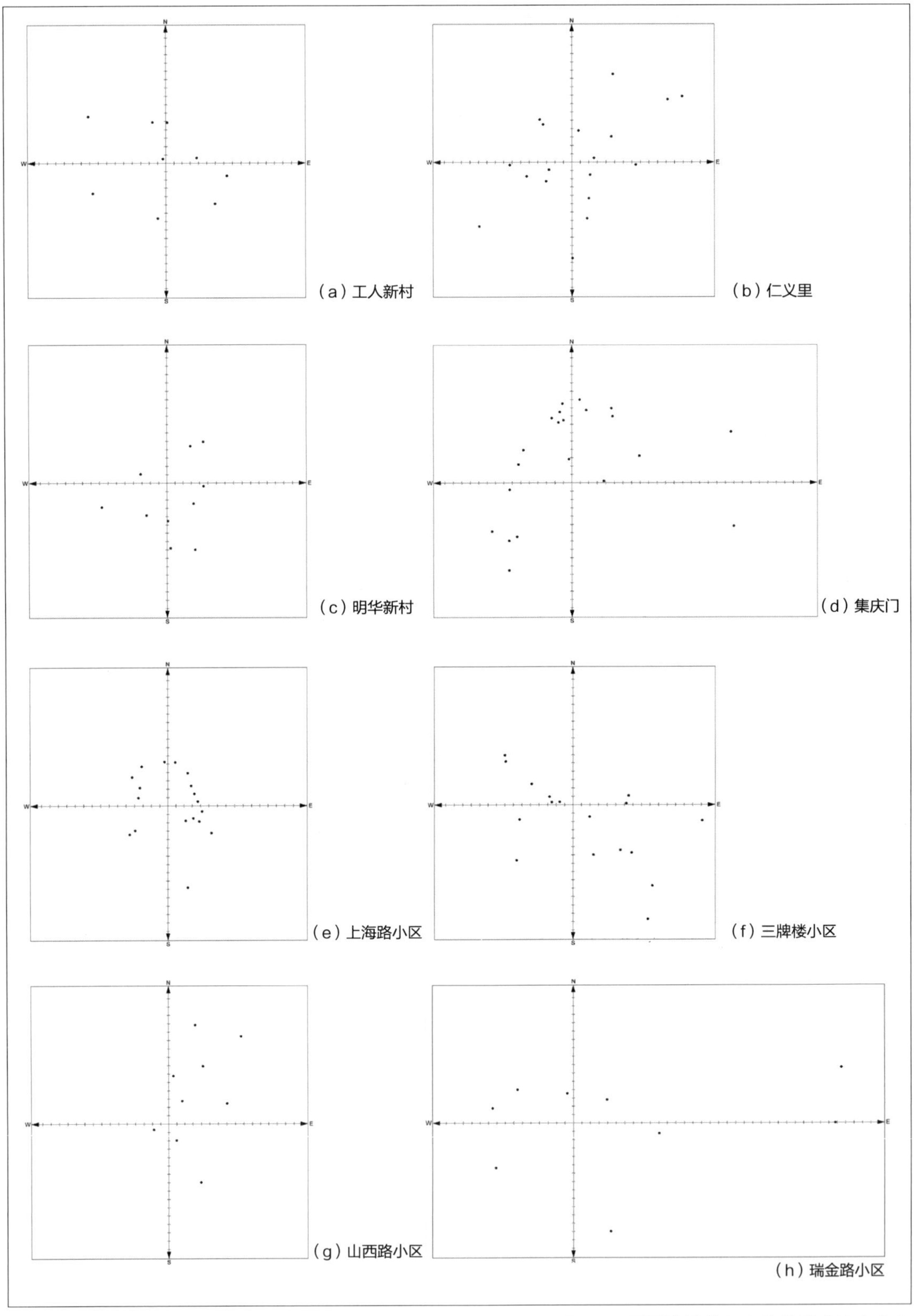

图 8-2 居民选择的各方位的避难地点分布

有些样本小区周边 4 个象限内的避难地点数量大体均衡，如工人新村，4 个象限内的避难地点的比例均在 22%~33% 之间。有些样本小区则差异明显，在某些象限内避难地点的数量过高或过低．如山西路小区，在东北象限内避难地点数量占了该小区所有避难地点总数量 67%，而在西北象限内的避难地点数量为 0 ；又如明华新村，在东南象限内的避难地点数量占了该小区所有避难地点总数量 50%。

避难地点的均衡分布，将引导人流均衡地向四周疏散。如若小区周边避难地点的分布极不均衡，将导致小区通向该方向的内外道路上人流量过大，从而容易产生拥挤、踩踏事故，降低避难效率和影响疏散效果。

如果将现状潜在避难场所的方位分布与居民选择的避难地点方位分布进行比较就会发现，二者也存在明显的差异。如工人新村，4 个象限中，最小的差距为 11%，最大的差距为 37%。而仁义里，现状潜在避难场所的方位分布与居民选择的避难地点方位分布，在 4 个象限上差异性较小，均在 2% ~ 5%。本书研究认为，差异性的大小与样本小区周边的道路等因素有较为密切的相关性（表 8–12，图 8–3）。

表 8–12 各方位的现状潜在避难场所与居民选择的避难地点数比例对比

序号	小区名称	NE		ES		SW		WN	
		潜在比例（%）	选择比例（%）	潜在比例（%）	选择比例（%）	潜在比例（%）	选择比例（%）	潜在比例（%）	选择比例（%）
1	工人新村	0	22	33	22	59	22	7	33
2	仁义里	30	35	22	24	33	29	15	12
3	明华新村	13	20	33	50	33	20	20	10
4	集庆门小区	23	33	26	5	19	24	32	38
5	瑞金路小区	17	25	30	25	20	13	33	37
6	三牌楼小区	7	12	50	41	23	12	20	35
7	山西路小区	36	67	22	22	15	11	27	0
8	上海路小区	21	28	29	33	29	11	21	28

注：NE 为东北象限，ES 为东南象限，SW 为西南象限，WN 为西北象限。

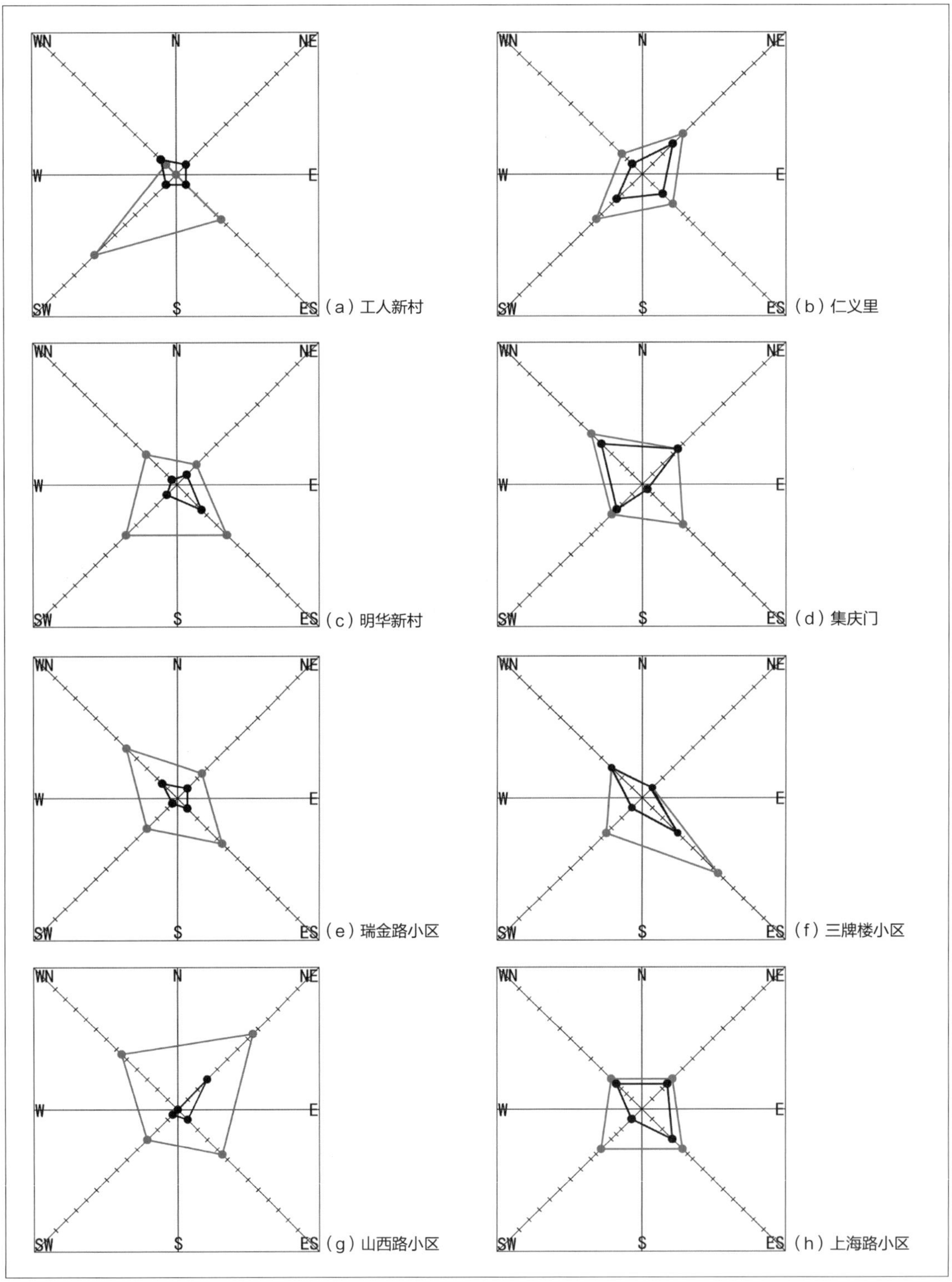

图 8-3 各方位的现状潜在避难场所与居民选择的避难地点数比例对比

注：深色线代表各方位上现状潜在的避难点数量，灰色线代表居民实际选择的各方位上避难点数量。

8.4 距离

8.4.1 直线避难距离

直线避难距离是指从小区出入口到避难场所出入口的直线距离。就样本小区来看，所有现状潜在避难场所的直线避难距离，100 米以内的只有 1 处，比例极小；在 300 米以内的潜在避难场所数量不到 10%；300 米以外，数量开始逐步增加，在 500 米以内的潜在避难场所数量占 24.06%；500 ~ 1000 米之间的潜在避难场所数量最多，占 41.07%；1000 米以内的潜在避难场所数量占 65%；1000 ~ 1500 米之间的潜在避难场所数量，也因为随着用地范围的不断扩大而增多，约占 35%。这证明了距离越远，空间范围越大，可选择的空地资源数量越多；反之，距离越短，空间范围越小，可供选择的空地资源数量就越少（图 8-4，表 8-13，图 7-5，图 8-6）。

表 8-13 所有小区现状潜在避难场所的直线距离

大区间（米）	直线距离范围（米）	总数量（个）	占总数量百分比（%）	百分比（%）
0 ~ 500	≤ 100	1	0.41	24.06
	101 ~ 200	14	5.81	
	201 ~ 300	9	3.73	
	301 ~ 400	16	6.64	
	401 ~ 500	18	7.47	
501 ~ 1000	501 ~ 600	16	6.64	41.07
	601 ~ 700	12	4.98	
	701 ~ 800	19	7.88	
	801 ~ 900	27	11.20	
	901 ~ 1000	25	10.37	
1001 ~ 1500	1001 ~ 1100	27	11.20	34.84
	1101 ~ 1200	26	10.79	
	1201 ~ 1300	23	9.54	
	1301 ~ 1400	7	2.90	
	1401 ~ 1500	1	0.41	

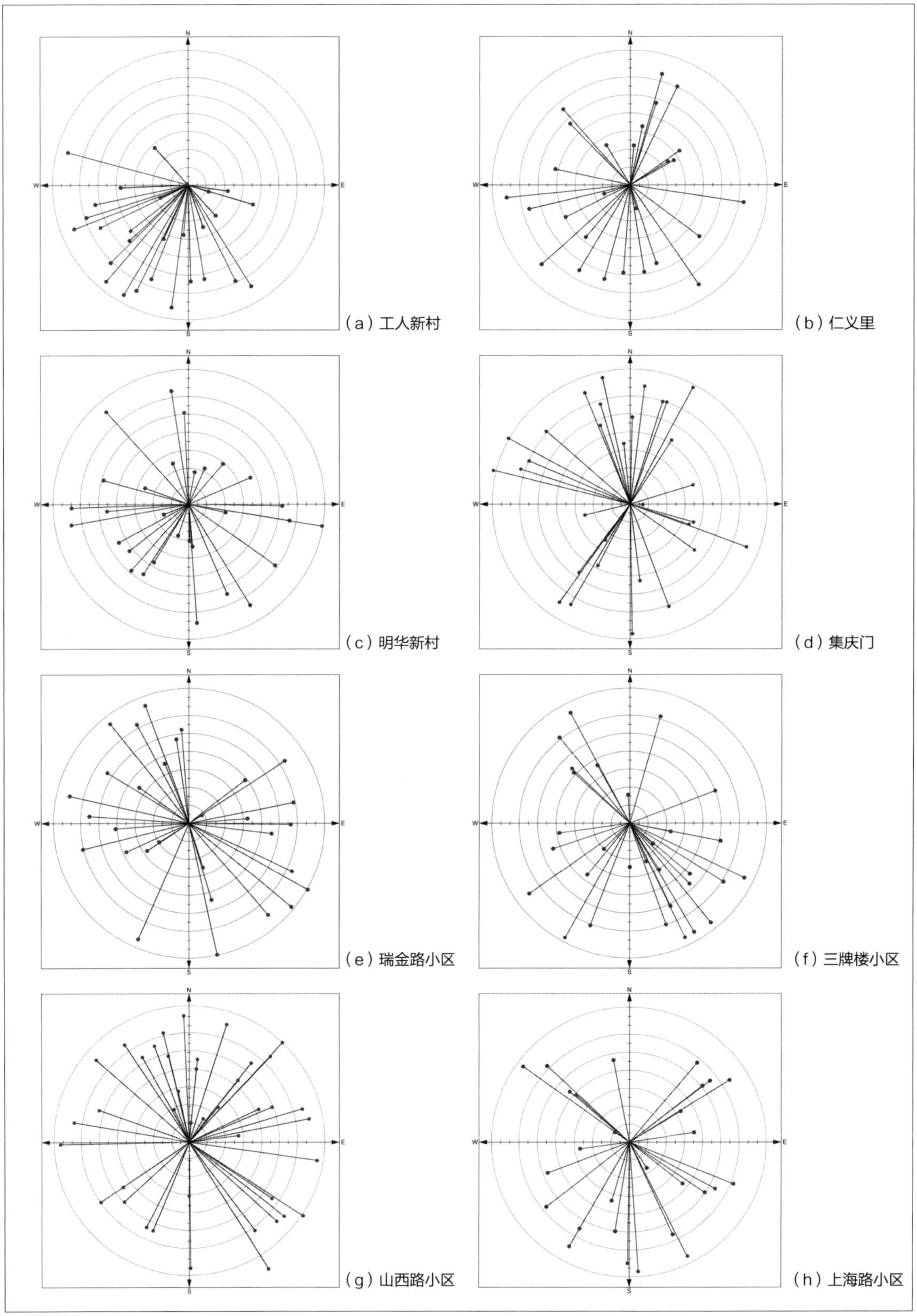

图 8-4 样本小区潜在避难场所的直线距离

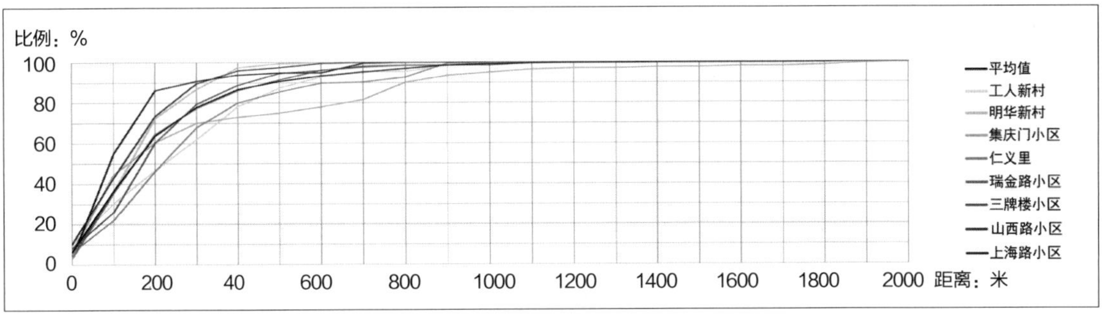

图 8-5 样本小区避难直线距离与平均值的累积频率曲线图

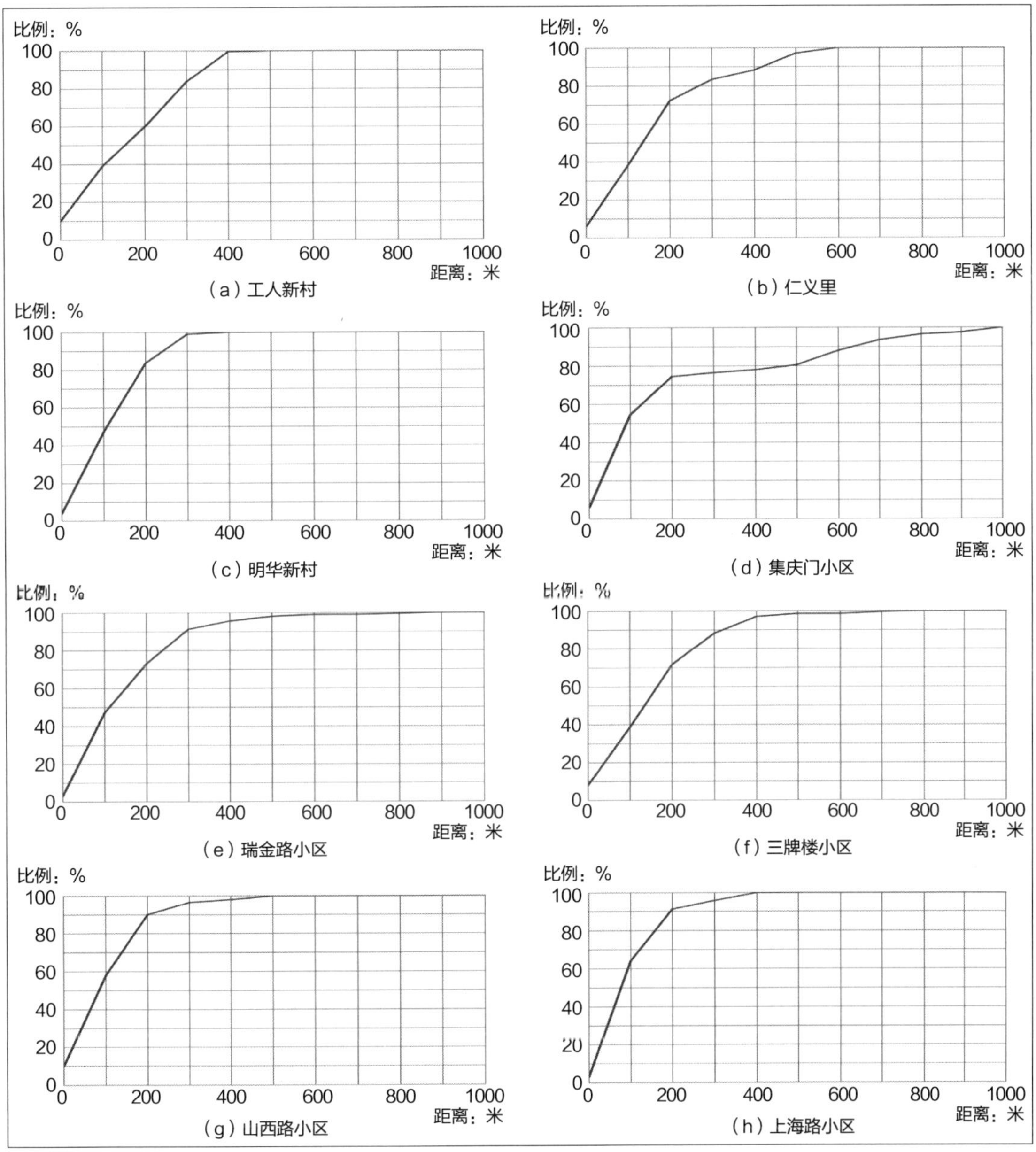

图 8-6 样本小区潜在避难点的直线避难距离的累积频率曲线

8.4.2 实际避难距离

实际避难距离是指从小区出入口到避难场所出入口的实际距离。样本小区的实际避难距离在300米以内的潜在避难场所数量极少，不到6%；500米以内的比例为12.85%；500米以外，数量开始逐步增加；1000米以内的潜在避难场所数量的比例为38.15%；1000米以外的潜在避难场所数量增加的很明显，1000～1500米之间的潜在避难场所数量，比例约为40.24%；1500米以内的，比例为78.39%，远超过总量的2/3;1500～2000米以内的，比例下降明显，为18.25%；2000～2500米以内的，数量又变得极少，仅为总量的3%（表8-14，图8-7，图8-8，图8-9）。

表8-14 实际避难距离区间分布

大区间（米）	直线距离范围（米）	总数量（个）	占总数量百分比（%）	百分比（%）
0～500	≤100	1	0.41	12.85
	101～200	5	2.07	
	201～300	8	3.32	
	301～400	7	2.90	
	401～500	10	4.15	
501～1000	501～600	12	4.98	25.30
	601～700	18	7.47	
	701～800	11	4.56	
	801～900	9	3.73	
	901～1000	11	4.56	
1001～1500	1001～1100	21	8.71	40.24
	1101～1200	18	7.47	
	1201～1300	16	6.64	
	1301～1400	23	9.54	
	1401～1500	19	7.88	
1501～2000	1501～1600	13	5.39	18.25
	1601～1700	12	4.98	
	1701～1800	10	4.15	
	1801～1900	5	2.07	
	1901～2000	4	1.66	
2001～2500	2001～2100	0	0	3
	2101～2200	5	2.07	
	2201～2300	2	0.83	
	2301～2400	0	0	
	2401～2500	1	0.41	

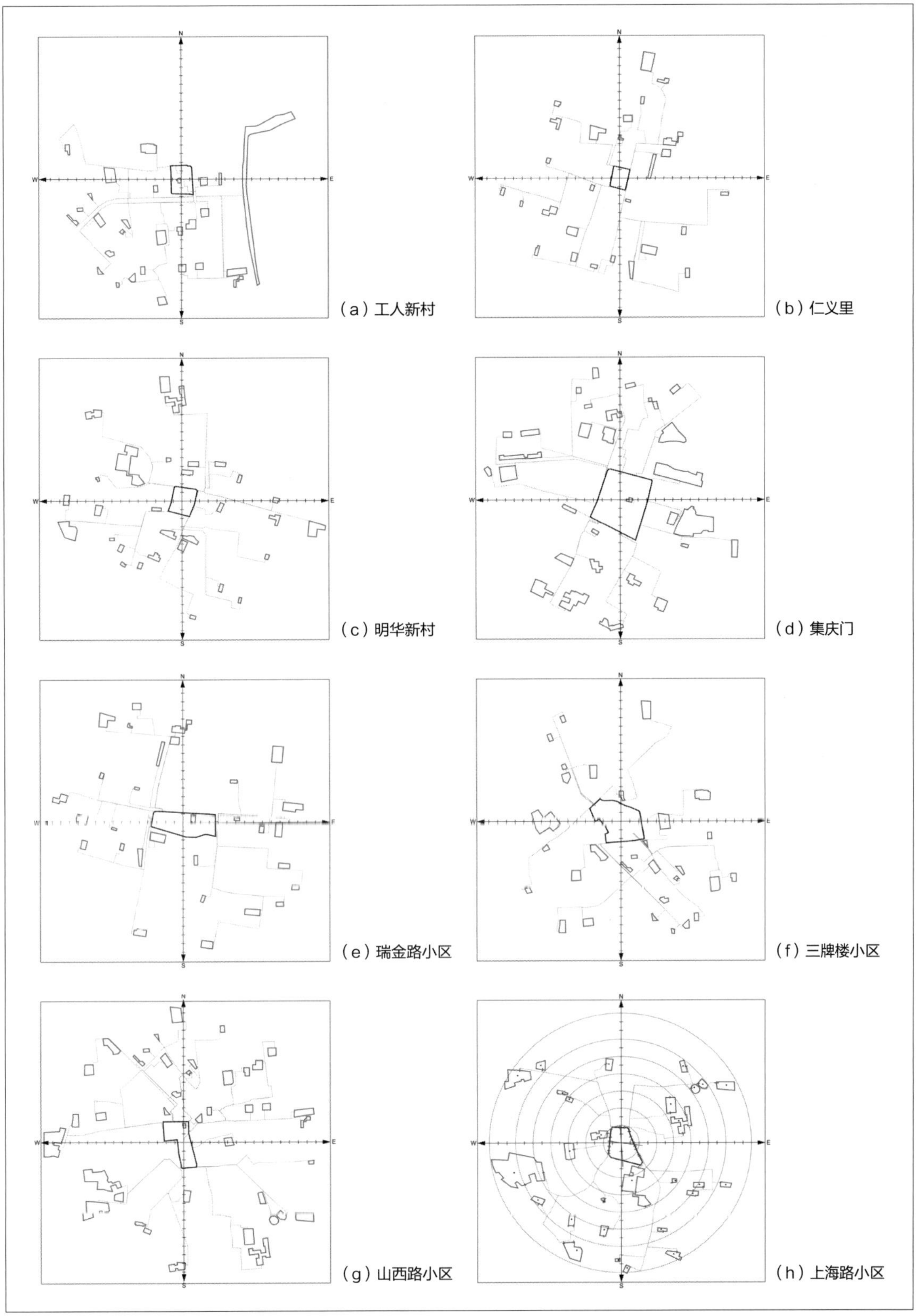

图 8-7 各小区及其现状潜在避难场所的区位关系

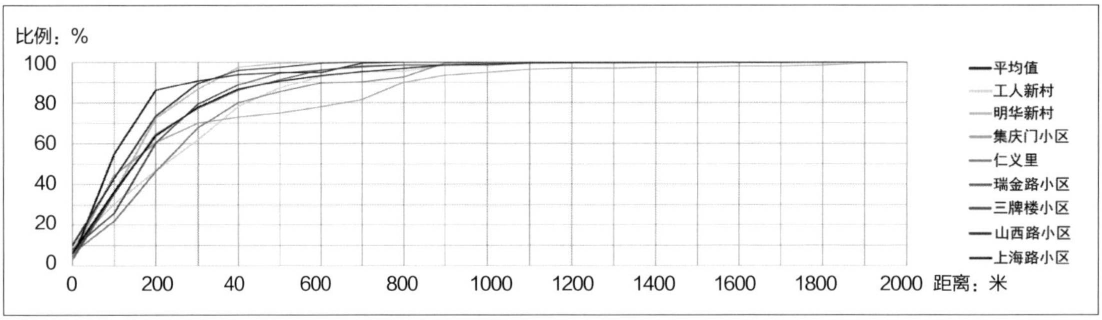

图 8-8 样本小区现状潜在避难点的实际距离与平均值的累积频率曲线图

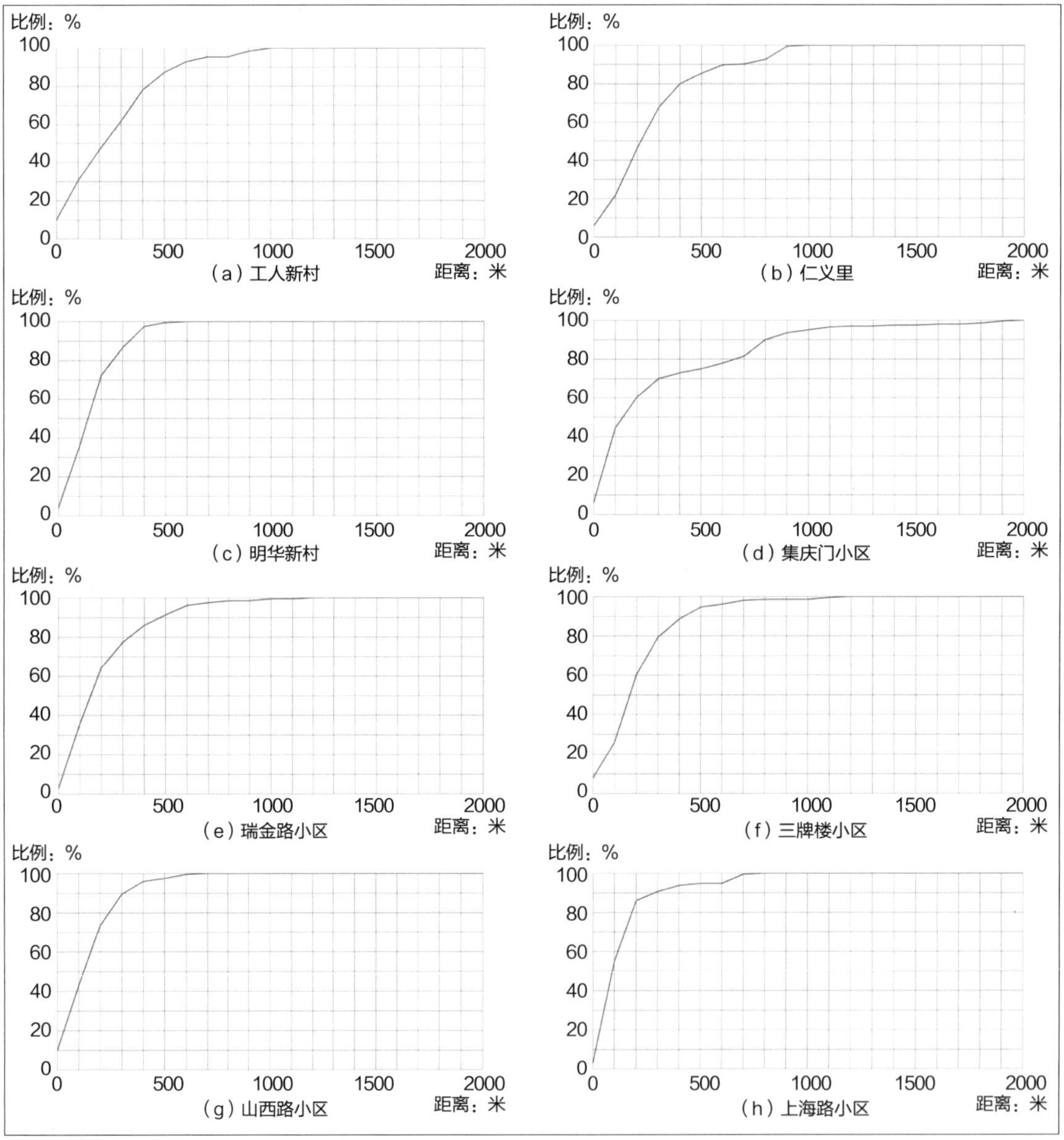

图 8-9 样本小区潜在避难点的实际避难距离的累积频率曲线

8.5 数量与密度

现状潜在避难场所的分布密度反映了样本小区周边单位空间内避难资源的多少。密度的高低与周边地块的土地使用性质和地块大小有强相关性。计算的空间范围是半径为1500米的圆所围合而成的空间；圆的面积为7.07平方公里。在所有样本小区中，避难资源的空间分布密度的平均值为4.31个/平方公里，最大值为5.80个/平方公里，最小值为3.82个/平方公里（表8-15）。也就是说，平均每平方公里的空间内约有4个潜在避难场所；这个数值不算低。

表8-15 样本小区现状潜在避难场所的分布密度

序号	小区名称	现状潜在避难场所数量（个）	分布密度（个/平方公里）	避难圈半径（米）	避难场所的平均面积（平方米）	避难面积密度（平方米/平方公里）	百分比（%）
1	仁义里	27	3.82	1500	7197	27504	2.75
2	工人新村	27	3.82	1500	11368	43445	4.34
3	明华新村	30	4.24	1500	9814	41673	4.17
4	集庆门小区	31	4.38	1500	15784	69257	6.93
5	瑞金路小区	30	4.24	1500	8300	35244	3.52
6	三牌楼小区	30	4.24	1500	8979	38127	3.81
7	山西路小区	41	5.80	1500	11678	67770	6.78
8	上海路小区	28	3.96	1500	18043	71508	7.15
平均值		**31**	**4.31**	**1500**	**11395**	**49316**	**4.93**

从避难场所的平均面积来看，最小值为7197平方米，最大值为18043平方米，差值在2倍以上。平均值小的以短期固定避难场所为主，平均值大的以中期固定避难场所为主。避难面积密度是指每平方公里的城市空间中所有避难场所的用地面积之和。该指标反映了避难场所在单位空间中的用地比例，也反映了空地资源的多与寡。从样本小区的情况来看，避难面积密度的最小值为0.028，最大值为0.069，平均值为0.049。意即，每平方公里的土地上有约5%的空间是避难场所。如果假设每平方公里上的居住人口是1万人，每人需要2平方米的避难面积，假设1万人全部需要避难，如果扣除内部道路和配套设施的面积，则需要2万平方米的紧急避难面积，那么，避难面积密度为2%。由此可知，样本社区周边的空地资源的数量和规模情况还是比较好的（图8-10）。

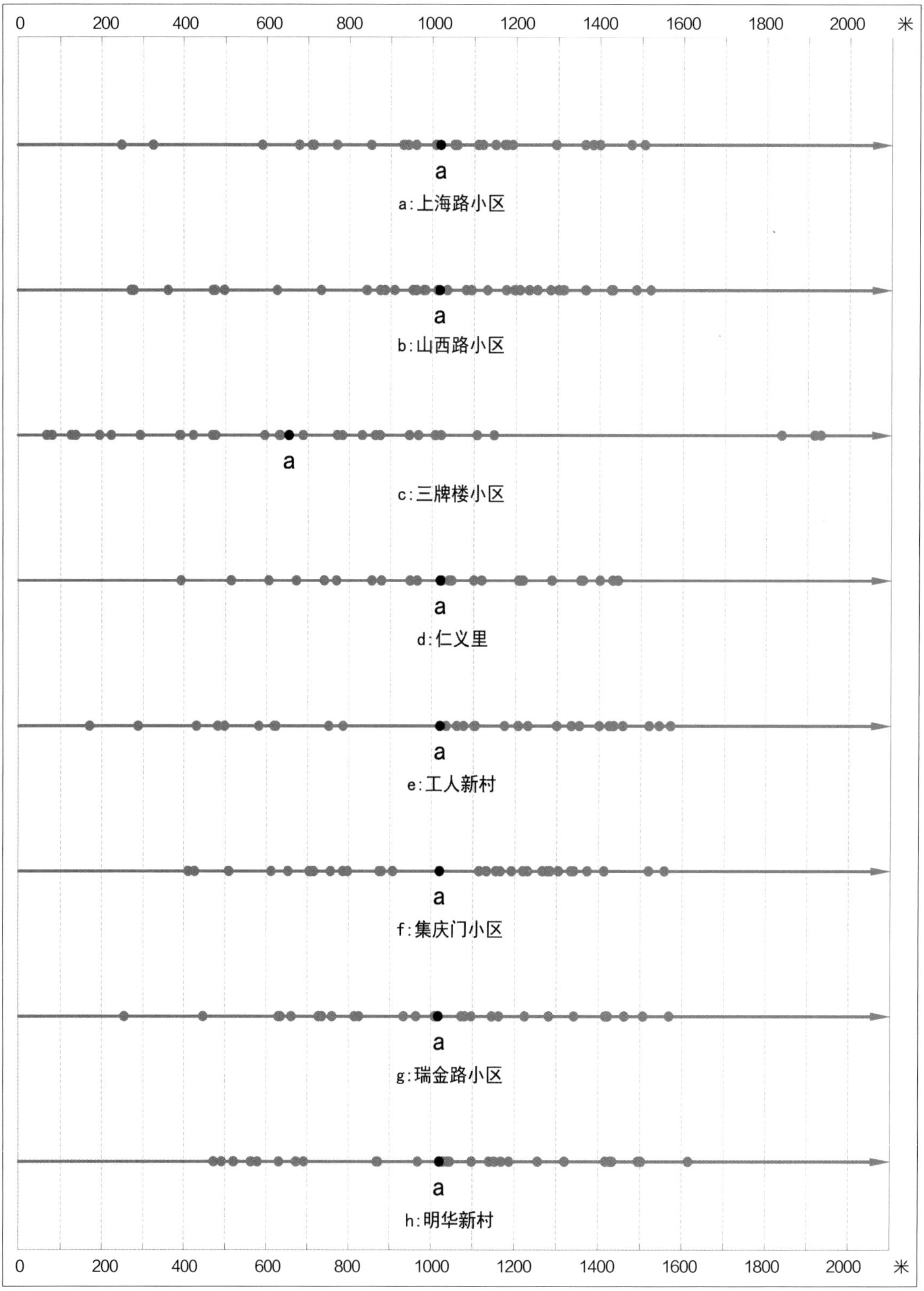

图 8-10 样本小区潜在避难场所的距离分布

注：图中 a 代表所有潜在避难场所的平均距离数值。

8.6 离散度

所谓离散程度 (measures of dispersion)，即观测变量各个取值之间的差异程度。由于点状分布的离散或集中程度不同，由中心向外各个方向、各个区间点的数量也不相同，因此可以据此评价特定系统的空间离散程度。本书课题组通过对各样本小区居民选择的避难地点的调查，寻找避难中心。使用的方法是首先求出中项中心和中位中心，中项中心和中位中心的位置不完全一致，一般比较接近。然后，再对中项中心进行离散度的测度分析，要求先做出 1/2 中项中心，再做出 1/4 中项中心，形成 4 个小矩形（*q1*、*q2*、*q3*、*q4*），每个小矩形和大矩形的面积就反映了它们对中项中心的离散程度（图 8-11，图 8-12，图 8-13，图 8-14，图 8-15，图 8-16，图 8-17，图 8-18，表 8-16）。

表 8-16 样本小区 DI 值表

小区名称	*q1*	*q2*	*q3*	*q4*	*Q*	*D1*	*D2*	*D3*	*D4*
工人新村	147805	170347	253801	292507	864460	0.17	0.20	0.29	0.34
上海路	541468	626535	314772	364224	1846999	0.29	0.34	0.17	0.20
管家桥	245672	219737	204901	183270	853580	0.29	0.26	0.24	0.21
三牌楼	641686	330185	272884	1040415	2285170	0.28	0.14	0.12	0.46
瑞金路	250054	533883	236853	505696	1526486	0.16	0.35	0.16	0.33
集庆门	278651	284535	4182534	424878	5170598	0.05	0.06	0.81	0.08
山西路	285195	462094	491484	796341	2035114	0.14	0.23	0.24	0.39
仁义里	394241	211014	497427	263922	1366604	0.29	0.15	0.36	0.19

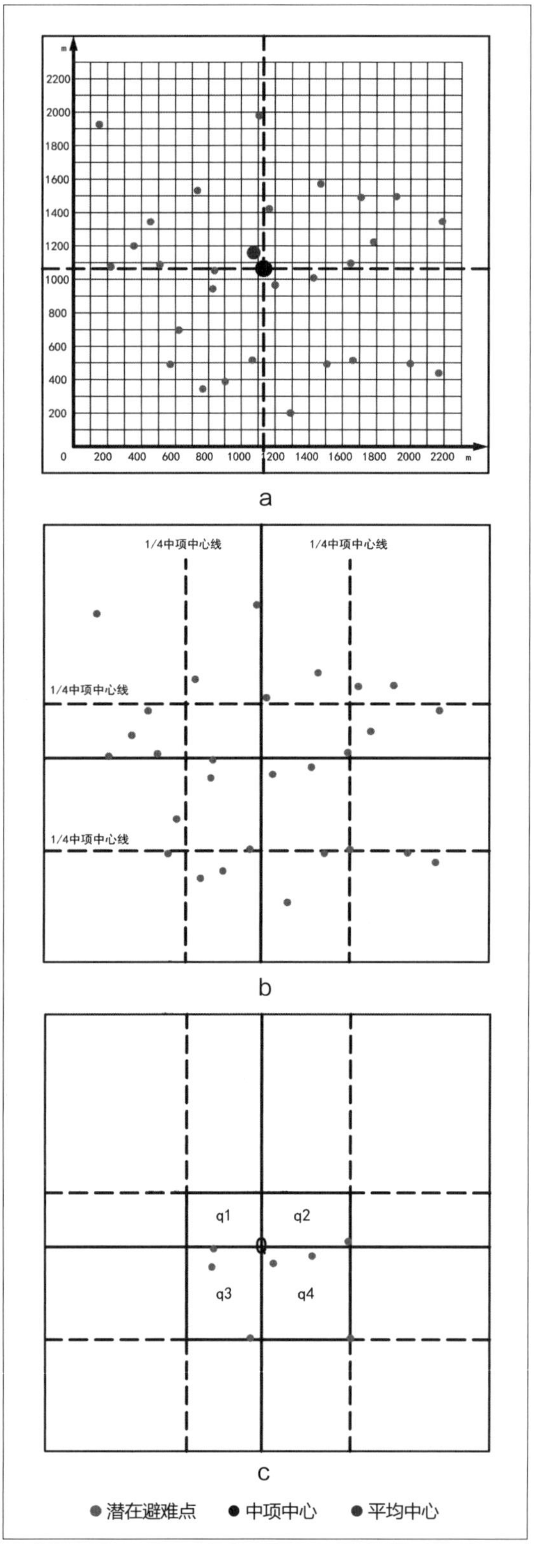

图 8-11 工人新村潜在避难场所空间分布的中项中心和中位中心图

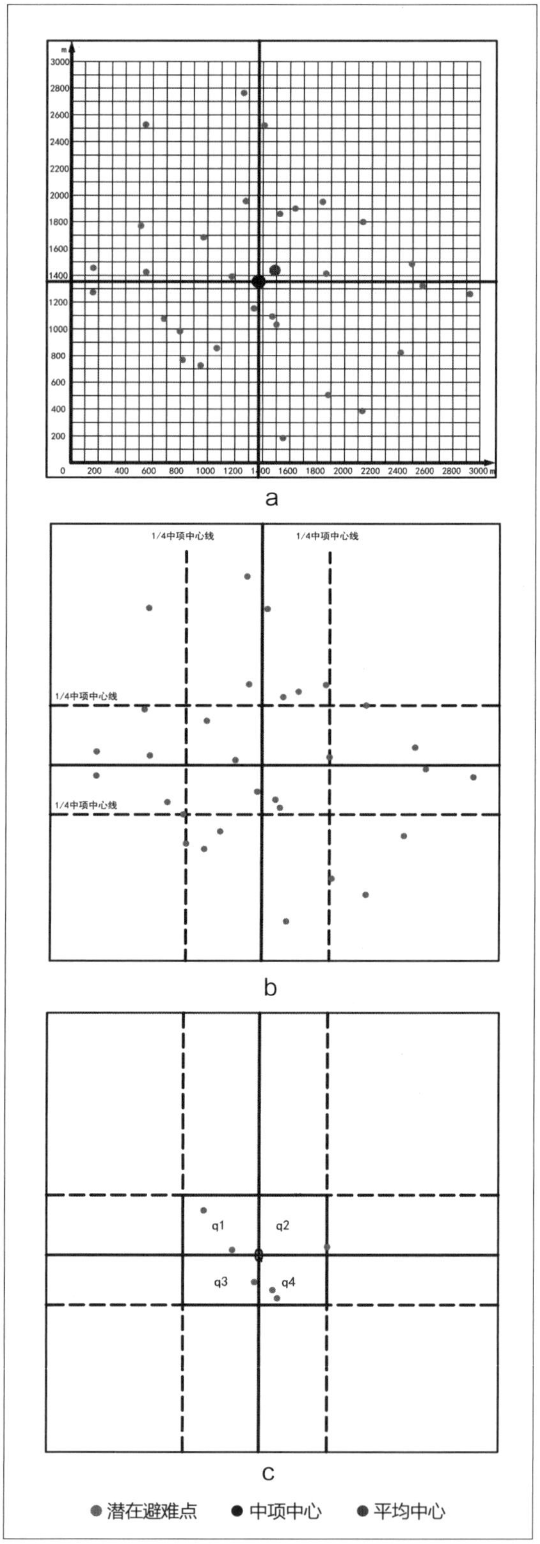

图 8-12 明华新村潜在避难场所空间分布的中项中心和中位中心图

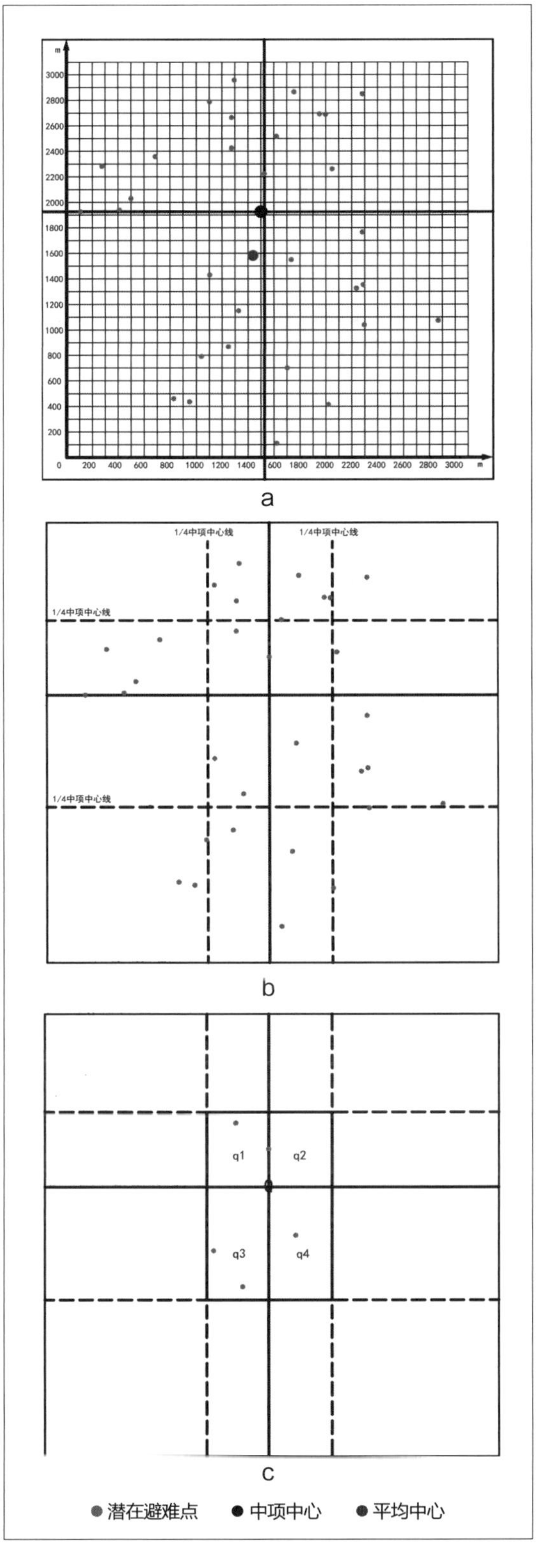

图 8-13 集庆门小区潜在避难场所空间分布的中项中心和中位中心图

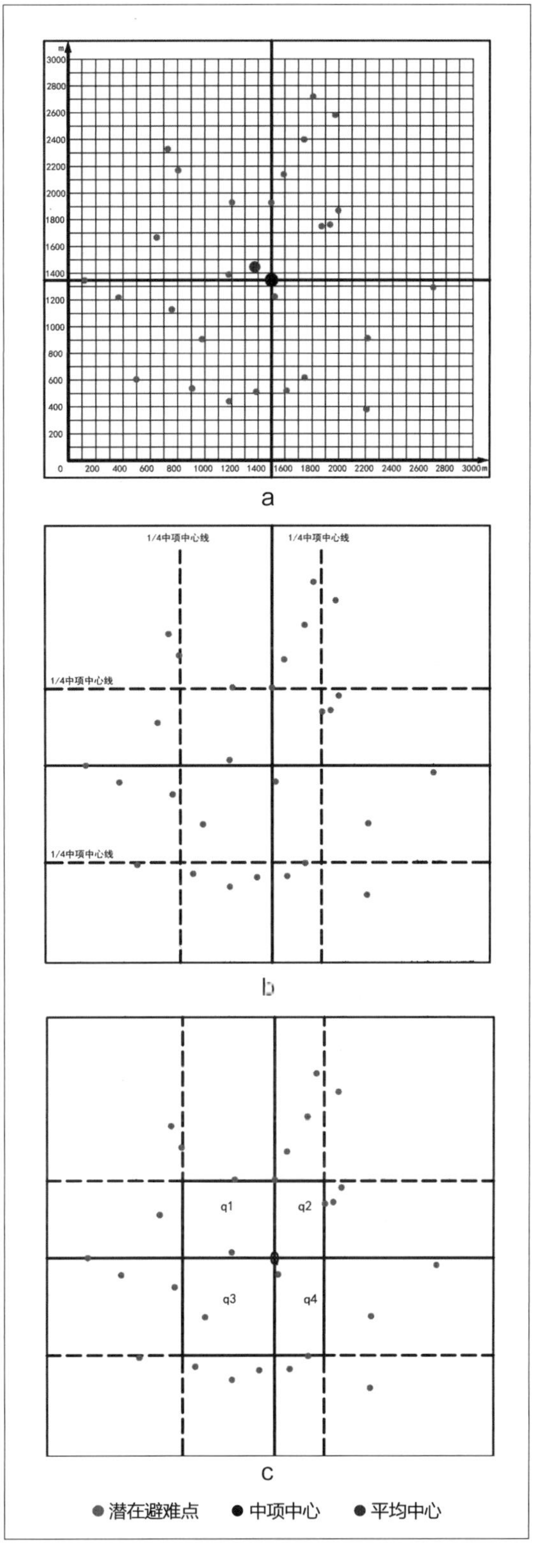

图 8-14 仁义里潜在避难场所空间分布的中项中心和中位中心图

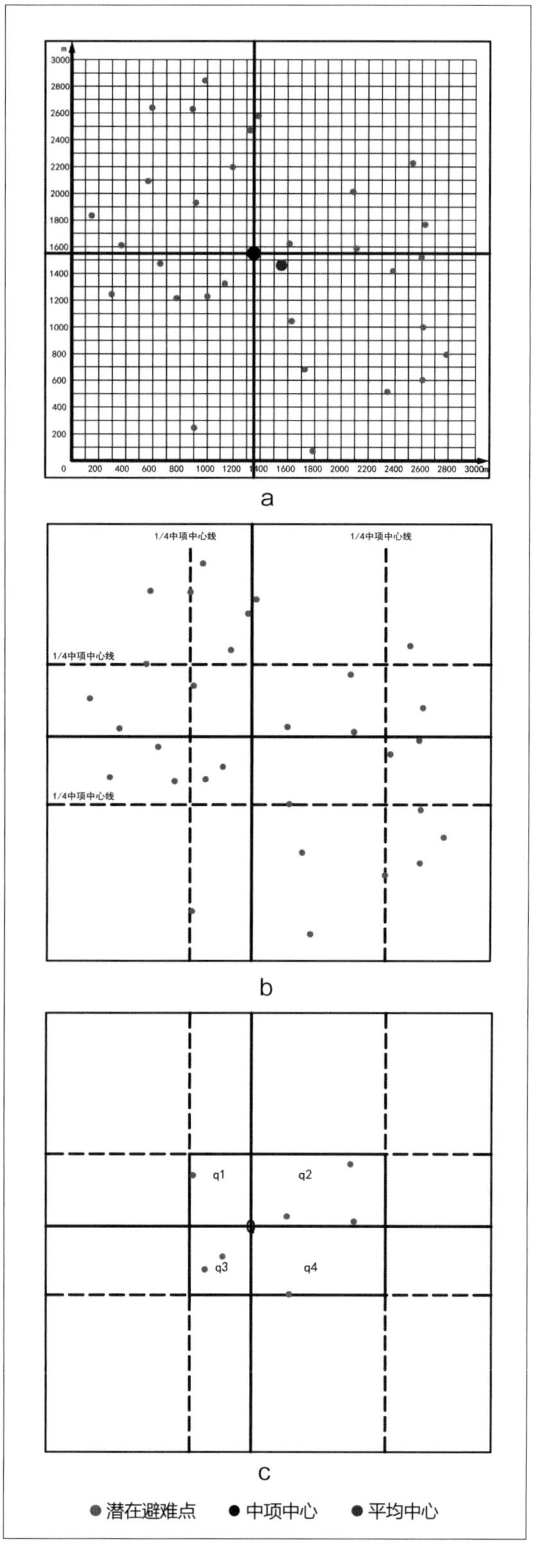

图 8-15 瑞金路小区潜在避难场所空间分布的中项中心和中位中心图

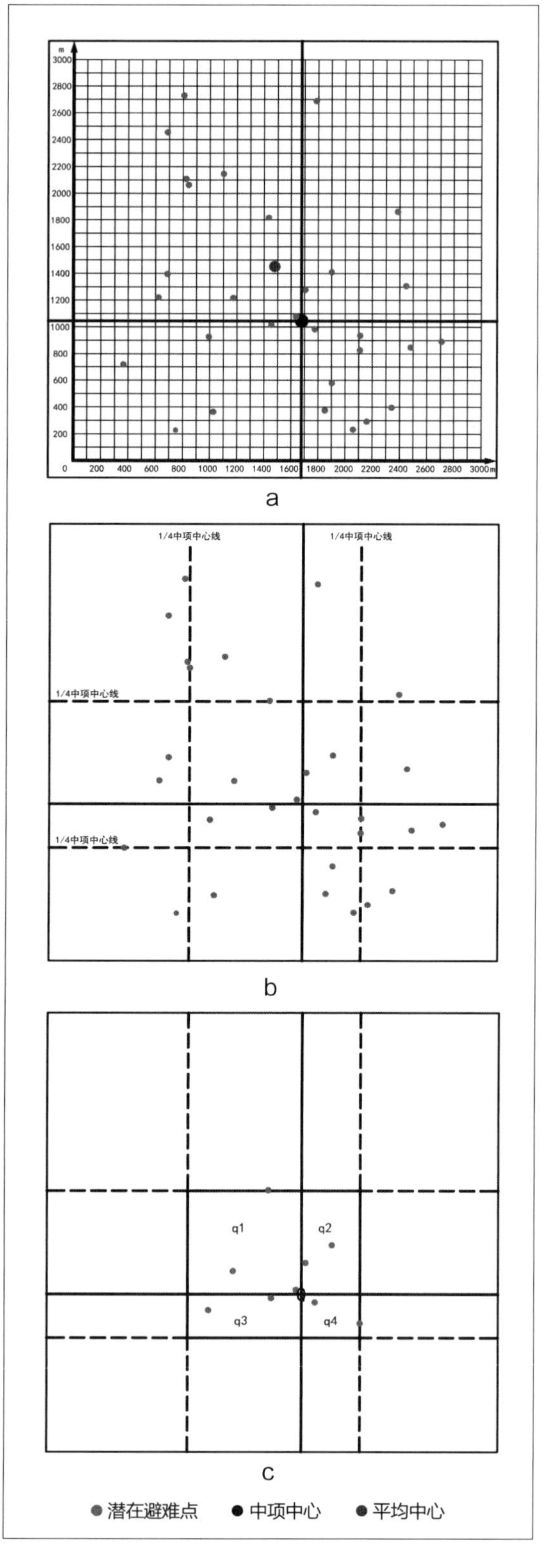

图 8-16 三牌楼小区潜在避难场所空间分布的中项中心和中位中心图

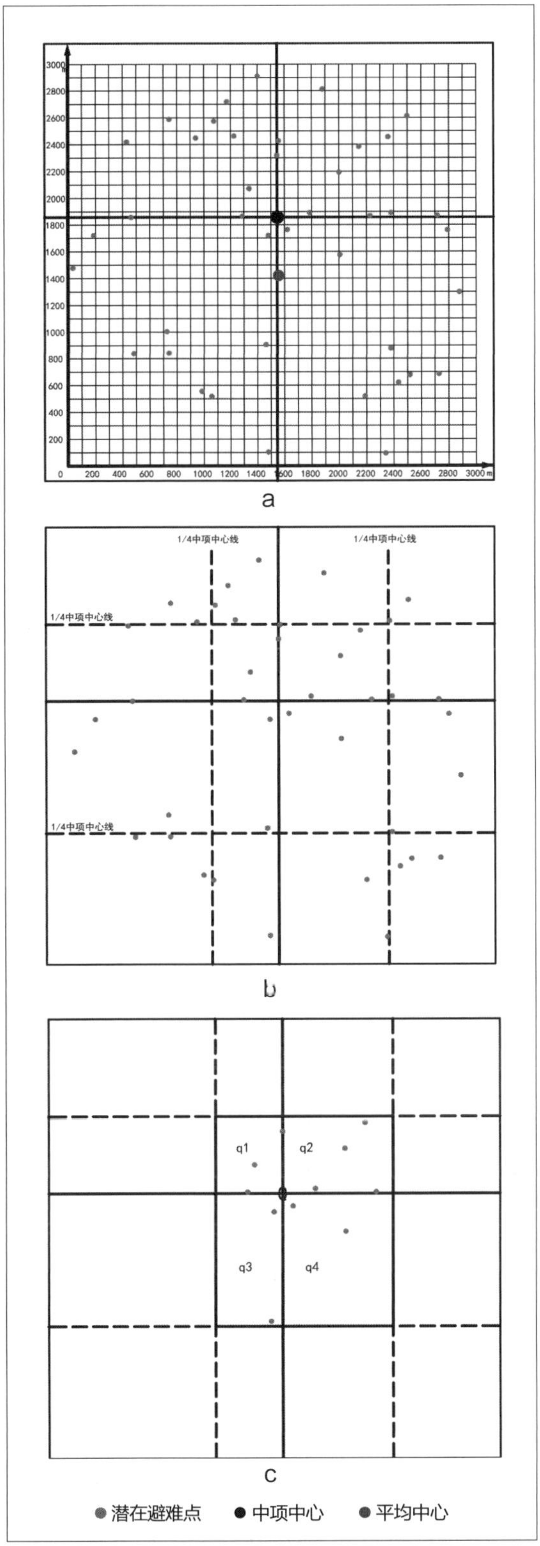

图 8-17 山西路小区潜在避难场所空间分布的中项中心和中位中心图

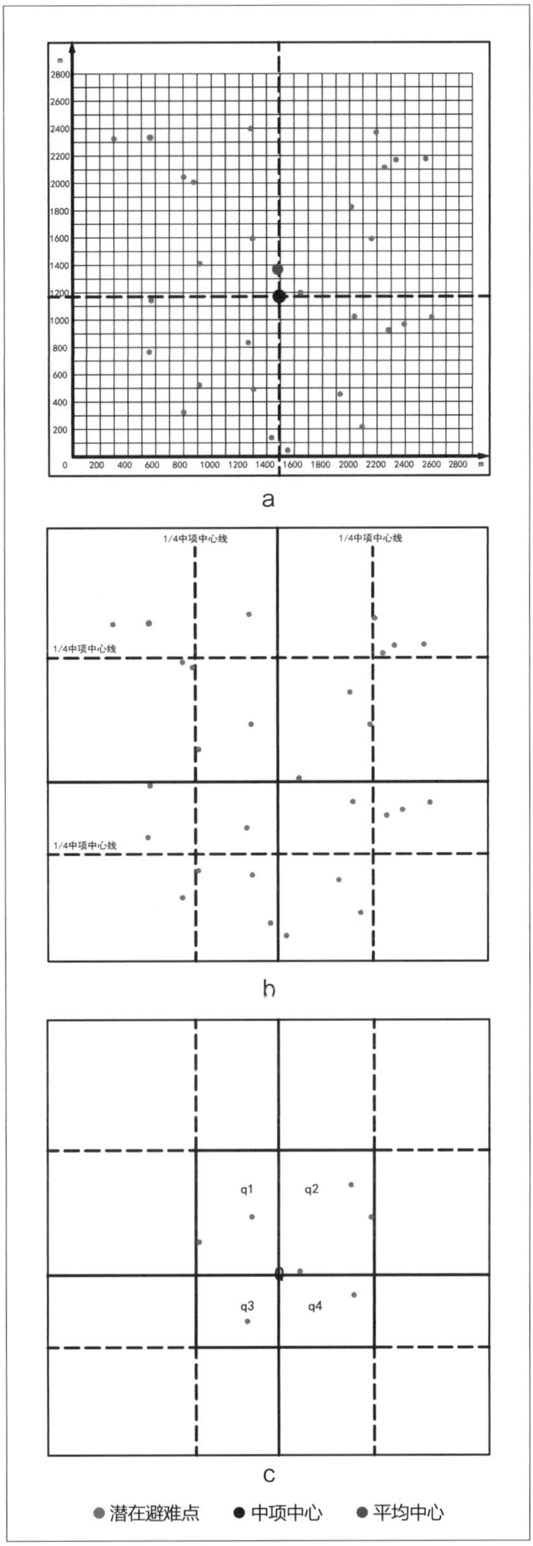

图 8-18 上海路小区潜在避难场所空间分布的中项中心和中位中心图

SPATIAL CHARACTERISTICS OF CAMPUS SHELTERS

第 9 章

校园型避难场所的空间特征

CHAPTER 9

学校是避难场所依托的主要的用地类型之一。从等级上看，学校可以分为小学、初中、高中、大学等多个等级。学校的类型多，数量多，在城市空间中的分布具有非常良好的均衡性[88-96]。但是，是不是所有学校都可以承担避难场所的职能，学校属于哪一个等级的避难场所？服务范围有多大？本章将以南京市老城区的学校为例，对校园型避难场所的空间特征进行深入研究。

9.1 校园的空间分布

本书课题组将南京市老城区内的学校分为小学、中学、职业中学和大学 4 类，共计 175 所（图 9-1）。小学在老城区中呈现非常均衡的空间分布，均衡性最高。中学在老城区的分布也比较均衡，但相对小学要弱一些。职业中学在老城中空间分布的均衡性要较前面两类学校要明显差不少，在老城的东部和北部有较多分布，在南部、西部和中部相对较少。大学的空间均衡性最差，集中分布在老城中部和东北部，在南部和东部的数量很少。由此可见，在空间分布的均衡性方面，南京老城区呈现出非常明显的特征，即学校的等级越高，均衡性就越差，也就是说，小学的空间均衡性最高，中学次之，职校偏弱，大学最弱。

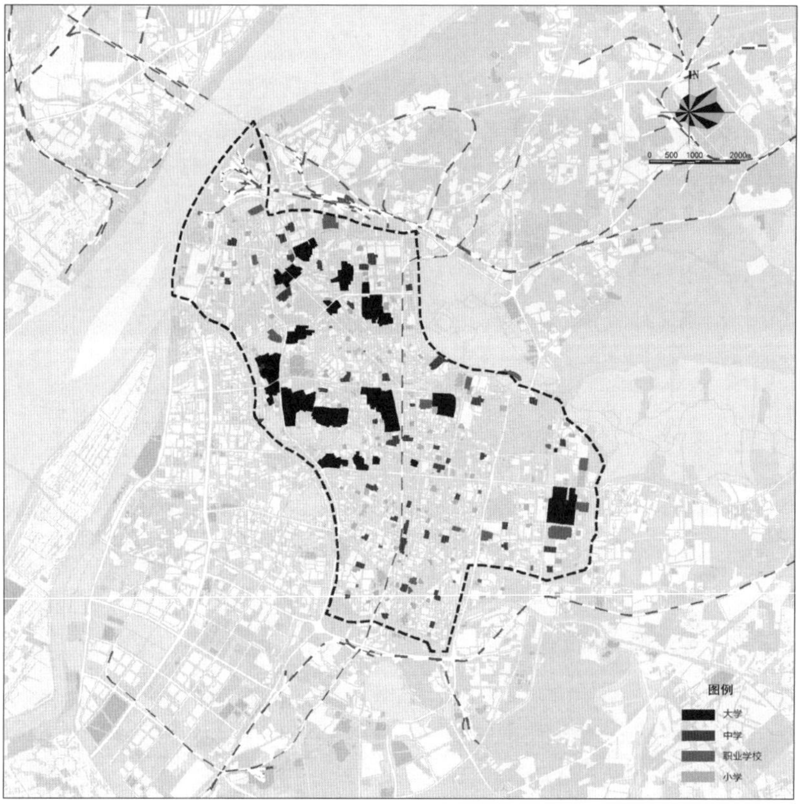

图 9-1 学校空间分布

9.2 校园型避难场所的有效性

校园空间之所以可以作为避难场所，主要是由于学校通常具有较多的空地资源，例如大片的草坪、大片的硬质场地和运动场地（足球场、篮球场和排球场等）。在南京老城区的各类学校里面，避难场所的潜在资源类型主要是硬质场地和运动场地，绿地多出现在大学校园中；老城区内的中小学校园，很少有场地能够成为有效的避难资源。

在对南京老城区各类学校内的避难资源进行全面梳理后，整理出各类学校的避难资源类型情况。结果显示：不是所有的学校都有避难资源，在 8 所小学、5 所中学、10 所职校和 2 所大学的校园内，没有可用的有效避难资源（图 9-2，图 9-3，图 9-4，图 9-5）。

在各类学校的有效避难场所中，小学的均衡性最好，在老城区的各个方位上均有很好的分布。与小学相比，中学类避难场所的均衡性明显要差一些。职业学校类避难场所的均衡性很差，仅在老城区的东部、东北和北部零星分布，这跟职业学校的总数量较少，且总体分布较为分散有很大关系。大学类有效避难场所的均衡性最差，主要是由于这些校园集

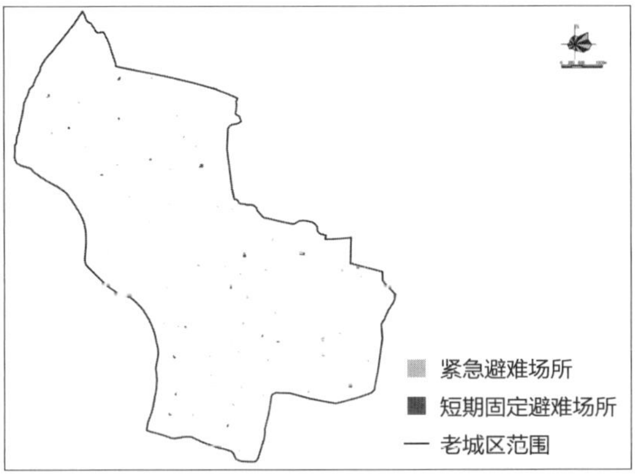

图 9-2 小学类有效避难场所

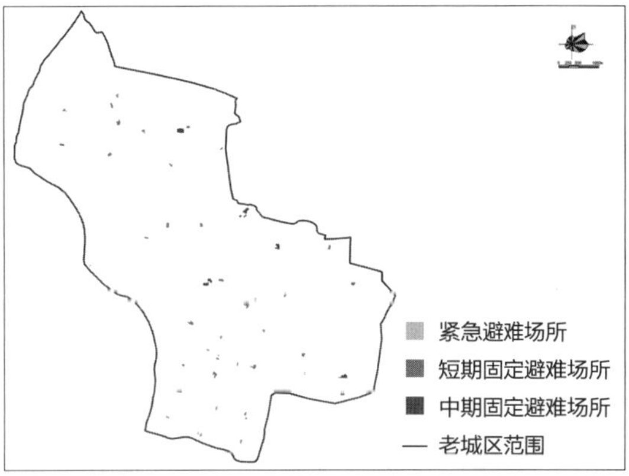

图 9-3 中学类有效避难场所

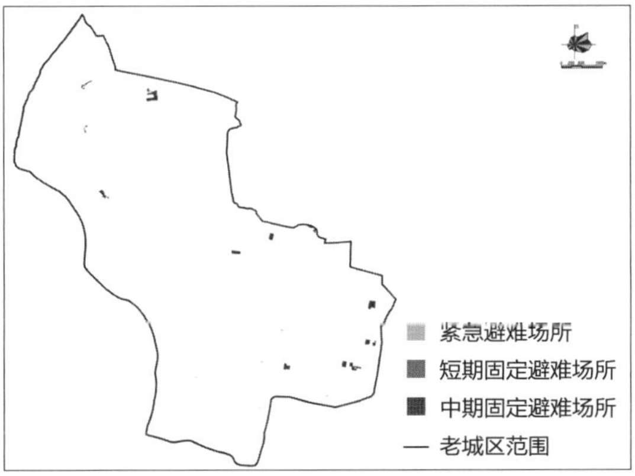

图 9-4 职校类有效避难场所

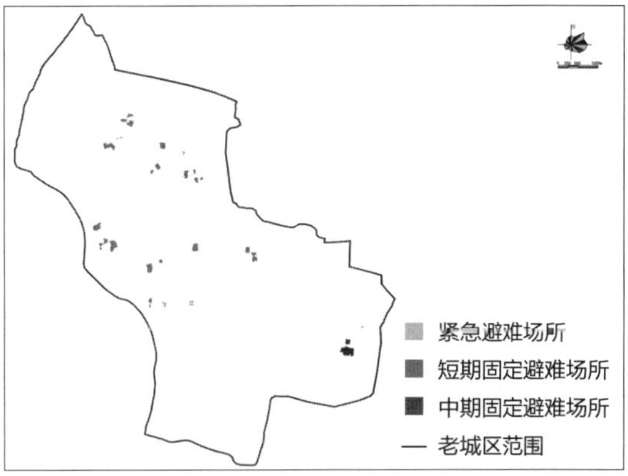

图 9-5 大学类有效避难场所

中分布在老城区的中部和中北部有关。大学数量本来就不多，且分布较为集中。

当把各类学校的有效避难场所叠加在一起时（图 9-6），从全城范围可以看出，校园型避难场所的空间分布均衡性还是不错的；但是，当具体到街道层面时，差异性会变得比较大。在各街道辖区范围内，校园型有效避难场所的数量和空间分布的均衡性均存在较大的差异。

9.3 校园型避难场所的等级

在南京老城区的有效校园型避难场所中，紧急避难场所有 61 处，短期固定避难场所有 61 处，中期固定避难场所有 28 处，长期固定避难场所有 1 处，没有中心级的避难场所（表 9-1）。

表 9-1 各类型校园型避难场所的数量和比例

学校类型	紧急避难场所		短期固定避难场所		中期固定避难场所		长期固定避难场所		无避难场地		合计	
	数量（所）	比例（%）	数量（所）	比例（%）	数量（所）	比例（%）	数量（所）	比例（%）	数量（所）	比例（%）	数量（所）	比例（%）
小学	53	65	20	25	0	0	0	0	8	10	81	100
中学	3	6	35	73	5	10	0	0	5	10	48	100
职校	5	19	1	4	10	38	0	0	10	38	26	100
大学	0	0	5	25	13	65	1	5	2	10	20	100
合计	61	/	61	/	28	/	1	/	25	/	175	/

在紧急避难场所中，小学有 53 处，占 86.9%；中学有 3 处，占 4.9%；职校有 5 处，占 8.2%。

在短期固定避难场所中，小学有 20 处，占 32.8%；中学有 35 处，占 57.4%；职校有 1 处，占 1.6%；大学有 5 处，占 8.2%。

在中期固定避难场所中，小学没有；中学有 5 处，占 17.9%；职校有 10 处，占 35.7%；大学有 13 处，占 46.4%。

在长期固定避难场所中，小学、中学和职校均没有；只有大学有 1 处。

在南京老城区的小学校园，有 65% 可以承担紧急避难场所的职能，25% 可以承担短期固定避难场所的职能，还有 10% 没有任何等级的避难场所。其中，2/3 可以紧急避难，1/4 可以短期固定避难（图 9-7）。

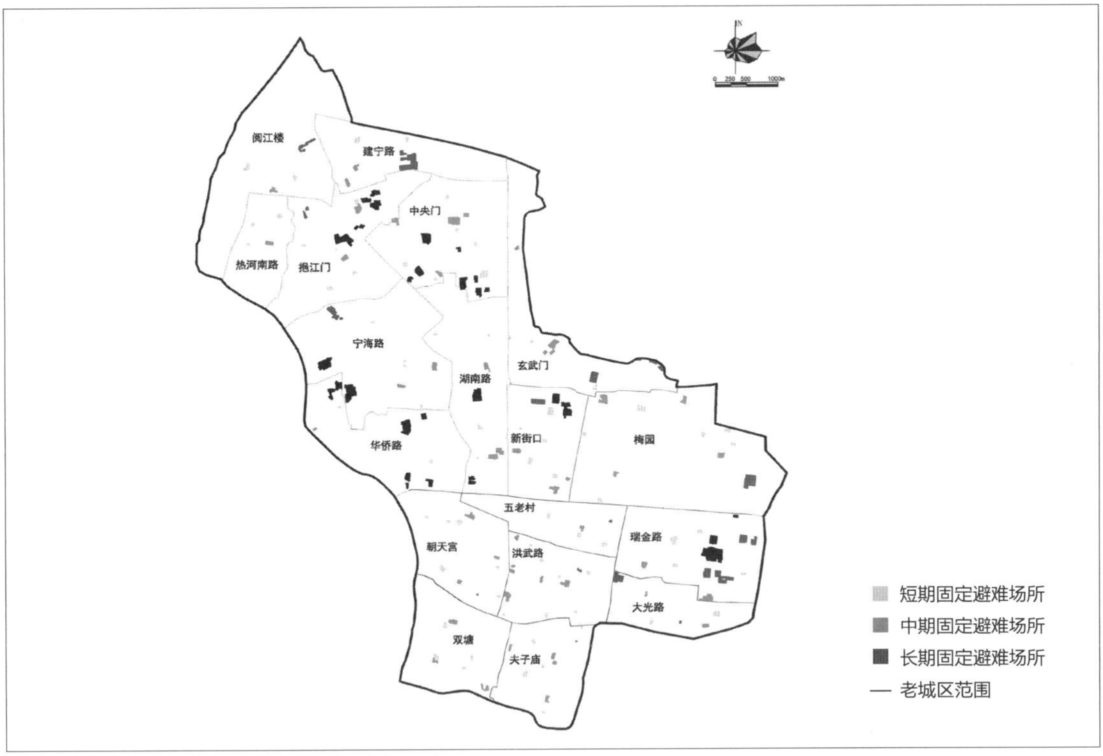

图 9-6 老城区各街道办事处辖区内有效避难场所分布

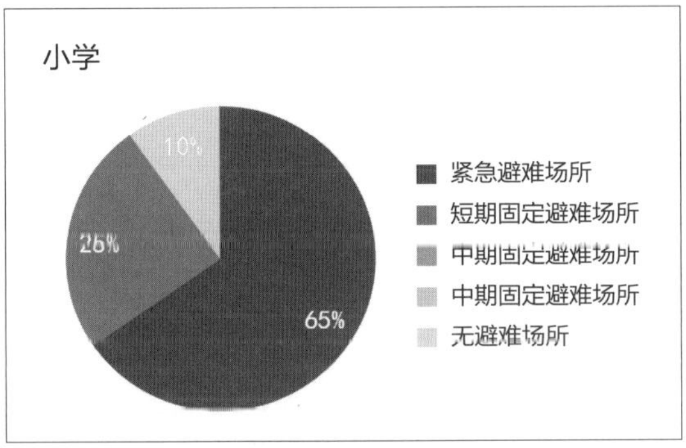

图 9-7 小学类各级避难场所比例

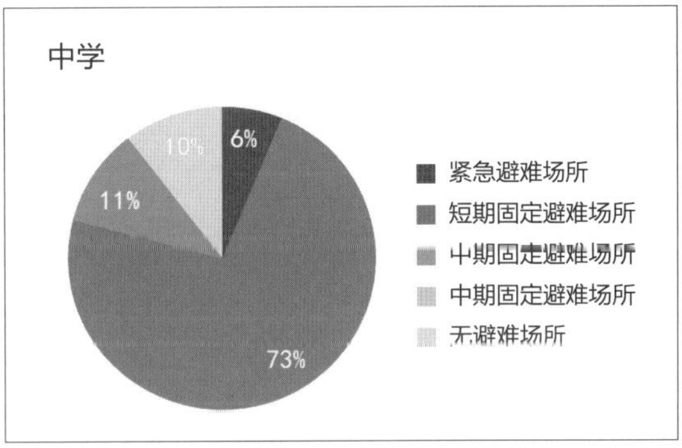

图 9-8 中学类各级避难场所比例

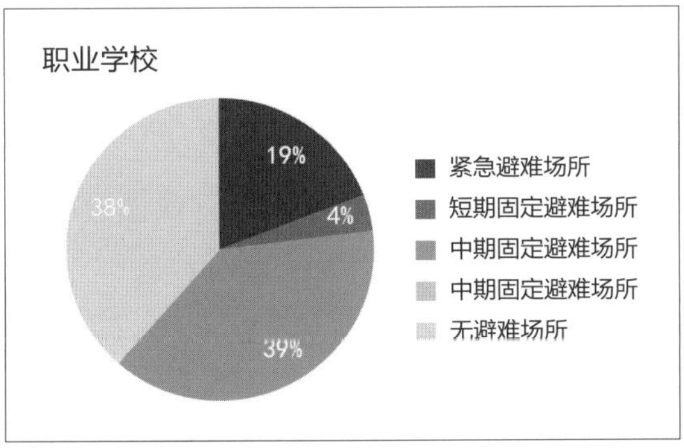

图 9-9 职业学校类各级避难场所比例

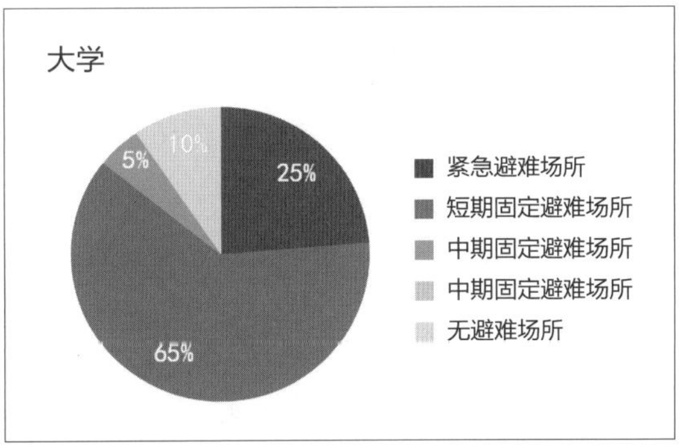

图 9-10 大学类各级避难场所比例

在南京老城区的中学校园，有 6% 可以承担紧急避难场所，73% 可以承担短期固定避难场所，11% 的可以承担中期固定避难场所，但没有长期固定避难场所，10% 的学校没有任何等级的避难场所（图 9-8）。

在南京老城区，19% 的职业学校可以承担紧急避难场所职能，4% 的可以承担短期固定避难场所的职能，38% 的可以承担中期固定避难场所，但没有长期固定避难场所，38% 的没有任何等级的避难场所（图 9-9）。

在南京老城区，25% 的大学校园可以承担短期固定避难场所，65% 的大学校园可以承担中期固定避难场所，5% 的大学校园可以承担长期固定避难场所，10% 的大学校园没有任何等级的避难场所。同时，在大学校园中没有紧急避难场所这个级别分布（图 9-10）。

在现有的校园型避难场所中，包括 4 个等级，即：紧急避难场所、短期固定避难场所、中期固定避难场所和长期固定避难场所。从图 9-11 可以看出，避难场所的等级越低，数量越多，空间分布的均衡性越好；等级越高，数量越少，均衡性相对就越差。例如，长期固定避难场所因为只有 1 处，且位于南京老城区的东部地区，位置较偏，均衡性较差。

9.4 校园型避难场所的服务范围

9.4.1 不同等级校园型避难场所的服务范围

在紧急情况下，各级避难场所应都可以作为紧急避难场所来使用，临时承担紧急避难场所的功能。把所有有效避难场所按照紧急避难场所来考察，看看其在紧急避难情况下，有效覆盖的范围和比例关系。结果如图 9-12 所示。当按 500 米的服务半径来计算时，实际有效覆盖的空间范围占整个老城区面积的 55.93%，超过了总面积的一半。

如果将其他等级避难场所排除在外，仅分析本身为紧急级的避难场所的覆盖范围，当服务半径为 500 米时，实际有效的覆盖率为 28.07%，还不足总面积的 1/3（图 9-13）；与全部避难场所作为紧急避难场所相比，在覆盖率上低了 27.86%。

如果单独考察短期固定避难场所，按 500 米服务半径来计算，实际有效覆盖率为 36.98%；如果按 1000 米服务半径来计算，有效覆盖率是 80.30%（图 9-14）。

如果单独考察中期固定避难场所，1000 米服务半径的有效覆盖率为 47.90%，1500 米服务半径的有效覆盖率为 71.85%（图 9-15）。

如果单独考察长期固定避难场所，1000 米服务半径的有效覆盖率为 12.74%，

图 9-11 各等级有效避难场所的学校分布

图 9-12 全部按紧急避难场所出入口服务范围

图 9-13 紧急避难场所出入口服务范围

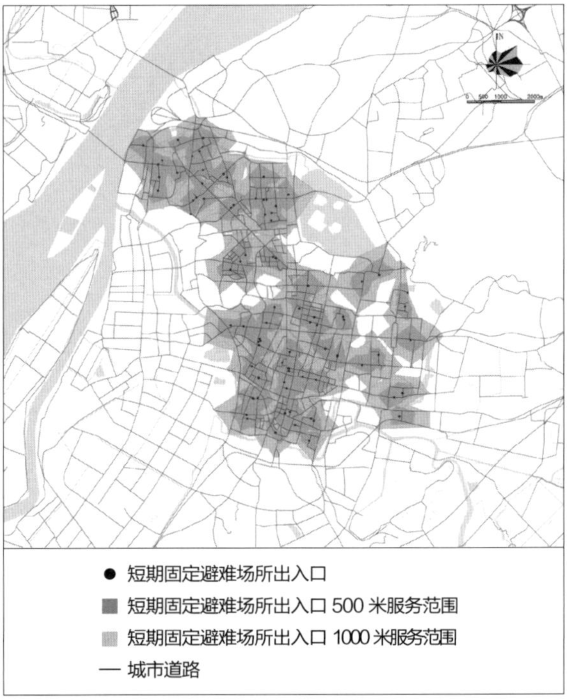

图 9-14 短期固定避难场所出入口服务范围

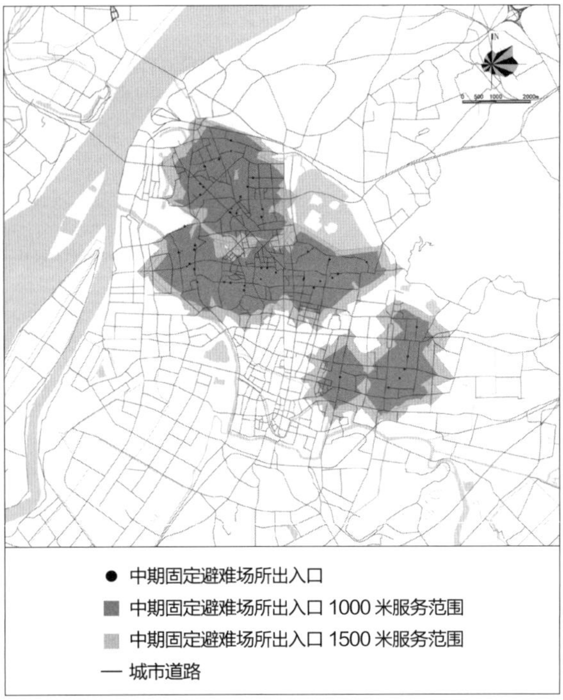

图 9-15 中期固定避难场所出入口服务范围

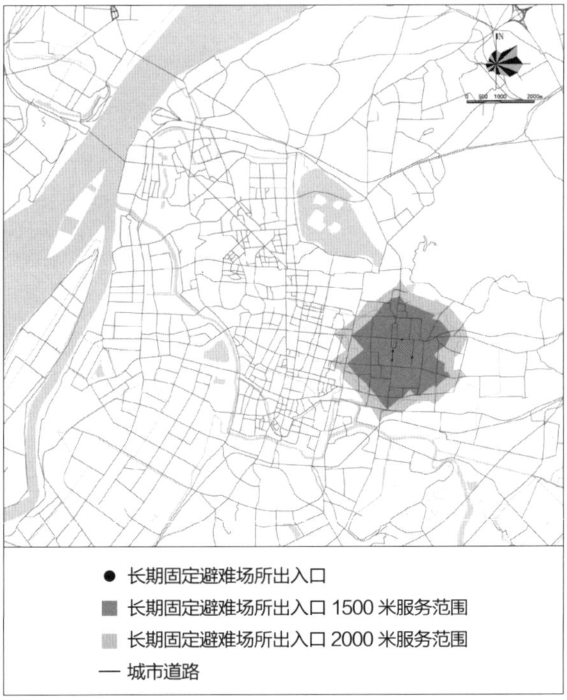

图 9-16 长期固定避难场所出入口服务范围

1500 米服务半径的有效覆盖率为 20.99%（图 9-16）。

从图 9-17、图 9-18、图 9-19、图 9-20 和表 9-2 可以看出，由于避难场所的位置分布和出入口设置的问题，不少避难场所道路划定的责任区范围和按服务半径划定的范围，存在着较大的出入，后者出现了很多重叠的区域，后者与前者之间，还有很多区域没有重叠。这再次反映出校园型避难场所分布的均衡性存在问题，未能实现老城区全覆盖。

表 9-2 服务区面积与责任区面积统计

是否满足责任区面积	是	否	合计
数量（个）	84	66	150
百分比（%）	56	44	100

9.4.2 有效校园型避难场所的责任区划分

从图 9-21、图 9-22、图 9-23、图 9-24 和表 9-3 可以看出，在 150 个有效的校园型避难场所中，仅有 35 个避难场所所提供的避难面积能满足其对应的责任区里面的人口对避难面积的需求，还不足总避难场所数量的 1/4；有 115 个避难场所，避难面积供给是不能满足需求的，超过了总避难场所数量的 3/4。这反映出的问题是：校园所能够提供的避难面积规模非常有限，在老城区内，单依靠校园型避难场所的面积供给，根本不能解决老城区内所有居民的避难需求。按每人 1 平方米的紧急避难面积计算，老城区内，单依靠现有有效校园型避难场所，避难面积还缺少 47.6 万平方米，缺口非常大（表 9-4），不能完成老城人口全覆盖的任务，必须要与其他类型的紧急避难场所结合才有可能实现这一目标。

表 9-3 各类避难场所满足需求的数量与比例

是否满足需求	数量（个）	比例（%）
满足需求	35	23.33
不满足需求	115	76.67

表 9-4 各责任区紧急避难面积差值

指标	数值
所有责任区人数合计（个）	1531427.8
所有责任区紧急避难场所所需面积（平方米）	1531427.8
现有有效避难场所面积之和（平方米）	1055004.35
差值（平方米）	476423.45

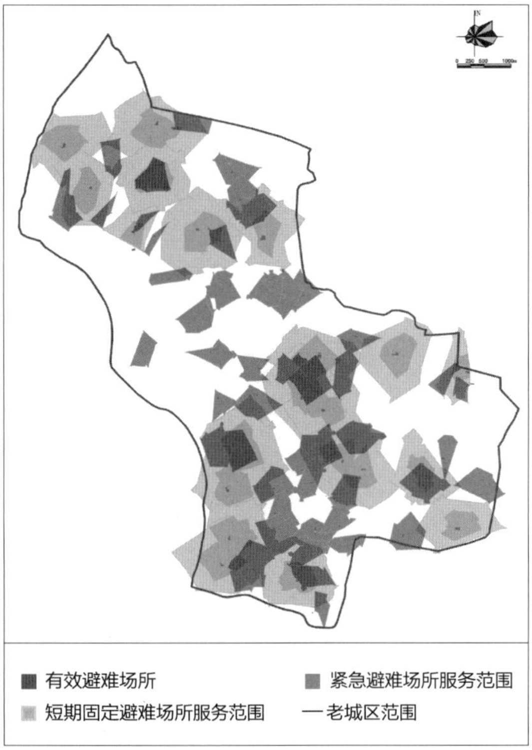

图 9-17 小学各类型避难场所服务范围

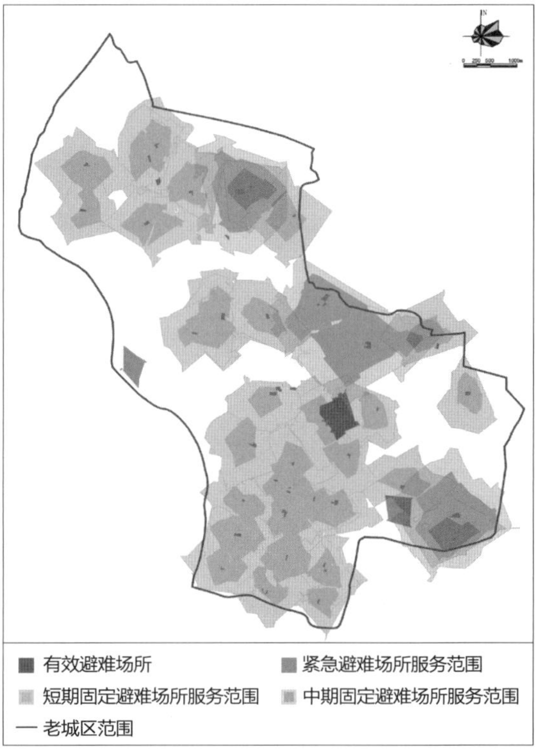

图 9-18 中学各类型避难场所服务范围

图 9-19 职业学校各类型避难场所服务范围

图 9-20 大学各类型避难场所服务范围

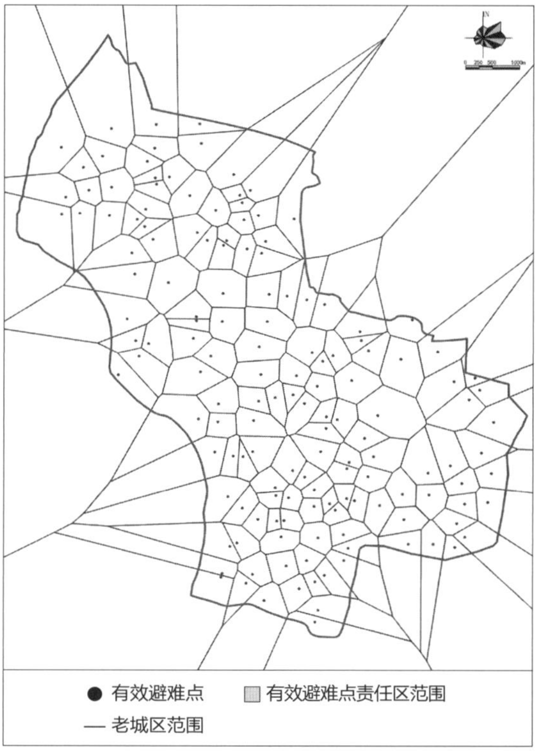

图 9-21 泰森多边形

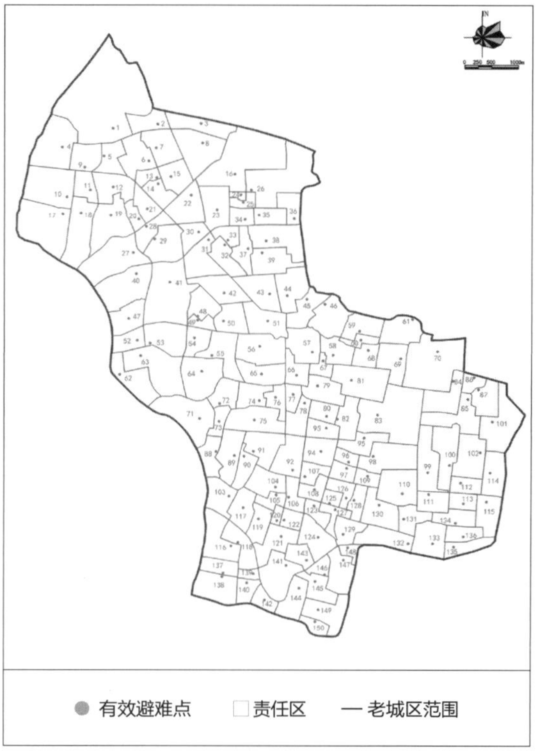

图 9-22 责任区范围

图 9-23 能否满足人口避难需求的街道分布

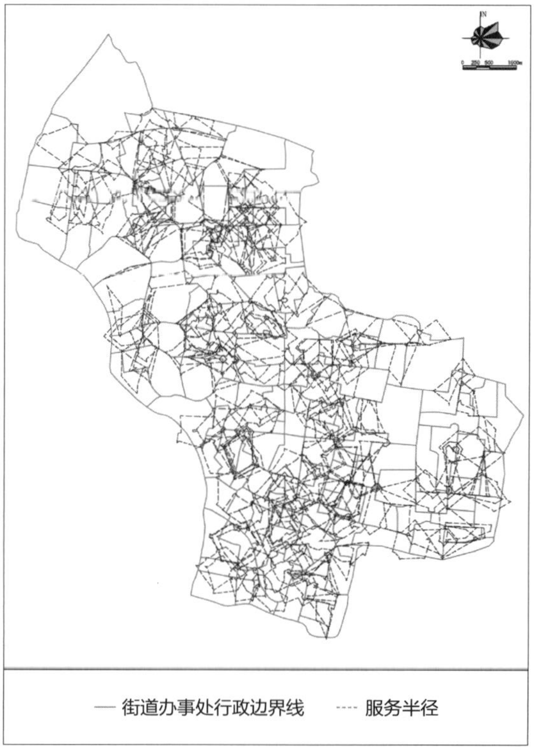

图 9-24 责任区与服务半径

图 9-25 南京老城区各街道人口密度分布

9.5 人口规模与避难空间的对应关系

9.5.1 人口密度

南京老城区的人口密度，呈现出由中心向外围逐渐降低的明显趋势。人口密度最高的街道包括湖南路、新街口、五老村。在老城区内的 18 个街道中，人口密度最低的是玄武门街道，为 0.98 万人 / 平方公里；人口密度最大的是湖南路街道，为 5.40 万人 / 平方公里，老城区所有街道的平均人口密度为 2.88 万人 / 平方公里。

具体而言，1 万人 / 平方公里以下的只有一个街道，就是玄武门街道。1 万 ~ 2 万人 / 平方公里之间的有 3 个街道，分别是热河南路街道、阅江楼街道、梅园街道。2 万 ~ 3 万人 / 平方公里之间的有 4 个街道，分别是汉中路街道、挹江门街道、建宁路街道、双塘街道。3 万 ~ 4 万人 / 平方公里之间的有 5 个街道，分别是宁海路街道、夫子庙街道、大光路街道、中央门街道、洪武路街道。4 万 ~ 5 万人 / 平方公里之间的有 3 个街道，分别是瑞金路街道、朝天宫街道、新街口街道。5 万人 / 平方公里以上的有 2 个街道，分别是五老村街道和湖南路街道（图 9-25，表 9-5）。

表 9-5 南京老城区各街道人口密度信息

行政区	街道名称	面积（平方公里）	常住人口（万人）	人口密度（人 / 平方公里）
玄武区	梅园	2.50	4.30	17200.00
	新街口	2.60	12.00	46153.85
	玄武门	5.60	5.49	9803.57
秦淮区	五老村	1.60	8.00	50000.00
	洪武路	2.73	10.20	37362.64
	大光路	2.22	7.89	35540.54
	瑞金路	2.11	8.90	42180.09
	朝天宫	2.85	12.18	42736.84
	夫子庙	2.94	9.90	33673.47
	双塘	2.70	7.40	27407.41
鼓楼区	宁海路	3.94	13.00	32994.92
	汉中路	3.56	8.00	22471.91
	湖南路	2.65	14.30	53962.26
	中央门	3.37	12.44	36913.95
	挹江门	3.30	7.60	23030.30
	热河南路	5.10	6.90	13529.41
	阅江楼	3.74	6.40	17112.30
	建宁路	2.32	5.73	24698.28

9.5.2 避难空间的需求与供给

老城区共有 18 个街道，150 个有效校园型避难场所，平均每个街道辖区内有 8.3 个。从数量上看，中央门街道辖区范围内的校园型避难场所最多，有 15 个，最少的是热河南路街道和阅江楼街道，分别只有 4 个。其中，数量在平均数 8.3 以上的街道数是 9 个，在 8.3 以下的街道数也是 9 个。

在人均避难面积方面，所有有效校园型避难场所的平均值是 0.69 平方米 / 人，其中，9 个街道辖区内的人均避难面积在平均数以下，9 个在平均数以上。值得关注的是，人均避难面积最小的是五老村街道，人均避难面积只有 0.13 平方米 / 人；有 4 个街道辖区内的人均避难面积小于 0.2 平方米 / 人，分别是五老村街道、热河南路街道、朝天宫街道、夫子庙街道；还有 4 个街道辖区内的人均避难面积在 0.2~0.4 平方米 / 人之间，分别是双塘街道、阅江楼街道、洪武路街道、大光路街道。湖南路街道的人均避难面积为 0.41 平

方米 / 人。换言之，这 9 个街道辖区的人均避难面积小于 0.5 平方米 / 人，不满足紧急避难的人均指标的要求。另一方面，有 5 个街道辖区的人均避难面积大于 1.0 平方米 / 人，最大的分别是梅园街道和瑞金路街道，人均避难面积分别是 1.71 平方米 / 人和 1.85 平方米 / 人，其余 3 个街道辖区的人均避难面积均在 1.0~1.1 平方米 / 人。

图 9-26 中的横轴是人口累计百分比，纵轴是避难点个数累计百分比，这条曲线代表的意思是：随着人口规模的逐步增加，避难点数量的累计增加情况，亦即避难点数量增加的比例与人口规模增加的比例之间的对应关系。从这张图可以看出，在避难点数量这个指标上，洛伦兹曲线非常接近平均线，也就是说，避难点数量累计增加比例与人口规模累计增加比例相对较为均衡（图 9-26），基尼系数是 0.123。

图 9-27 中的横轴是人口累计百分比，纵轴是避难点面积累计百分比，这条曲线的意思是：随着人口规模的逐步增加，避难点面积的累计增加情况，亦即避难点面积增加的比例与人口规模增加的比例之间的对应关系。从上图可以看出，洛伦兹曲线距离平均线较远，也就是说，避难点面积累计增加比例与人口规模累计增加比例的关系较不均衡（图 9-27），基尼系数是 0.3428。

图 9-28 中的横轴是城市用地空间规模的累计百分比，纵轴是避难点个数累计百分比，这条曲线代表的意思是：随着城市用地规模的逐步增加，避难点数量的累计增加情况，亦即避难点数量增加的比例与城市用地规模增加的比例之间的对应关系。从图 9-28 可以看出，洛伦兹曲线距离平均线有一定的距离，也就是说，避难点数量累计增加比例与城市用地规模累计增加比例之间相对较不均衡，基尼系数是 0.22。

图 9-29 中的横轴是城市用地空间规模累计百分比，纵轴是避难点面积累计百分比，这条曲线的意思是：随着城市用地规模的逐步增加，避难点面积的累计增加情况，亦即避难点面积增加的比例与城市用地规模增加的比例之间的对应关系。从图 9-29 可以看出，洛伦兹曲线距离平均线较远，也就是说，避难点面积累计增加比例与城市用地规模累计增加比例的关系，不均衡性较为明显，基尼系数是 0.402。

比较图 9-26 图 9-29 可以发现：在避难点个数方面，人口累计的洛伦兹曲线比用地累计的洛伦兹曲线要平缓，也就是说，用地累计的洛伦兹曲线更为弯曲，均衡性更差。

在避难点面积方面也显示出同样的规律，人口累计的洛伦兹曲线比用地累计的洛伦兹曲线要平缓，也就是说，用地累计的洛伦兹曲线更为弯曲，均衡性更差。人口累计的曲线相对用地累计的曲线而言，均衡性要相对略好一些。

整体上，避难点个数的曲线要比避难点面积的曲线要平缓，也就是说，避难点面积的分布更加不均衡，数量分布相对较为均衡一些。这反映出背后的问题是：避难点数量多，但是面积大小不一。同样，人口方面也是这个问题，人口在空间上的分布较为不均衡，各区域的人口密度和规模有较大差别。

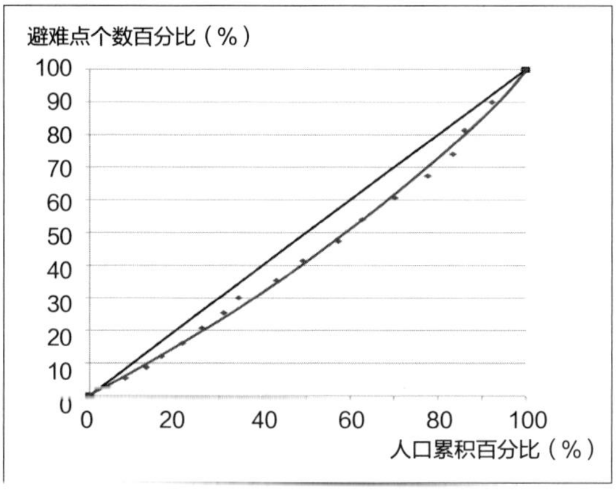

图 9-26 人口层面累积避难点个数百分比

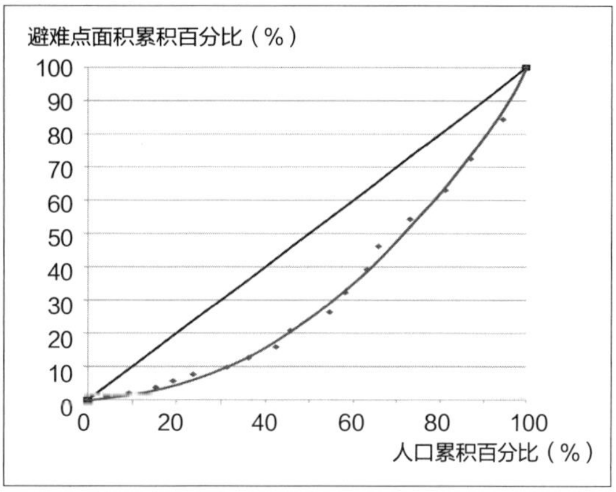

图 9-27 人口层面累积避难点面积百分比

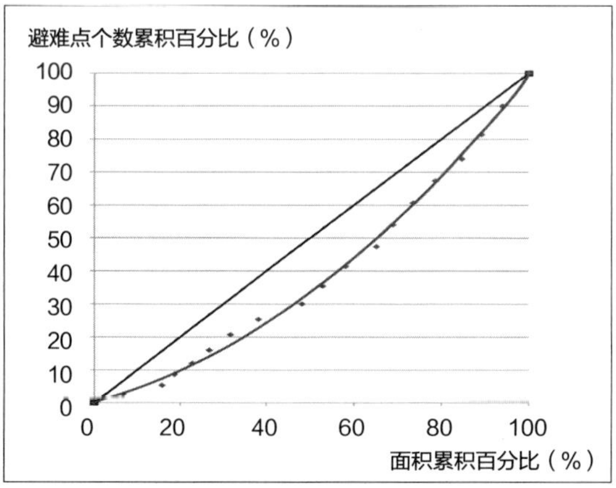

图 9-28 土地层面累积避难点个数百分比

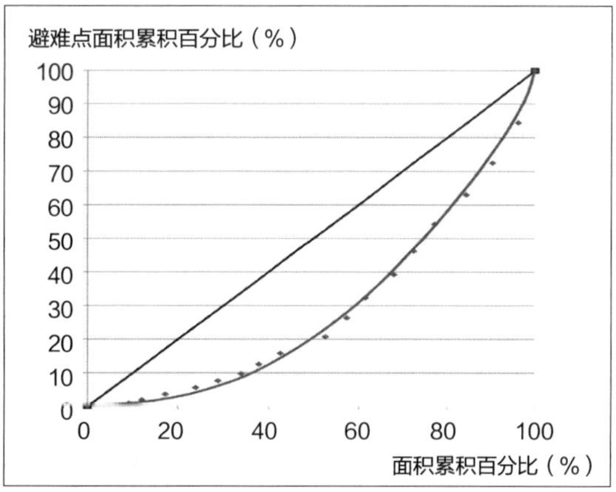

图 9-29 土地层面累积避难点面积百分比

REFERENCES

参考文献

[1] 中华人民共和国突发事件应对法 [M]. 北京：中国法制出版社，2017.

[2] 李栋，周静茹 . 突发事件预防与处置实务 [M]. 北京：中国政法大学出版社，2016.

[3] 曹杰，于小兵 . 突发事件应急管理研究与实践 [M]. 北京：科学出版社，2020.

[4] 张小明 . 突发事件风险管理 [M]. 北京：中国人民大学出版社，2018.

[5] 蒋瑛 . 突发事件舆情导控：风险治理的视域 [M]. 北京：社会科学文献出版社，2020.

[6] 王永明 . 重大突发事件情景构建理论与实践 [M]. 北京：国家行政管理出版社，2020.

[7] 程铁军 . 突发事件应急决策方法研究 [M]. 东南大学出版社，2019.

[8] 金太军，赵军锋 . 风险社会的治理之道：重大突发公共事件的政府协调治理 [M]. 北京：北京大学出版社，2018.

[9] 吴岚 . 风险理论 [M]. 北京：北京大学出版社，2012.

[10] 孙立新 . 风险管理：理论与实务 [M].2. 版北京：经济管理出版社，2019.

[11]（德）乌尔里希 · 贝克 (Ulrich Beck). 风险社会：新的现代性之路 [M]. 张文杰，何博闻，译 . 上海：译林出版社，2018.

[12] 许谨良 . 风险管理 [M].5 版 . 北京：中国金融出版社，2015.

[13] 林崇德 . 心理学大辞典 [M]. 上海：上海教育出版社，2003 年

[14]（德）格尔德 · 吉仁泽（Gerd Gigerenzer）. 风险认知：如何精确决策 [M]. 王晋，译 . 北京：中信出版社，2019.

[15] 唐明伟，苏新宁，王昊 . 突发事件应急响应情报体系案例解析 —— 以公共安全事件为例 [J]. 情报科学，2019，37(1):105–111.

[16] 念兴昌 . 涉恐突发事件网络舆情的规治 —— 基于昆明“3 · 01”事件的思考 [J]. 云南社会主义学院学报，2018，20(3):146–154.

[17] 王俊秀 . 特大型城市风险治理的关键 : 提高风险认知水平 [J]. 探索与争鸣，2015(3):25–27.

[18] 孟博，刘茂，李清水，等 . 风险感知理论模型及影响因子分析 [J]. 中国安全科学学报，2010，20(10):59–66.

[19] 李华强，范春梅，贾建民，等 . 突发性灾害中的公众风险感知与应急管理 —— 以 5 · 12 汶川地震为例 [J]. 管理世界，2009(6):52–60+187–188.

[20] 王炼，贾建民 . 突发性灾害事件风险感知的动态特征 —— 来自网络搜索的证据 [J]. 管理评论，2014，26(5):169–176.

[21] 黄杰，朱正威，赵巍 . 风险感知、应对策略与冲突升级 —— 一个群体性事件发生机理的解释框架及运用 [J]. 复旦学报（社会科学版），2015，57(1):134–143.

[22] 周忻，徐伟，袁艺，等 . 灾害风险感知研究方法与应用综述 [J]. 灾害学，2012，27(2):114–118.

[23]（美）保罗 · 斯洛维奇（Paul Slovic）. 风险的感知 [M]. 赵延东，林士垚，冯欣，等，译 . 北京：北京出版社，2007.

[24]（英）尼克 · 皮金（Nick Pidgeon），（美）罗杰 · E · 卡斯帕森（Roger E. Kasperson），保罗 · 斯洛维奇（Paul Slovic）. 风险的社会放大 [M]. 谭宏凯，译 . 北京：中国劳动社会保障出版社，2010.

[25] 刘群星 . 上海中心城区既有高层住宅增强火灾疏散避险能力技术刍议 [J]. 住宅科技，2013，33(1):57–60.
[26] 彭飞，邵明虎 . 高层建筑住宅火灾疏散策略研究 [J]. 人类工效学，2016，22(6):70–75.
[27] 李琰 . 高层住宅火灾情况下人员心理及疏散行为探讨 [J]. 消防技术与产品信息，2014(8):44–47.
[28] 邢志祥，唐永，高文莉 . 高层住宅建筑火灾人员疏散仿真研究 [J]. 中国安全生产科学技术，2012，8(6):29–33.
[29] 王江波，苟爱萍 . 火灾中高层住宅小区疏散及救援风险分析 [J]. 消防科学与技术，2015，34(1):117–119.
[30] 伍燕然，韩立岩 . 不完全理性、投资者情绪与封闭式基金之谜 [J]. 经济研究，2007(3):117–129.
[31] 丁川 . 基于完全理性和公平偏好的营销渠道委托代理模型比较研究 [J]. 管理工程学报，2014，28(1):185–194+184.
[32]（德）吉仁泽（Gerd Gigerenzer），（德）莱因哈德 · 泽尔腾（Reinhard Selten）. 有限理性：适应性工具箱 [M]. 刘永芳，译 . 北京：清华大学出版社，2020.
[33] 杨小凯 . 不完全信息与有限理性的差别 [J]. 开放时代，2002(3):76–81.
[34] 柴盈，何自力 . 论完全理性与有限理性 —— 对现代经济学理性假设的反思 [J]. 华中师范大学学报（人文社会科学版），2006(5):57–63.
[35] 王小平 . 灾难暴力与亲情撕裂“缝合”的悲剧——对冯小刚电影《唐山大地震》“爆炸效应”的文化症候阅读 [J]. 廊坊师范学院学报（社会科学版），2012，28(2):37–40.
[36] 韩少春，刘云，张彦超，等 . 基于动态演化博弈论的舆论传播羊群效应 [J]. 系统工程学报，2011，26(2):275–281.
[37] 李平，曾勇 . 基于非理性行为的羊群效应分析 : 一个简单模型 [J]. 中国管理科学，2004(3):35–38.
[38] 崔喜红，李强，陈晋，等 . 大型公共场所人员疏散模型研究 —— 考虑个体特性和从众行为 [J]. 自然灾害学报，2005(6):133–140.
[39] 李峰，沈惠璋，刘尚亮，等 . 基于心理阈值模型的危机事件下从众行为动力学分析 [J]. 系统管理学报，2011，20(5):513–519.
[40] 赵玲，张静 . 基于羊群效应的微博用户从众行为分析 [J]. 大连理工大学学报（社会科学版），2013，34(4):92–97.
[41] 屈云超，高自友，李新刚 . 考虑从众效应和信息传递的行人疏散建模 [J]. 交通运输系统工程与信息，2014，14(5):188–193.
[42] 朱立言，王森 . 从众效应在群体决策中的危害及其防治 [J]. 成人高教学刊，2004(1):17–20.
[43] 万佑红，王小初 . 考虑从众效应的谣言传播模型 [J]. 计算机应用，2016，36(9):2381–2385.
[44] 闫晨，陈锦涛，段芮，等 . 韧性城市视角下的历史街区防火韧性评估体系构建 [J]. 中国安全生产科学技术，2020，16(10):133–138.
[45] 吴在栋，胡玉娟，张明锋，等 . 基于 GIS 的历史文化街区火灾风险评估 —— 以福州市三坊七巷为例 [J]. 灾害学，2016，31(4):205–209，223.
[46] 刘芹芹 . 城市老旧街区火灾隐患及防治策略研究 [D]. 天津：天津大学，2016.
[47] 华琳，王承慧南京荷花塘历史文化街区社区特征及发展建议 [A]. 中国城市规划学会、沈阳市人民政府 . 规划

60 年：成就与挑战 —— 2016 中国城市规划年会论文集（17 住房建设规划）[C]. 中国城市规划学会、沈阳市人民政府 : 中国城市规划学会，2016:14.
[48] 郭超，吉倩妘，王海卉 . 城市历史住区的再生路径探析 —— “居住 +”理念在南京荷花塘历史住区的规划设想 [A]. 中国城市规划学会、东莞市人民政府 . 持续发展 理性规划 —— 2017 中国城市规划年会论文集（20 住房建设规划）[C]. 中国城市规划学会、东莞市人民政府 : 中国城市规划学会，2017:12.
[49] 张春霞，过伟敏，谢金之，等 . 基于参数化技术的城市历史街区空间肌理重构 —— 以南京荷花塘为例 [J]. 装饰，2019(3):80–83.
[50] 徐世芳，李博 . 地震学词典 [M]. 北京：地震出版社，2000.
[51] 王江波 . 住区避难圈 [M]. 南京：东南大学出版社，2016.
[52] 苏幼坡，王兴国 . 城镇防灾避难场所规划设计 [M]. 北京：中国建筑工业出版社，2012.
[53] 赵来军，王珂，汪建 . 城市应急避难所规划建设理论与方法 [M]. 北京：科学出版社，2014.
[56] 冉茂梅 . 基于地震避难行为心理的避难地空间体系研究 [D]. 成都：西南交通大学，2012.
[57] 陈晋，李强，辜智慧，等 . 灾害避难行为的模拟模型研究 (I) —— 基本模型的建立与计算机实现 [J]. 自然灾害学报，2000(4):65–70.
[58] 廖炳英 . 避难方式对避难空间体系构建的影响研究 [J]. 安全与环境工程，2012，19(5):10–12.
[59] 王滢 . 基于疏散行为的滨海城市避难空间规划策略研究 [D]. 天津：天津大学，2016.
[60] 杨明 . 震区小学校内避难环境研究 [D]. 成都：西南交通大学，2011.
[61] 李俊梅，胡成，李炎锋，等 . 不同类型疏散通道人群密度对行走速度的影响研究 [J]. 建筑科学，2014，30(8):122–129.
[62] 王振，刘茂 . 人群疏散的动力学特征及疏散通道堵塞的恢复 [J]. 自然科学进展，2008(2):179–185.
[63] 吴健宏，翁文国，倪顺江 . 不同路径选择策略的城市疏散仿真研究 [J]. 系统仿真学报，2013，25(1):122–126.
[64] 王健仪，唐波，黄晓彤，等 . 公园绿地型应急避难场所功能布局与疏散路径 —— 以广州市南区公园为例 [J]. 城乡建设，2019(11):50–53.
[65] 袁媛，汪定伟 . 灾害扩散实时影响下的应急疏散路径选择模型 [J]. 系统仿真学报，2008(06):1563–1566.
[66] 朱伟，王亚飞，马英楠，等 . 紧急疏散路径选择行为的实验研究 [J]. 中国安全生产科学技术，2016，12(3):115–121.
[67] 初建宇，马丹祥 . 防灾避难场所规划设计方法与应用 [M]. 北京：知识产权出版社，2015.
[68] 杨文斌，韩世文，张敬军，等 . 地震应急避难场所的规划建设与城市防灾 [J]. 自然灾害学报，2004(1):126–131.
[69] 周天颖，简甫任 . 紧急避难场所区位决策支持系统建立之研究 [J]. 水土保持研究，2001(1):17–24.
[70] 周晓猛，刘茂，王阳 . 紧急避难场所优化布局理论研究 [J]. 安全与环境学报，2006(S1):118–121.
[71] 刘少丽 . 城市应急避难场所区位选择与空间布局 [D]. 南京：南京师范大学，2012.
[72] 陈刚，付江月，何美玲 . 考虑居民选择行为的应急避难场所选址问题研究 [J]. 运筹与管理，2019，28(9):6–14.
[73] 杨杰莹 . 城市中心区社区防震避难空间仿真模型构建 [D]. 哈尔滨：哈尔滨工业大学，2016.

[74] 凌琳，戴慎志，丁佳甜 . 城市中心区避难疏散空间效能评价研究 —— 以扬州市老城中心区为例 [A]. 中国城市规划学会、重庆市人民政府 . 活力城乡 美好人居 —— 2019 中国城市规划年会论文集（01 城市安全与防灾规划）[C]. 中国城市规划学会、重庆市人民政府 : 中国城市规划学会，2019:16.
[75] 谷圣浩，潘永刚 . 高密度中心城区抗震避难疏散空间改造分析 —— 以乌鲁木齐市人民广场为例 [J]. 四川建筑科学研究，2014，40(6):207-211.
[76] 苏薇 . 山地城市商业中心区避难疏散评价与控制策略研究 [D]. 天津：天津大学，2012.
[77] 何晓丽 . 重庆市商业中心区避难道路安全评价研究 [D]. 重庆：重庆大学，2012.
[78] 叶明武，王军，刘耀龙，等 . 基于 GIS 的上海中心城区公园避难可达性研究 [J]. 地理与地理信息科学，2008(2):96-98+103.
[79] 杨星月 . 历史建筑密集区抗震防灾安全体系研究 [D]. 天津：天津大学，2014.
[80] 陈鼎超 . 历史文化街区抗震疏散救援通道规划方法研究 [A]. 中国城市规划学会、南京市政府 . 转型与重构 —— 2011 中国城市规划年会论文集 [C]. 中国城市规划学会、南京市政府 : 中国城市规划学会，2011:9.
[81] 朱剡 . 基于 STEPS 软件的历史地段人员疏散避难仿真模拟研究 [D]. 天津：天津大学，2012.
[82] 李冠芳 . 历史街区抗震韧性评估及韧性策略研究 [D]. 北京：北京工业大学，2017.
[83] 王江波，戴慎志，苟爱萍 . 老旧住区居民地震紧急避难路径选择的空间特征研究 [J]. 城市发展研究，2014，21(11):95-101.
[84] 王江波，苟爱萍 . 老旧住区居民地震紧急避难空间选择与行为特征分析 [J]. 人文地理，2016，31(2):68-73.
[85] 王江波，苟爱萍 . 基于行为视角的老旧住区居民紧急避难圈测度评价方法研究 [J]. 四川建筑，2020，40(1):46-50.
[86] 范乐，王燕语，张靖岩，等 . 基于人群疏散行为的西南山地城镇住区安全韧性提升对策 [J]. 清华大学学报（自然科学版），2020，60(1):32-40.
[87] 郑轲予 . 疏散安全角度下基于街区化考虑的城市住区空间优化 [D]. 天津：天津大学，2017.
[88] 刘瑾瑞，苏晓毅，吴亮 . 大学校园地震应急避难场所的研究进展分析 [J]. 住宅与房地产，2019(6):9-10.
[89] 李建光，赵寒青 . 校园场地兼作城市应急避难场所的规划设计方案研究 [J]. 上海建设科技，2018(6):8-12.
[90] 张广亮，李子萍 . 作为城市避难场所的小学校园规划设计研究 [J]. 城市建筑，2016(1):30-33.
[91] 董娉怡 . 哈尔滨高校校园防震避难空间系统规划设计研究 [D]. 哈尔滨：哈尔滨工业大学，2015.
[92] 左进，董菁，翁文婷，等 . 基于应急避难需求的山地大学校园出入口安全评价 —— 以重庆大学 A 区为例 [J]. 南方建筑，2013(6):33-36.
[93] 慕竞仪，张姗姗 . 校园建筑环境的疏散避难空间设计 [J]. 科技创新导报，2012(24):60-61.
[94] 左进，苏薇 . 山地大学校园应急避难场所安全建设思考 —— 以重庆大学操场为例 [J]. 自然灾害学报，2010，19(2):74-79.
[95] 杨洋 . 校园针对地震灾害的防灾避难功能适宜性设计研究 [D]. 成都：西南交通大学，2010.
[96] 金磊，周有芒 . 校园建筑安全与疏散避难空间研究 [J]. 建筑创作，2008(9):150-158.

APPENDIX

附录 A 调查问卷

公众地震避难意识与行为能力调查问卷

1. 您是否经历过地震？［单选题］

A. 经历过；　　B. 没有经历过

2. 假如发生地震，您会有以下哪些心理和行为反应？［多选题］

A. 惊慌；　B. 恐惧；　C. 焦躁不安；　D. 意识模糊；　E. 思维混乱；

F. 行为失态；G. 不知所措；　H. 从众；　I. 镇静理性；　J. 侥幸，无所谓；

K. 置之不理；　L. 其他 ________

3. 若发生了地震，您会想到什么？［多选题］

A. 自己的安危；　B. 家人的安危；　C. 同事．邻居或友人的安危；　D. 财物的损失；

E. 脑中空白；　F. 通知他人；　G. 通知 119；　H. 自己家房子倒塌否

I. 其他 ________

4. 地震来临，您考虑【要不要避难】时会想到以下哪些方面？［多选题］

A. 听到疏散避难劝告；　B. 附近是否有空地；　C. 周围人是否已经开始避难；

D. 楼层较高，来不及避难；　E. 前往避难场所的路可能不通；

F. 逃难过程中可能遇到更大危险（坠落物等）；　G. 其他 ________

5. 假如发生地震，您会选择【立即避难】吗？［单选题］

A. 会　　B. 不会

6. 如果您选择【立即避难】之后的行为可能是？［单选题］

（1）您是否会逃出建筑物？　□是　□否

（2）您是否会向别人打听或告知他人发生地震情况？　□是　□否

（3）您是否会采取安全措施，如躲到桌下．墙角等？　□是　□否

（4）您是否会跟随别人一起跑；　□是　□否

（5）您是否会按照疏散标志指引的方向逃生；　□是　□否

（6）您已经逃出建筑物，却发现自己的某样东西或者家人朋友还在里面，你是否还冲回去寻找？　□是　□否

7. 假如发生地震，如果您选择【不立即避难】之后的行为可能是？［多选题］

A. 平复心情，镇定情绪；　B. 慌乱；　C. 收拾个人财务或物品；

D. 关闭煤气 . 电器等危险源；　E. 召齐家庭成员；

F. 设法与外界联系，了解情况再出逃；　G. 寻找逃生工具；

H. 报警；　I. 原地不动；　J. 四处观看以便确认；

K. 其他 ____________

8. 当您知道发生地震后，您会如何选择疏散通道？［多选题］

A. 离自己最近的通道；　B. 道路是否通畅（有障碍物阻挡）；

C. 自己习惯的通道；　D. 道路两旁建筑物较少或低矮；

E. 到避难点距离最短的路 ；　F. 有明确的引导指示；

G. 避开人流，选择人流少的通道；　H. 跟着大家走；

I. 其他 ____________

9. 您知道这条商业街附近有哪些避难场所吗？［单选题］

A. 非常清楚；　B. 有一点了解；　C. 完全不知道

10. 发生地震时，您选择避难场所的意向是：［多选题］

A. 公园；　B. 街头绿地；　C. 广场；　D. 道路；　E. 商场等建筑内；　F. 地下空间；

G. 学校；　G. 建筑附近的空地；　H. 体育场馆；　I. 停车场；　J. 原地不动；

K. 其他 ____________

11. 假如地震来临，您选择避难场所时主要考虑以下那些方面？［多选题］

A. 距离近；　B. 空旷；　C. 环境较熟悉；　D. 安全；　E. 路线通畅无障碍物；

F. 周围的人都往该处避难；　G. 是否有人引导前往；　H. 因亲友都在一起；

I. 容易获得物资救援；　H. 其他 ____________

12. 如何这条商业街未来需要设置避难场所，您认为设在哪里比较合适？［单选题］

A. 商业街入口广场处；B. 商业街中段的广场处；C. 商场门口的空地；D. 商场背后；

E. 其他 ____________

13. 如果地震发生，您会在何时开始避难？［单选题］

A. 地震摇晃中即进行避难；　B. 等地震摇晃结束才避难；

C. 地震摇晃结束后，发现很严重才开始避难；

D. 地震摇晃结束后，收拾必要物品后才避难；

E. 其他 ____________

14. 避难过程中，影响您逃生的因素主要是哪些？［多选题］

A. 摇晃太大；B. 家具 . 摆饰等坠落物；

C. 出入口开启困难；D. 太紧张；E. 其他

15. 是否会在避难中途改变目标避难场所，换到另外一地点避难？［单选题］

A. 会；　B. 有可能会；　C. 不会；　原因是：____________

16. 是否会在中途改变逃生路径，选择另外一条路避难？［单选题］

A. 会；　B. 有可能会；　D. 不会；　原因是：____________

17. 您平时有没有主动去学习一些避难疏散方面的知识？［单选题］

A. 有，经常会；　B. 有一些，但不多；　C. 完全没有

18. 您最希望通过什么样的方法学习防震和避难知识？［多选题］

A. 社区；　B. 学校；　C. 单位；　D. 电视；　E. 网络；　F. 报刊；　G. 其他

19. 您是否了解应对地震的安全避难的方法措施与注意事项？［单选题］

A. 非常了解；　B. 简单了解；　C. 完全不了解

20. 您正购物时，突然地震，您的第一反应是？［单选题］

A. 赶快找个地方躲；　B. 赶快逃出去；

C. 不管它，如果摇得厉害再说；　D. 其他

21. 地震停止摇晃后，您会怎么做？［可多选］

A. 觉得地震过去了，继续购物；　B. 觉得余震还会再来，要立刻跑到安全地区；

C. 回家；　D. 不知所措；　E. 想办法救他人；　F. 其他

22. 您在日常生活中会去留意各类应急避难标示牌吗？［单选题］

A. 十分留意；　B. 留意；　C. 偶尔留意；　D. 不太留意；　E. 完全不注意

23. 您认为商业街是否需要事先指定避难场所吗？［单选题］

A. 需要；　B. 不必了，附近就可避难；

C. 若有较好条件的地方才需设置；　D. 其他

24. 您如何评价自己的避难意识？［单选题］

A. 很强；　B. 较强；　C. 一般；　D. 较弱；　E. 没有

基本信息

1. 您的年龄：

A.18 岁以下；　B.18~30 岁；　C.30~40 岁；　D.40~60 岁；　E.60 岁以上

2. 性别：

□ 男　　　□ 女

3. 您的教育程度：

A. 无；　B. 小学；　C. 初中；　D. 高中；　E. 大学；　F. 研究生及以上

4. 您是否熟悉这条商业街的内部和外部环境?

A. 熟悉；　　B. 比较熟悉；　　C. 不熟悉

5. 您的职业：

A. 公务员；　B. 公司职员；　C. 商业服务业人员；　D. 工人；　E. 教师；

F. 学生；　G. 专业技术人员；　H. 退休人员；　　I. 其他 ___________

6. 您的月收入：

A.2000 元以下；　　B.2000 ～ 5000 元；　　C.5000 ～ 8000 元；

D.8000 ～ 10000 元；　　E.10000 ～ 20000 元；　　F.20000 元以上

APPENDIX

附录 B

南京市老城区各类校园型避难场所信息

附表 1 南京市老城区各类校园型避难场所

学校名称	有效避难面积（平方米）	师生数量（人）	人均有效避难面积（平方米）	避难场所等级	是否满足需求
长平路小学	4500	1100	3.82	短期固定避难场所	满足中期避难要求
民生实验小学（铁路第一小学）	1400	1200	1.17	紧急避难场所	满足临时避难要求
天妃宫小学	4200	1300	3.23	短期固定避难场所	满足中期避难要求
阅江楼小学	1600	700	2.86	紧急避难场所	满足短期避难要求
五所村小学	0	100	0	无有效避难场地	否
南京财经大学附属小学	2500	1000	2.5	短期固定避难场所	满足短期避难要求
紫竹苑小学	1600	500	3.2	紧急避难场所	满足中期避难要求
姜家园小学	2800	1100	2.55	短期固定避难场所	满足短期避难要求
二板桥小学	1300	—	—	紧急避难场所	—
南京特殊教育师范学校第二附属小学	400	100	4	紧急避难场所	满足中期避难要求
镇江路小学	400	300	1.33	紧急避难场所	满足临时避难要求
察哈尔小学	200	700	0.29	紧急避难场所	否
丁家桥小学	1200	1200	1	紧急避难场所	满足临时避难要求
工人新村小学	1100	500	3.82	紧急避难场所	满足中期避难要求
古平岗小学	2100	1300	1.62	短期固定避难场所	满足临时避难要求
回龙桥小学	1200	600	2	紧急避难场所	满足短期避难要求
三牌楼小学	2500	1600	1.56	短期固定避难场所	满足临时避难要求
马台街小学	800	800	1	紧急避难场所	满足临时避难要求
南昌路小学	7700	—	—	短期固定避难场所	—
虹桥小学	300	900	0.33	紧急避难场所	否
山西路小学	0	600	0	无有效避难场地	否
琅琊路小学傅佐路校区	500	—	—	紧急避难场所	—
青云巷小学	400	700	0.57	紧急避难场所	否
中央路小学	1000	500	2	紧急避难场所	满足短期避难要求
昆仑路小学	700	500	1.4	紧急避难场所	满足临时避难要求
琅琊路小学分部	300	700	0.43	紧急避难场所	否
琅琊路小学	200	1300	0.15	紧急避难场所	否
北京路小学	0	500	0	无有效避难场地	否
渊声路小学	0	800	0	无有效避难场地	否
江苏教院附小	600	500	1.2	紧急避难场所	满足临时避难要求
力学小学	400	2200	0.18	紧急避难场所	否
拉萨路小学	800	2000	0.4	紧急避难场所	否

学校名称	有效避难面积（平方米）	师生数量（人）	人均有效避难面积（平方米）	避难场所等级	是否满足需求
汉口路小学	1900	700	2.71	紧急避难场所	满足短期避难要求
鼓楼区第一中心小学	0	—	—	无有效避难场地	否
拉萨路小学新华校区	300	700	0.43	紧急避难场所	否
同仁小学	300	400	0.75	紧急避难场所	满足紧急避难要求
南京师范大学附属小学	6400	1800	3.56	短期固定避难场所	满足中期避难要求
珠江路小学	1000	—	—	紧急避难场所	—
洪武北路红十字会小学	3800	—	—	短期固定避难场所	—
长江路小学	3100	—	—	短期固定避难场所	—
成贤街小学	2000	900	2.22	短期固定避难场所	满足短期避难要求
北京东路小学	900	1600	0.56	紧急避难场所	满足紧急避难要求
小营小学	5700	900	6.33	短期固定避难场所	满足长期避难要求
宇花小学	1400	600	2.33	紧急避难场所	满足短期避难要求
半山园小学	2900	—	—	短期固定避难场所	—
海英小学	1200	—	—	紧急避难场所	—
堂子街民办小学	300	—	—	紧急避难场所	—
汉中门小学	1200	700	1.71	紧急避难场所	满足临时避难要求
石鼓路小学	2600	1200	2.17	短期固定避难场所	满足短期避难要求
秣陵路小学	0	500	0	无有效避难场地	否
游府西街小学	1800	2100	0.86	紧急避难场所	满足紧急避难要求
逸仙小学	1800	700	2.57	紧急避难场所	满足短期避难要求
朝天宫民族小学	3900	600	6.5	短期固定避难场所	满足长期避难要求
建邺路小学	800	600	1.33	紧急避难场所	满足临时避难要求
户部街小学	300	1000	0.3	紧急避难场所	否
火瓦巷小学	1200	700	1.71	紧急避难场所	满足临时避难要求
五老村小学马府街分校	300	600	0.5	紧急避难场所	满足紧急避难要求
五老村小学	2100	1700	1.24	短期固定避难场所	满足临时避难要求
郑和外国语学校（小学部）	1500	1300	1.15	紧急避难场所	满足临时避难要求
三条巷小学	2500	1200	2.08	短期固定避难场所	满足短期避难要求
瑞金北村小学	4500	1700	2.65	短期固定避难场所	满足短期避难要求
瑞金路小学	2000	1200	1.67	短期固定避难场所	满足临时避难要求
御道街小学	1800	800	2.25	紧急避难场所	满足短期避难要求
双塘逸夫小学	2500	900	2.78	短期固定避难场所	满足短期避难要求
府西街小学	700	500	1.4	紧急避难场所	满足临时避难要求
砂珠巷小学	300	—	—	紧急避难场所	—
夫子庙小学（分部）	1200	—	—	紧急避难场所	—
健康路小学	500	—	—	紧急避难场所	—
东水关小学	600	—	—	紧急避难场所	—
大光路小学	1500	1000	1.5	紧急避难场所	满足临时避难要求
光华东街小学	4300	700	6.14	短期固定避难场所	满足长期避难要求
后标营小学	800	600	1.33	紧急避难场所	满足临时避难要求

学校名称	有效避难面积（平方米）	师生数量（人）	人均有效避难面积（平方米）	避难场所等级	是否满足需求
凤游寺小学	3500	500	7	短期固定避难场所	满足长期避难要求
颜料坊小学	600	—	—	紧急避难场所	—
钓鱼台小学（扩建）	1100	—	—	紧急避难场所	—
百花巷小学	0	—	—	无有效避难场地	否
考棚小学	0	—	—	无有效避难场地	否
夫子庙小学	1800	—	—	紧急避难场所	—
小西湖小学（老门东校区）	2800	100	28	短期固定避难场所	满足长期避难要求
长乐路小学	500	400	1.25	紧急避难场所	满足临时避难要求
小西湖小学分校	900	1100	0.82	紧急避难场所	满足紧急避难要求
育智学校	1000	—	—	紧急避难场所	—
鑫园小学	4100	500	8.2	短期固定避难场所	满足长期避难要求
马道街小学	400	500	0.8	紧急避难场所	满足紧急避难要求
树人国际学校	0	2400	0	无有效避难场地	否
南京艺术学院附属中等艺术学校	0	600	0	无有效避难场地	否
第九中学初三部	0	450	0	无有效避难场地	否
南大附中分部	0	250	0	无有效避难场地	否
第九初级中学	0	1000	0	无有效避难场地	否
江苏教育学院附属高级中学石头城分校	1000	1200	0.8	紧急避难场所	满足紧急避难要求
南航附中初中部	1500	1500	1	紧急避难场所	满足临时避难要求
外国语学校	1900	800	2.3	紧急避难场所	满足短期避难要求
二十四中学	2200	800	2.8	短期固定避难场所	满足短期避难要求
科利华中学	2400	1700	1.4	短期固定避难场所	满足临时避难要求
中华中学初中部	2500	1500	1.6	短期固定避难场所	满足临时避难要求
第三高级中学	2700	750	3.6	短期固定避难场所	满足中期避难要求
第四十三中学	2700	550	4.9	短期固定避难场所	满足长期避难要求
南京市钟英中学（新街口校区）	2800	—	—	短期固定避难场所	—
第二十八中学	2800	1600	1.8	短期固定避难场所	满足临时避难要求
第三高级中学文昌校区	3000	1500	2	短期固定避难场所	满足短期避难要求
玄武中学梅园校区	3200	1100	2.9	短期固定避难场所	满足短期避难要求
第一中学	3200	2700	7.6	短期固定避难场所	满足长期避难要求
秦淮外国语学校	3400	1300	2.6	短期固定避难场所	满足短期避难要求
江苏教育学院附属高级中学（玉泉初中部）	3600	1900	1.9	短期固定避难场所	满足临时避难要求
第五十中学	3800	1700	2.2	短期固定避难场所	满足短期避难要求
文枢中学钓鱼台	4000	2600	4.5	短期固定避难场所	满足长期避难要求
第三初级中学	4300	1600	2.7	短期固定避难场所	满足短期避难要求
第三十九中学	4400	1900	2.3	短期固定避难场所	满足短期避难要求
第十二中学（高中部）	4600	1700	2.7	短期固定避难场所	满足短期避难要求
行知实验中学	4600	1500	3	短期固定避难场所	满足中期避难要求

学校名称	有效避难面积（平方米）	师生数量（人）	人均有效避难面积（平方米）	避难场所等级	是否满足需求
育英外国语学校（初中部）	4800	1400	3.4	短期固定避难场所	满足中期避难要求
第三十九中学	5300	1200	4.4	短期固定避难场所	满足中期避难要求
南京大学附属中学	5300	3300	1.6	短期固定避难场所	满足临时避难要求
第十二中学初中部	5600	700	8	短期固定避难场所	满足长期避难要求
第一中学初中部（瑞金路中学）	5600	—	—	短期固定避难场所	—
第二十七中学	5700	1300	4.3	短期固定避难场所	满足中期避难要求
玄武高级中学（太平门校区）	5800	2200	2.6	短期固定避难场所	满足短期避难要求
南京师范大学附属中学	6100	2700	2.3	短期固定避难场所	满足短期避难要求
人民中学	6500	2400	2.7	短期固定避难场所	满足短期避难要求
第五十四中学	6600	700	9.4	短期固定避难场所	满足长期避难要求
文枢中学（高中部）	6900	950	7.2	短期固定避难场所	满足长期避难要求
第五中学	7200	1600	4.5	短期固定避难场所	满足长期避难要求
宁海中学	8100	2100	3.8	短期固定避难场所	满足中期避难要求
第六中学	8400	2000	4.2	短期固定避难场所	满足中期避难要求
第九中学	8600	3850	2.2	短期固定避难场所	满足短期避难要求
第八中学	9900	820	12	短期固定避难场所	满足长期避难要求
外国语学校	12400	4500	2.7	中期固定避难场所	满足短期避难要求
南京航空航天大学附属中学（第七中学）	13700	1800	7.6	中期固定避难场所	满足长期避难要求
第十三中学	17200	2300	8.1	中期固定避难场所	满足长期避难要求
金陵中学	19000	2200	8.6	中期固定避难场所	满足长期避难要求
田家炳高级中学	23100	1800	12.8	中期固定避难场所	满足长期避难要求
南京港职工学校	0	—	—	无有效避难场地	否
江苏文达电脑学校	39200	—	—	中期固定避难场所	—
下关区业余体校	0	—	—	无有效避难场地	否
白下区教师进修学校	1100	—	—	紧急避难场所	—
江苏省城市职业学校	16900	—	—	中期固定避难场所	—
汇友职业培训学校	0	—	—	无有效避难场地	否
北京东路体育运动学校	16300	400	37.5	中期固定避难场所	满足长期避难要求
水上运动学校	13400	300	44.67	中期固定避难场所	满足长期避难要求
南大网路教育学院	0	—	—	紧急避难场所	—
江苏省青年管理干部学院	0	—	—	无有效避难场地	否
江苏省戏剧学校	1500	1400	1.07	紧急避难场所	满足临时避难要求
重竞技运动学校	20500	400	51.25	中期固定避难场所	满足长期避难要求
中华财经进修学院	0	—	—	无有效避难场地	否
南京工艺装备制造厂技工学校	0	—	—	无有效避难场地	否
财经学校	0	—	—	无有效避难场地	否
秦淮区教师进修学校	300	—	—	紧急避难场所	—
铁道职业技术学院	47200	—	—	中期固定避难场所	—

学校名称	有效避难面积（平方米）	师生数量（人）	人均有效避难面积（平方米）	避难场所等级	是否满足需求
江苏省广播电视大学挹江门校区	4900	—	—	短期固定避难场所	—
鼓楼区教师进修学校	0	300	0	无有效避难场地	否
东大交通学院	16300	2400	6.79	中期固定避难场所	满足长期避难要求
海军指挥学校	30300	—	—	中期固定避难场所	—
体育运动学校	17400	600	29	中期固定避难场所	满足长期避难要求
通信工程学院	38700	—	—	中期固定避难场所	—
南京航天管理干部学院	0	—	—	无有效避难场地	否
秦淮社区大学	0	—	—	无有效避难场地	否
东南中等专业学校	700	—	—	紧急避难场所	—
江苏电大建邺分院	500	—	—	紧急避难场所	—
南京财经大学福建路校区	35600	2000	17.8	中期固定避难场所	满足长期避难要求
南京政治学院	36600	1800	20.3	中期固定避难场所	满足长期避难要求
南京邮电大学	19900	2100	9.4	中期固定避难场所	满足长期避难要求
南京工业大学丁家桥校区	3200	1600	2	短期固定避难场所	满足短期避难要求
中国药科大学丁家桥校区	18600	1000	18.6	中期固定避难场所	满足长期避难要求
东南大学医学院	18000	2600	6.9	中期固定避难场所	满足长期避难要求
南京工业大学虹桥校区	19000	1000	19	中期固定避难场所	满足长期避难要求
南京艺术学院	27700	11800	2.3	中期固定避难场所	满足短期避难要求
江苏教育学院	19100	6000	3.1	中期固定避难场所	满足中期避难要求
河海大学	33700	18600	1.8	中期固定避难场所	满足临时避难要求
南京大学	23900	5100	4.7	中期固定避难场所	满足长期避难要求
南京师范大学	32200	4500	7.1	中期固定避难场所	满足长期避难要求
东南大学	37900	4800	7.8	中期固定避难场所	满足长期避难要求
南京中医药大学	10900	2600	4.2	中期固定避难场所	满足中期避难要求
南京医科大学	7800	1000	7.8	短期固定避难场所	满足长期避难要求
金陵协和神学院	8700	220	39	短期固定避难场所	满足长期避难要求
南京玄武区电大	0	—	—	无有效避难场地	否
南京师范大学继续教育学院	0	—	—	无有效避难场地	否
南京航空航天大学	74200	7000	10.6	中期固定避难场所	满足长期避难要求
南京工业职业技术学院	2800	500	5.6	短期固定避难场所	满足长期避难要求

注：1. 表中“—”为数据缺失。
2. 表格中所有数据均为笔者统计计算所得。

APPENDIX

附录 C

南京市老城区各街道辖区内避难场所信息

附表 2 南京市老城区各街道辖区内避难场所面积及其需求缺口

编号	责任区紧急避难面积需求（平方米）	有效避难场所面积（平方米）	差值（平方米）
1	37250.01	10012.54	27237.47
2	6192.98	4471.98	1721.00
3	8549.73	1404.45	7145.28
4	10904.09	4266.82	6637.27
5	4272.78	1572.26	2700.52
6	7774.24	5332.62	2441.62
7	8946.91	4457.25	4489.66
8	14916.06	47238.76	−32322.70
9	4703.49	4648.70	54.79
10	10852.51	1253.02	9599.49
11	2788.26	2831.89	−43.63
12	10014.04	4905.97	5108.07
13	3132.31	2531.28	601.03
14	5710.68	9900.41	−4189.73
15	8145.08	35713.55	−27568.47
16	36475.86	1551.23	34924.63
17	13569.44	410.72	13158.72
18	7667.63	5644.26	2023.37
19	14982.99	409.34	14573.65
20	3543.79	179.78	3364.01
21	6027.95	36698.14	−30670.19
22	14442.05	4881.80	9560.25
23	14595.23	19930.84	−5335.61
24	1568.12	19477.08	−17908.96
25	3978.43	1171.22	2807.21
26	21200.12	4168.65	17031.47
27	18990.12	2350.97	16639.15
28	6435.54	6132.50	303.04
29	11399.71	1249.29	10150.42
30	7512.77	2545.76	4967.01
31	13370.21	18995.38	−5625.17
32	11860.70	755.03	11105.67
33	5613.16	3904.28	1708.88

编号	责任区紧急避难面积需求（平方米）	有效避难场所面积（平方米）	差值（平方米）
34	5943.31	3212.32	2730.99
35	7339.67	1050.88	6288.79
36	4982.13	2422.38	2559.75
37	10713.34	18008.35	−7295.01
38	11929.75	7739.94	4189.81
39	13913.11	18632.46	−4719.35
40	21628.45	16823.84	4804.61
41	31789.47	349.14	31440.33
42	16992.61	475.26	16517.35
43	22239.66	355.52	21884.14
44	3970.74	1003.41	2967.33
45	2987.55	673.50	2314.05
46	4179.00	17228.13	−13049.13
47	11201.05	27768.99	−16567.94
48	9154.60	282.72	8871.88
49	3717.34	231.34	3486.00
50	10781.16	8125.42	2655.74
51	21243.65	6173.35	15070.30
52	4654.78	19214.15	−14559.37
53	14819.43	33701.83	−18882.40
54	7614.70	3687.57	3927.13
55	11873.58	391.63	11481.95
56	27633.37	23980.27	3653.10
57	10672.35	16346.24	−5673.89
58	12689.75	38019.08	−25329.33
59	2815.19	16274.33	−13459.14
60	1095.11	914.04	181.07
61	3513.46	13437.76	−9924.30
62	9097.59	1028.56	8069.03
63	19668.23	611.32	19056.91
64	11552.78	32296.90	−20744.12
65	18540.07	1867.07	16673.00
66	10174.65	265.37	9909.28
67	5848.43	6476.71	−628.28
68	3297.67	5696.99	−2399.32
69	5964.23	12449.68	−6485.45
70	17063.85	5896.16	11167.69
71	14102.66	10924.46	3178.20
72	5404.31	795.84	4608.47
73	3191.60	7849.50	−4657.90
74	9469.76	312.99	9156.77

编号	责任区紧急避难面积需求（平方米）	有效避难场所面积（平方米）	差值（平方米）
75	18145.65	8739.19	9406.46
76	9788.12	17048.92	−7260.80
77	6381.09	6609.78	−228.69
78	11238.30	3815.60	7422.70
79	15190.02	950.30	14239.72
80	8768.12	3131.88	5636.24
81	9941.93	1995.03	7946.90
82	5019.27	1947.40	3071.87
83	17559.80	3194.46	14365.34
84	6431.55	1377.94	5053.61
85	7375.76	6673.98	701.78
86	2160.10	2911.36	−751.26
87	5016.21	1150.22	3865.99
88	10637.84	347.16	10290.68
89	16114.19	1201.19	14913.00
90	9299.33	2594.25	6705.08
91	17394.07	7227.61	10166.46
92	17479.16	2851.52	14627.64
93	8890.48	8608.32	282.16
94	14761.26	1786.82	12974.44
95	8725.37	1751.14	6974.23
96	5760.06	3041.22	2718.84
97	7883.11	2143.49	5739.62
98	23175.61	1051.78	22123.83
99	13367.83	4480.16	8887.67
100	13497.89	1834.07	11663.82
101	10144.25	2863.23	7281.02
102	12927.34	3870.69	9056.65
103	13205.52	2252.68	10952.84
104	13477.63	849.81	12627.82
105	5824.74	4329.48	1495.26
106	7028.77	323.74	6705.03
107	7520.29	1186.10	6334.19
108	6597.98	2475.22	4122.76
109	6596.01	30256.53	−23660.52
110	13990.84	5618.08	8372.76
111	9949.92	1981.03	7968.89
112	7754.41	74249.46	−66495.05
113	6853.59	38645.34	−31791.75
114	14453.10	20458.09	−6004.99
115	13296.51	823.55	12472.96

编号	责任区紧急避难面积需求（平方米）	有效避难场所面积（平方米）	差值（平方米）
116	12073.06	2456.97	9616.09
117	12996.18	2858.81	10137.37
118	8352.20	6927.10	1425.10
119	10582.42	469.35	10113.07
120	2700.97	714.10	1986.87
121	11570.72	314.49	11256.23
122	5131.03	8682.11	−3551.08
123	5638.13	2720.66	2917.47
124	12726.51	1222.61	11503.90
125	3695.49	279.55	3415.94
126	6360.56	1520.13	4840.43
127	5855.23	8462.23	−2607.00
128	6403.67	1458.79	4944.88
129	8468.81	455.03	8013.78
130	13272.41	17397.25	−4124.84
131	8398.53	1573.53	6825.00
132	12671.70	1473.11	11198.59
133	13735.92	742.13	12993.79
134	9674.98	13759.64	−4084.66
135	7715.75	4612.18	3103.57
136	6848.17	4339.91	2508.26
137	5459.50	3459.83	1999.67
138	11683.77	2718.55	8965.22
139	2057.25	1083.50	973.75
140	4620.00	623.84	3996.16
141	14319.97	2520.73	11799.24
142	4136.78	3977.66	159.12
143	6127.77	1813.55	4314.22
144	10461.89	2777.42	7684.47
145	8610.70	475.39	8135.31
146	3801.37	5715.49	−1914.12
147	11951.87	312.96	11638.91
148	3046.71	594.85	2451.86
149	13471.26	3448.15	10023.11
150	4332.37	401.76	3930.61

注：1. 表格中所有数据均为笔者统计计算所得。
2. 表中的正值代表避难场所面积充盈；负值代表避难场所面积存在需求缺口。

附录 D

南京市老城区各类校园型避难场所信息

附表 3 南京市老城区各街道辖区内人口与避难空间

区名	街道名	有效避难场所数量（个）	有效避难场所难面积（公顷）	占老城区总有效避难场所数量比例（%）	占老城区总有效避难场所面积比例（%）	人均有效避难场所面积（平方米/人）	每千人有效避难场所面积（平方米）	每千人有效避难场所数量（个）	区总有效避难场所数量（个）	区总有效避难场所面积（公顷）	占老城区总有效避难场所面积比例（%）
玄武区	梅园	11	7.34	7.33	6.96	1.71	73.4	0.01	28	21.16	20.06
	新街口	10	8.62	6.67	8.17	0.72	86.2	0.01			
	玄武门	7	5.2	4.67	4.93	0.95	52	0.01			
鼓楼区	宁海路	9	9.14	6.00	8.66	0.70	91.4	0.01	62	54.26	51.43
	华侨路	7	7.27	4.67	6.89	0.90	72.7	0.01			
	湖南路	8	5.9	5.33	5.59	0.41	59	0.01			
	中央门	15	12.6	10.00	11.94	1.01	126	0.02			
	挹江门	10	10	6.67	9.48	1.08	100	0.01			
	热河南路	4	1.01	2.67	0.96	0.15	10.1	0.00			
	阅江楼	4	2.05	2.67	1.94	0.32	20.5	0.00			
	建宁路	5	6.29	3.33	5.96	1.10	62.9	0.01			
秦淮区	五老村	5	1.05	3.33	1.00	0.13	10.5	0.01	60	30.08	28.51
	洪武路	13	3.38	8.67	3.20	0.33	33.8	0.01			
	大光路	6	3.01	4.00	2.85	0.38	30.1	0.01			
	瑞金路	10	16.47	6.67	15.61	1.85	164.7	0.01			
	朝天宫	10	2.24	6.67	2.12	0.18	22.4	0.01			
	夫子庙	9	1.81	6.00	1.72	0.18	18.1	0.01			
	双塘	7	2.12	4.67	2.01	0.29	21.2	0.01			

注：作者统计所得。

APPENDIX
附录 E

南京市老城区内校园建筑倒塌模拟分析

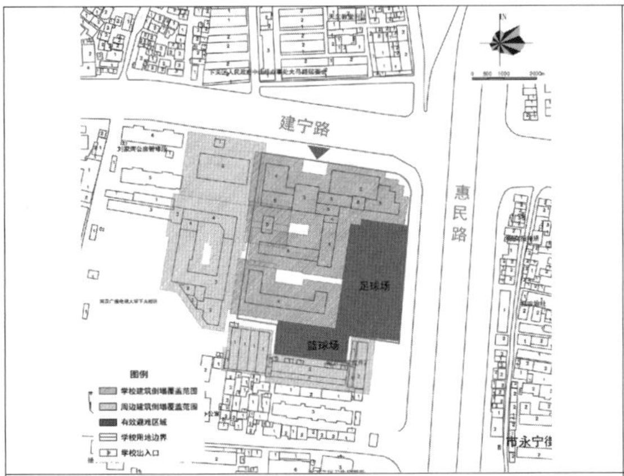

A003 天妃宫小学

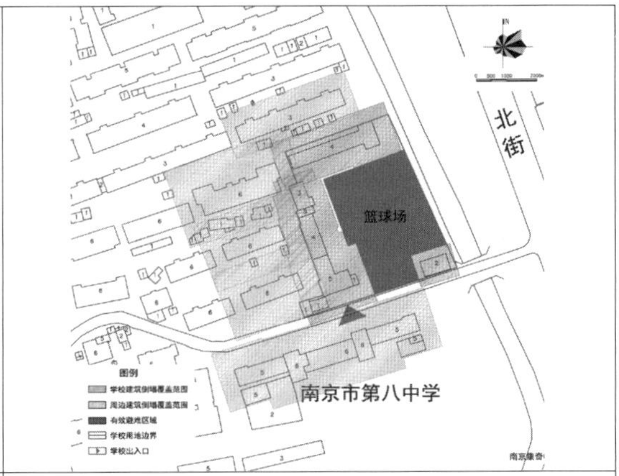

A006 南京财经大学附属小学

A008 姜家园小学

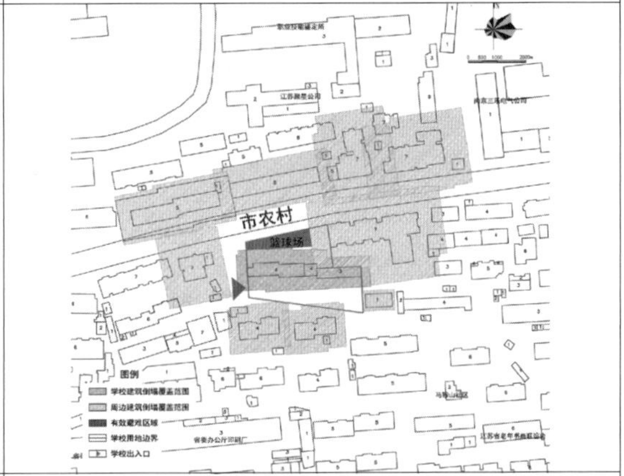

A020 虹桥小学

A024 中央路小学

A025 昆仑路小学

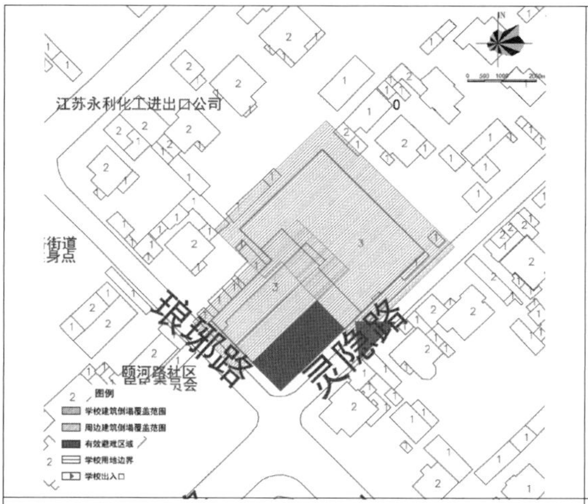

A026 琅琊路小学分部

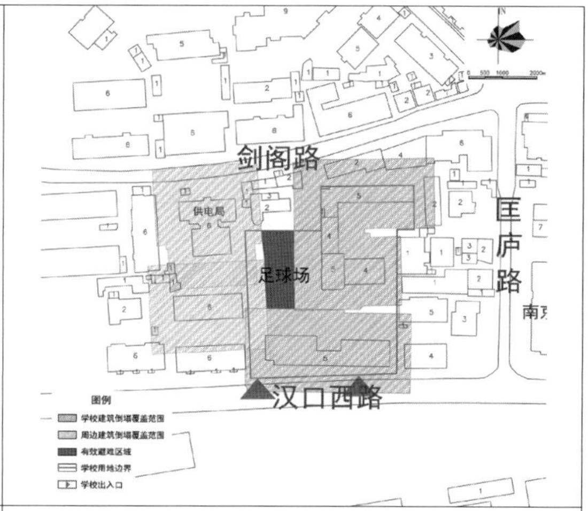

A031 力学小学

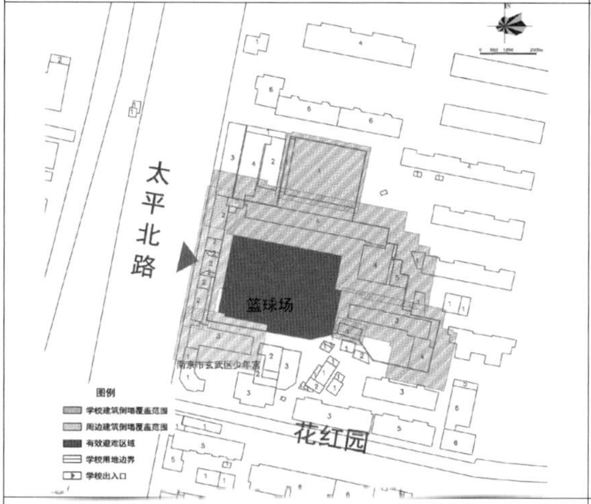

A041 成贤街小学

A050 汉中门小学

A055 朝天宫民族小学

A056 建邺路小学

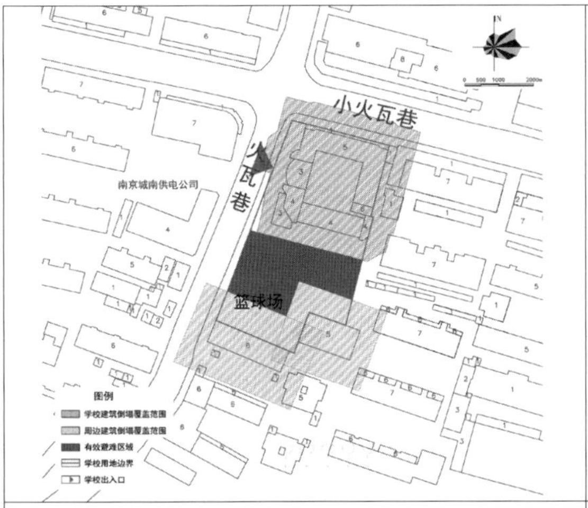

A058 火瓦巷小学

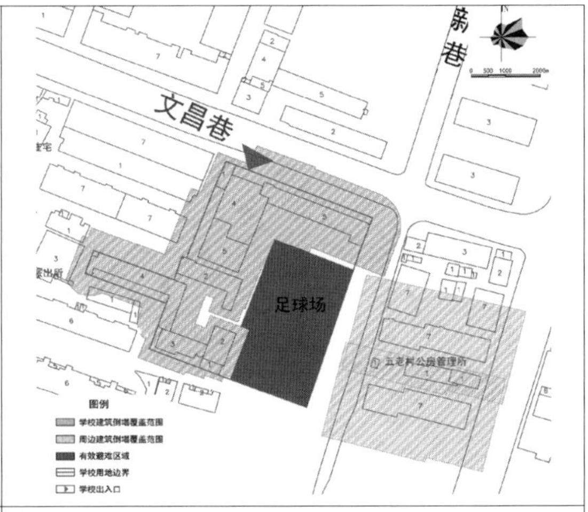

A060 五老村小学

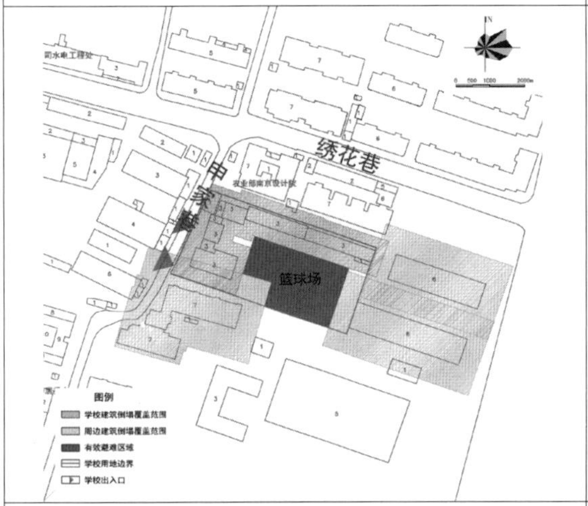

A061 南京郑和外国语学校（小学部）

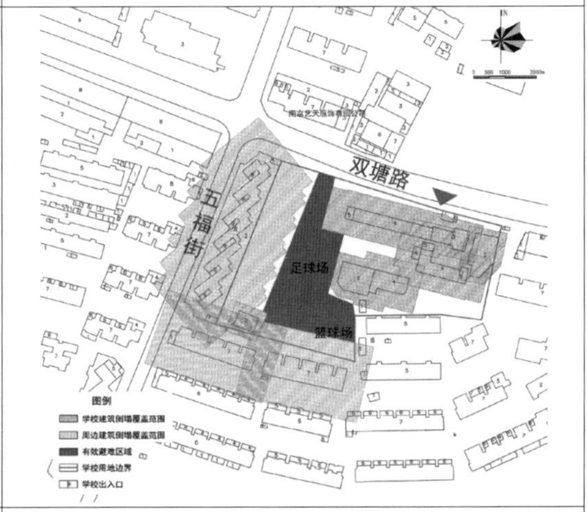

A067 双塘逸夫小学

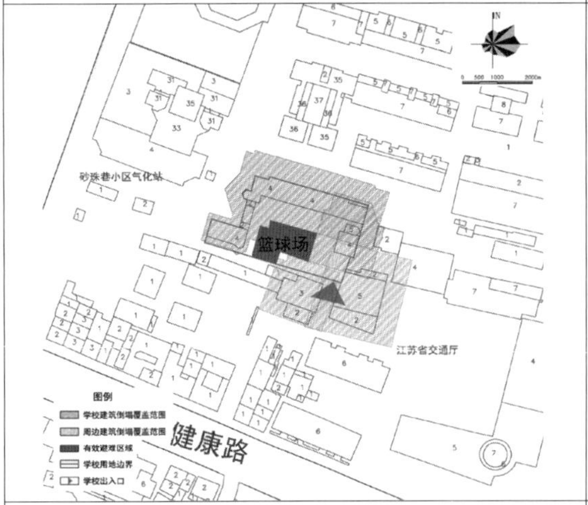

A069 砂珠巷小学

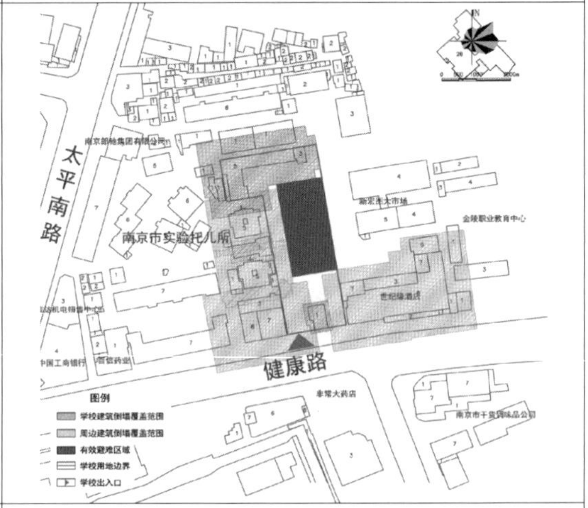

A070 夫子庙小学（分部）

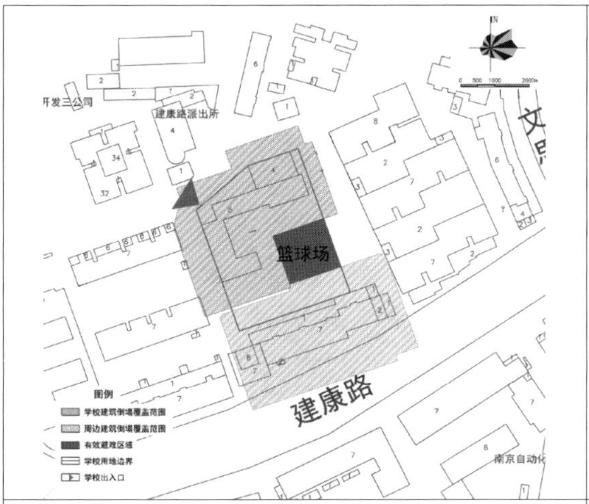

A071 健康路小学

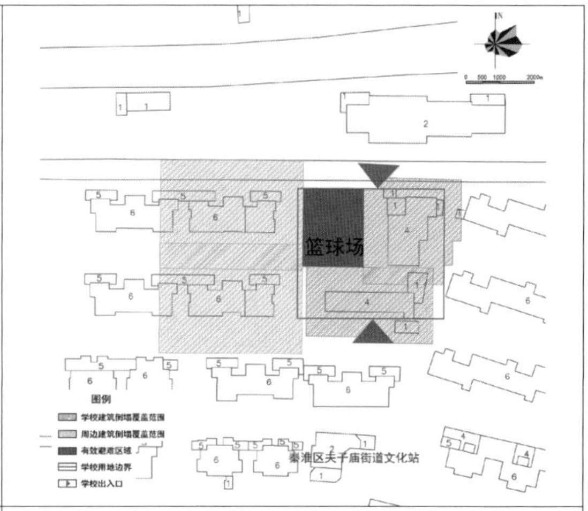

A072 东关头小学

A076 后标营小学

A083 小西湖小学（老门东校区）

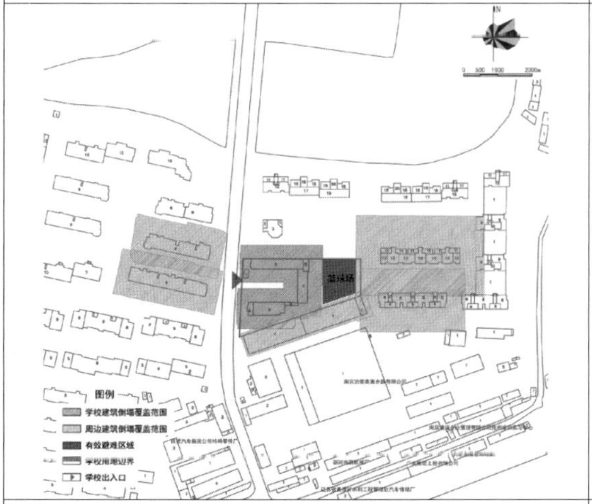

A085 小西湖小学分校

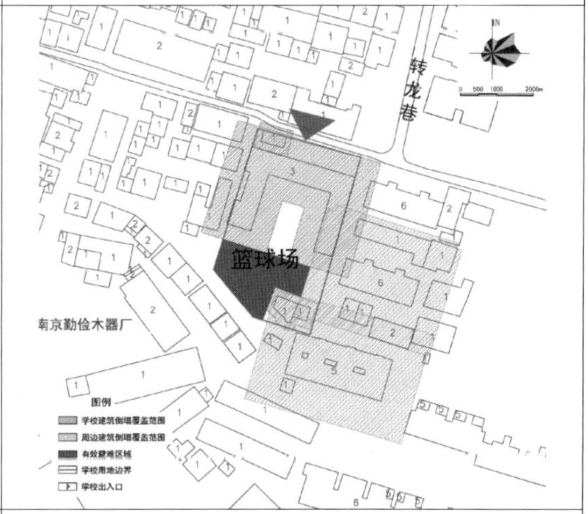

A088 马道街小学

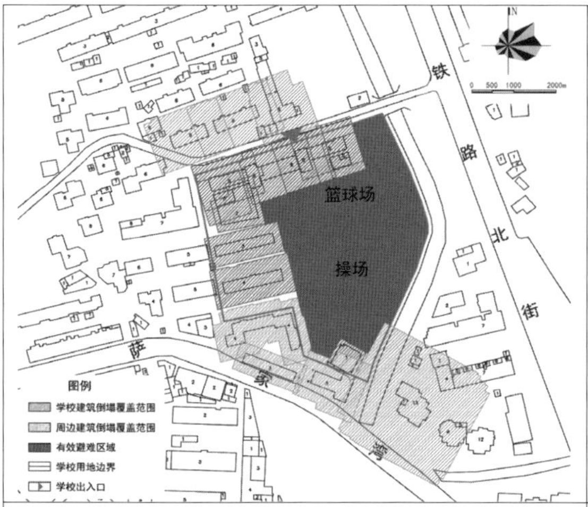

B005 第八中学

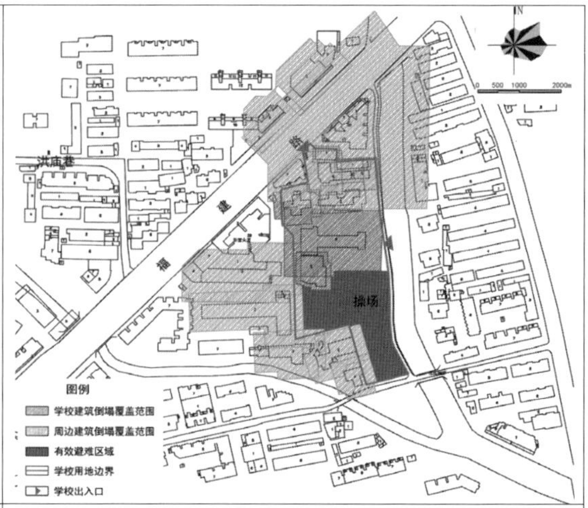

B006 育英外国语学校（初中部）

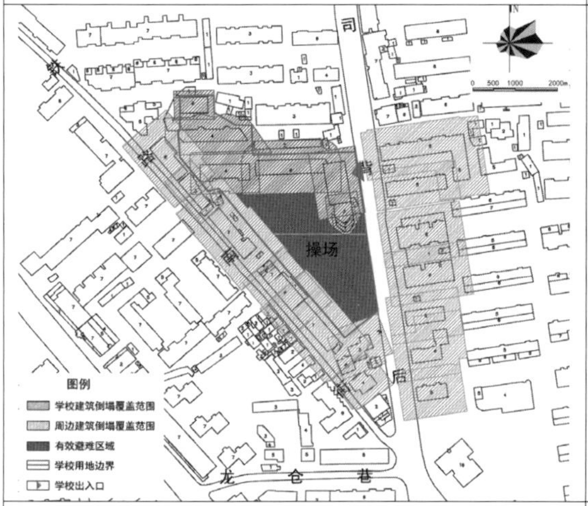

B011 第五十中学

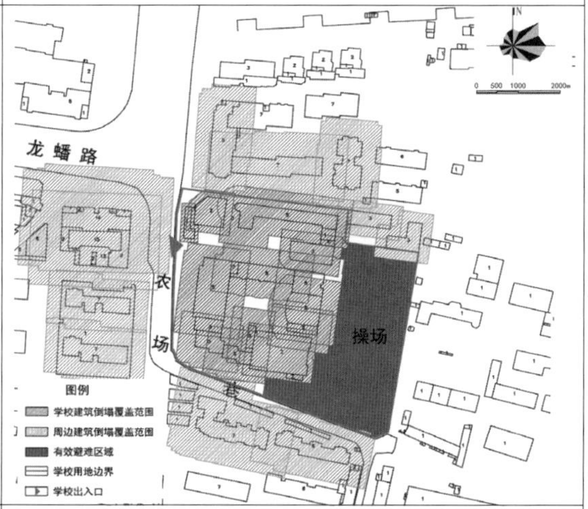

B020 玄武高级中学（太平门校区）

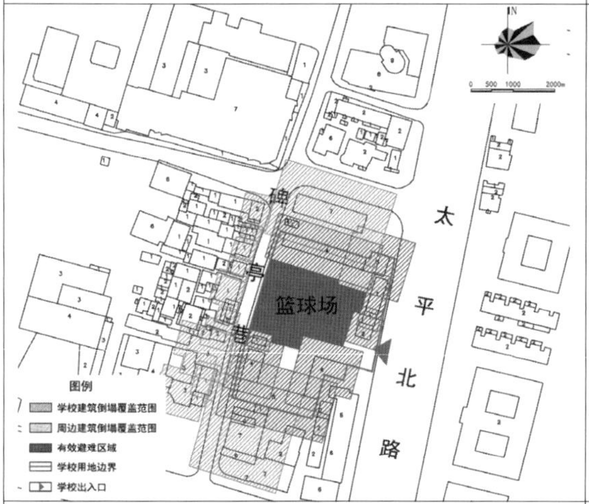

B025 外国语学校

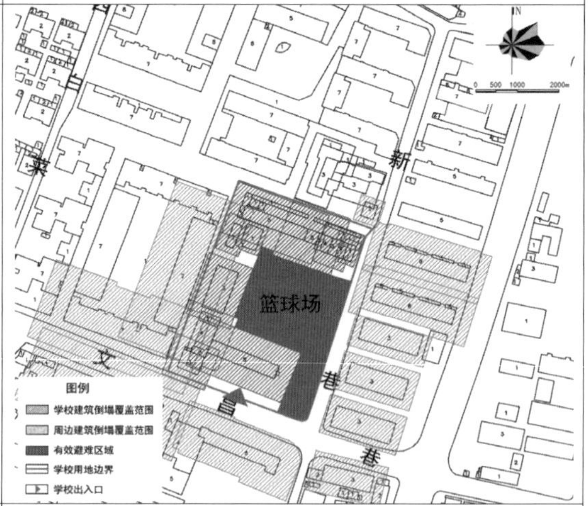

B030 第三高级中学文昌校区

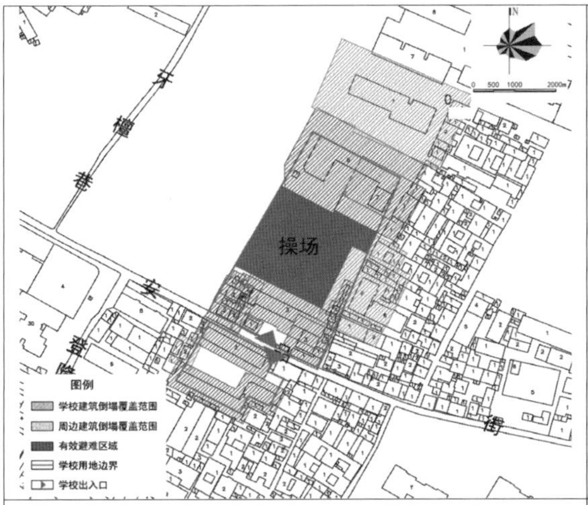

B037 第二十八中学

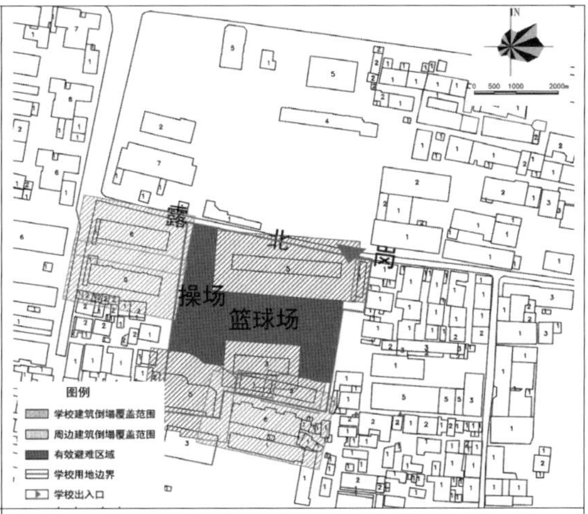

B045 第四十三中学

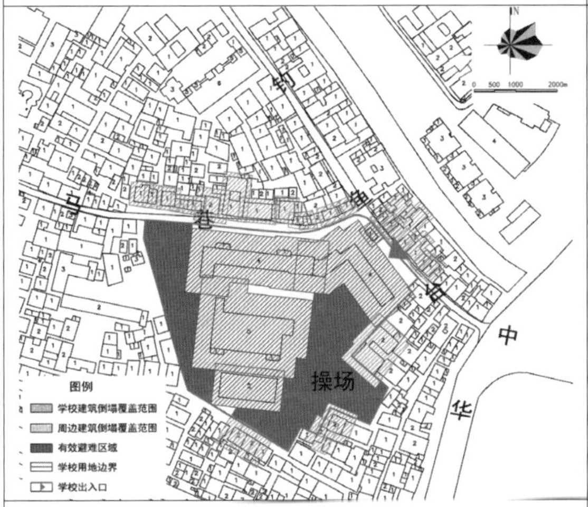

B046 文枢中学钓鱼台

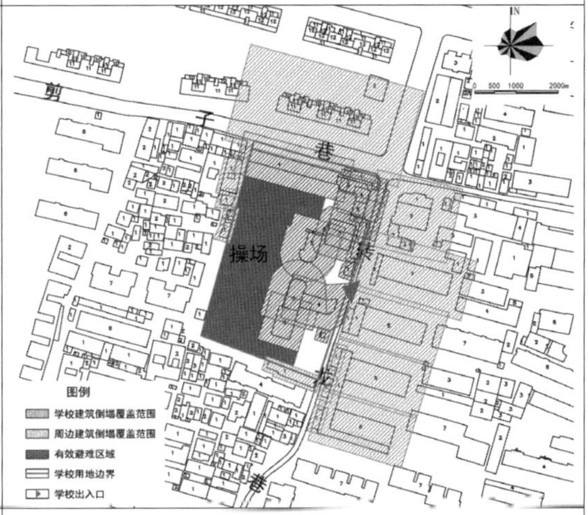

B047 秦淮外国语学校

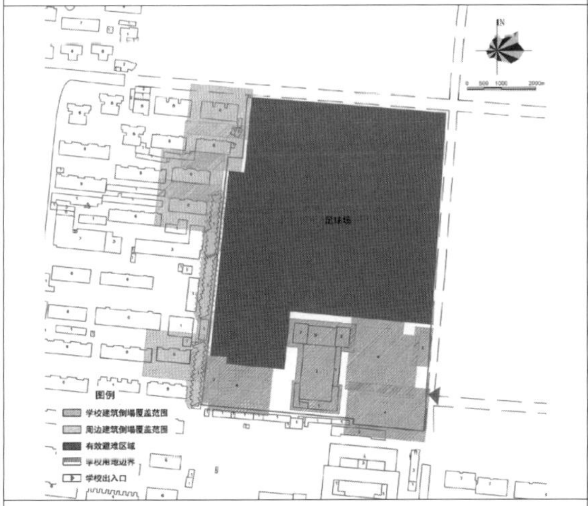

D023 海军指挥学院

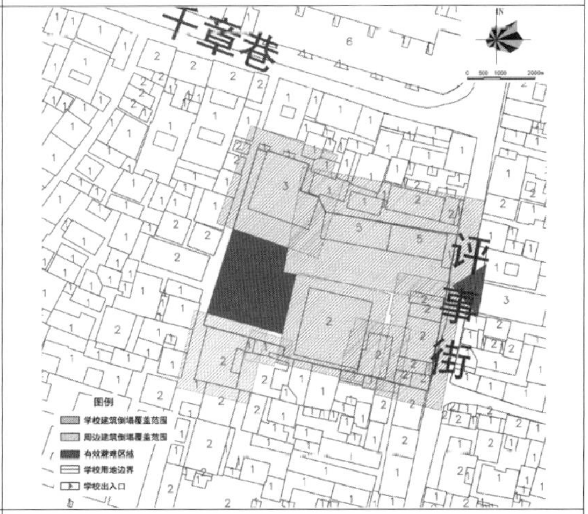

D029 江苏电大建邺分院

附图 1 半围合但出入口被堵

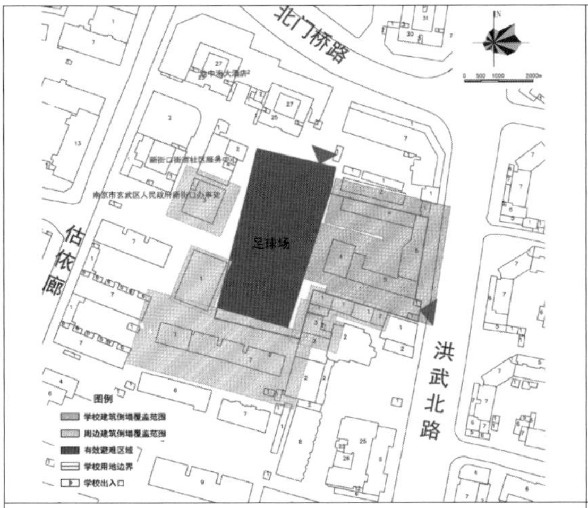

A039 洪武北路红十字会小学

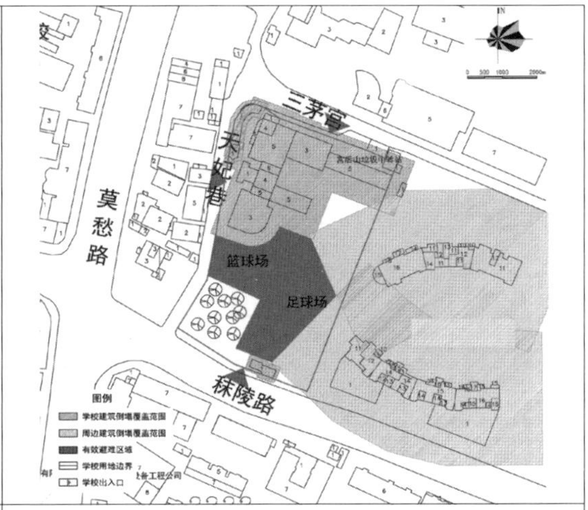

A051 石鼓路小学

A054 逸仙小学

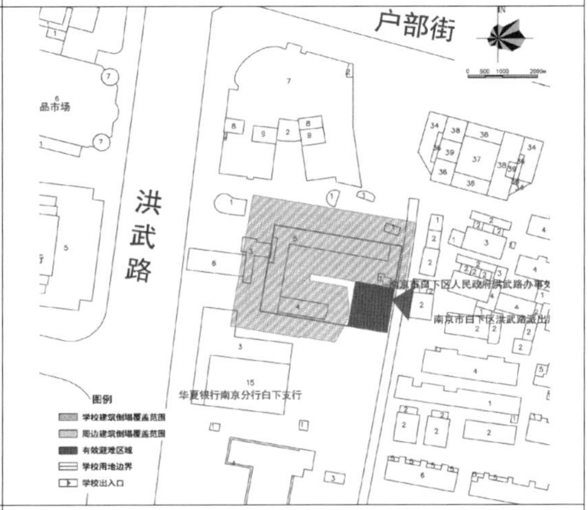

A057 户部街小学

A062 三条巷小学

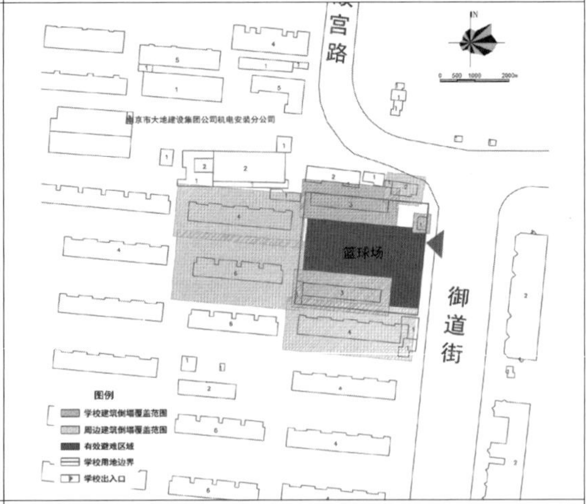

A066 御道街小学

A077 凤游寺小学

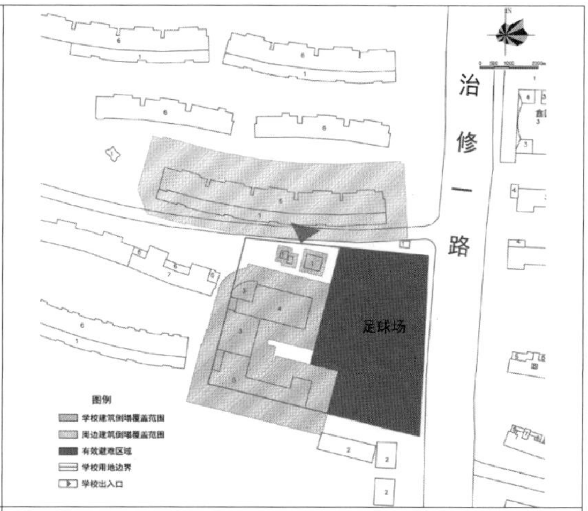

A087 鑫园小学

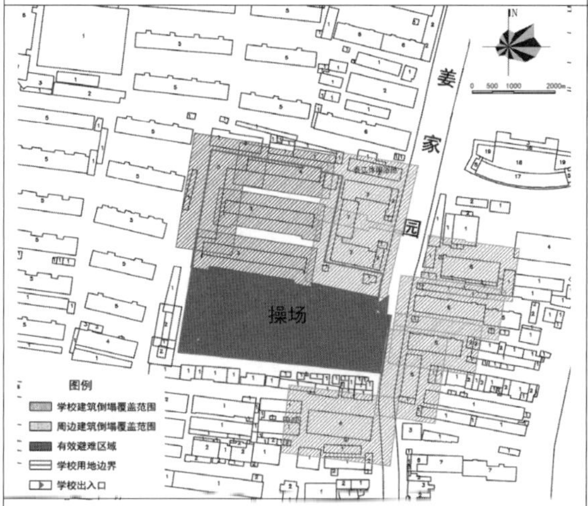

B007 第十二中学初中部

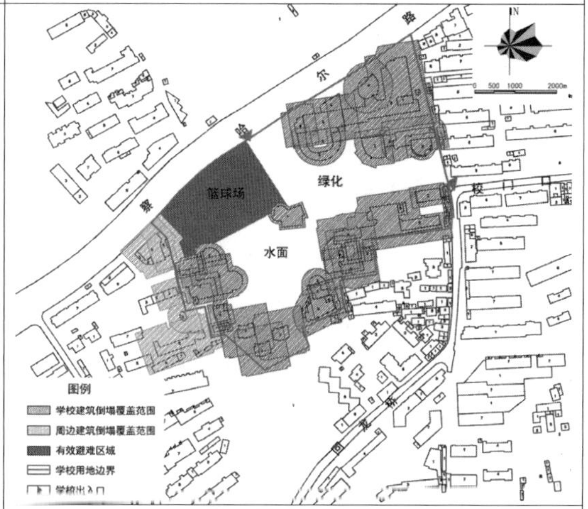

B008 南京师范大学附属中学

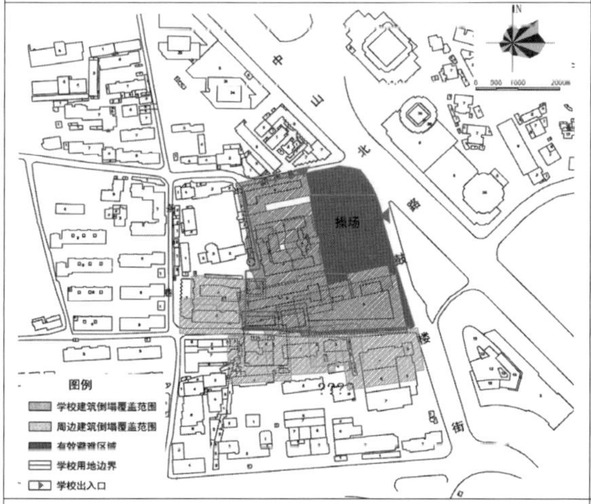

B014 南京大学附属中学

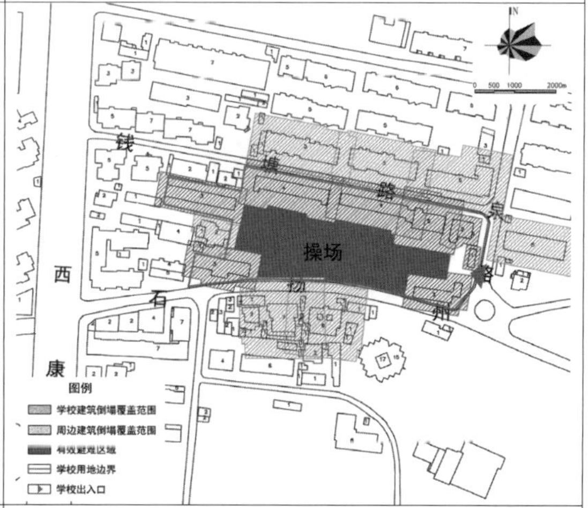

B016 江苏教育学院附属高级中学（玉泉初中部）

B017 江苏教育学院附属高级中学石头城分校

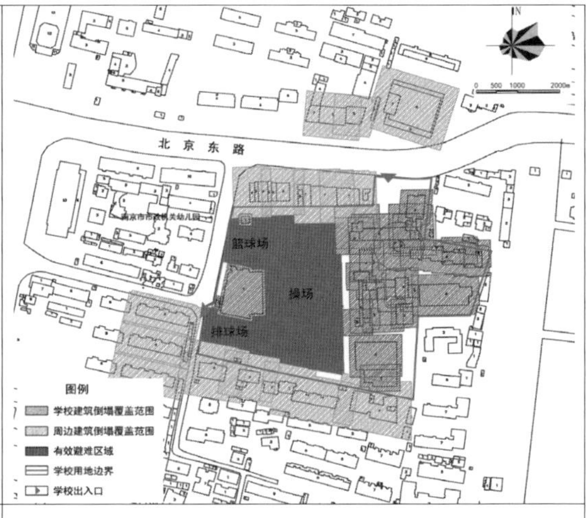

B019 外国语学院

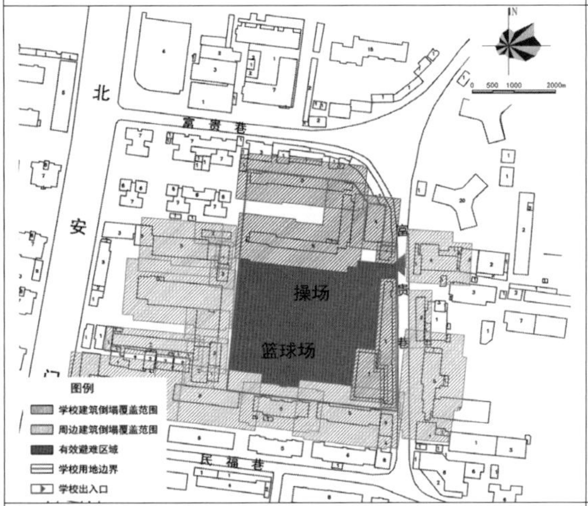

B028 第四十五中学

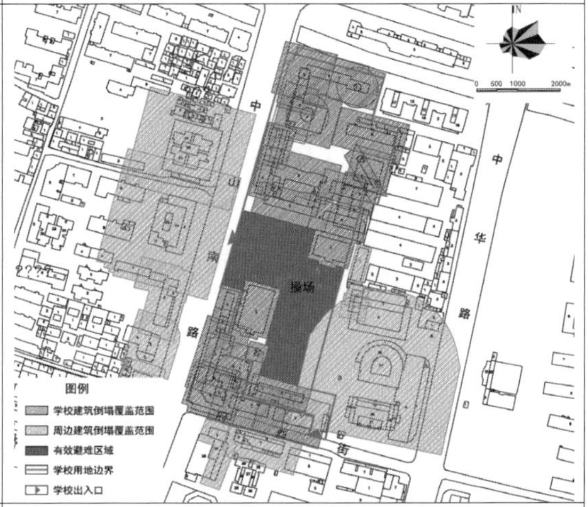

B040 第一中学

C009 江苏教育学院

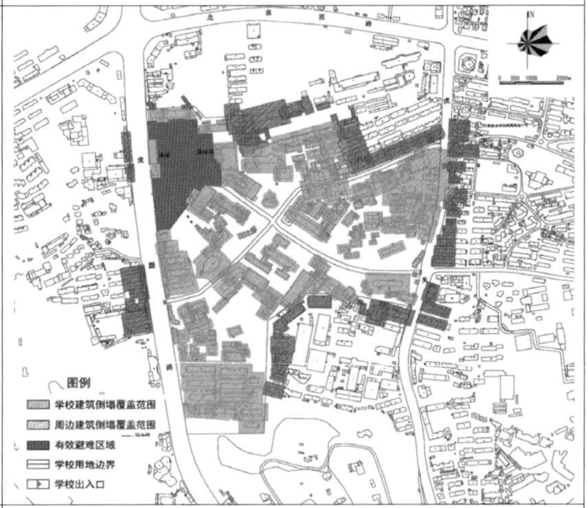

C010 河海大学

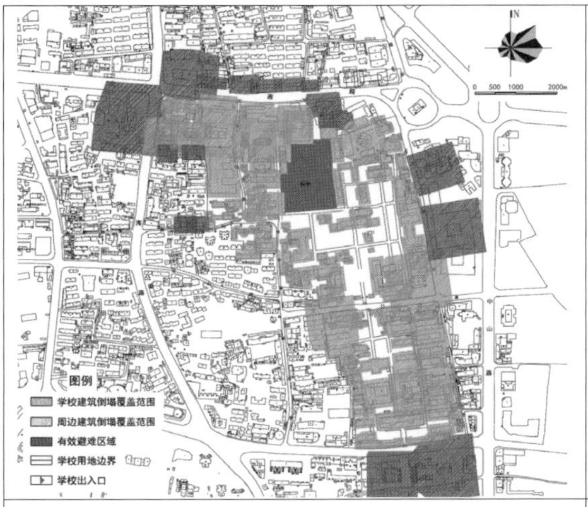

C011 南京大学

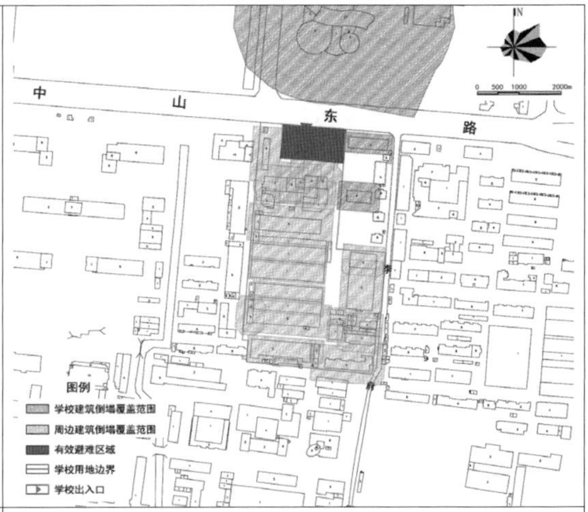

C020 南京工业职业技术学院

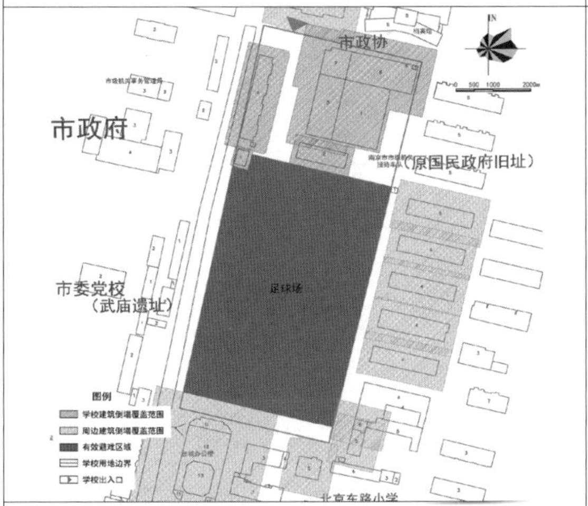

D007 北京东路体育运动学校

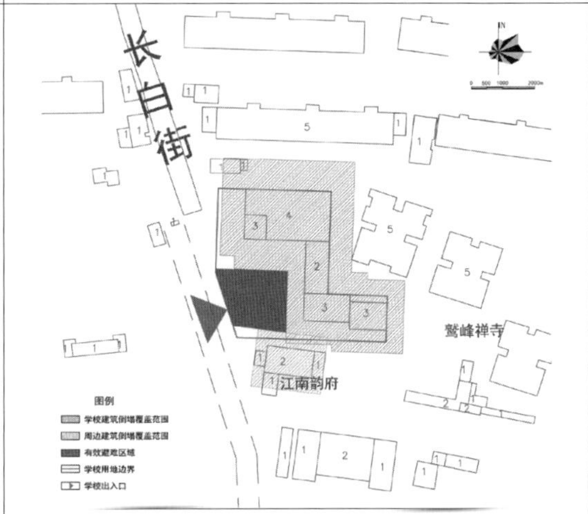

D016 秦淮区教师进修学校

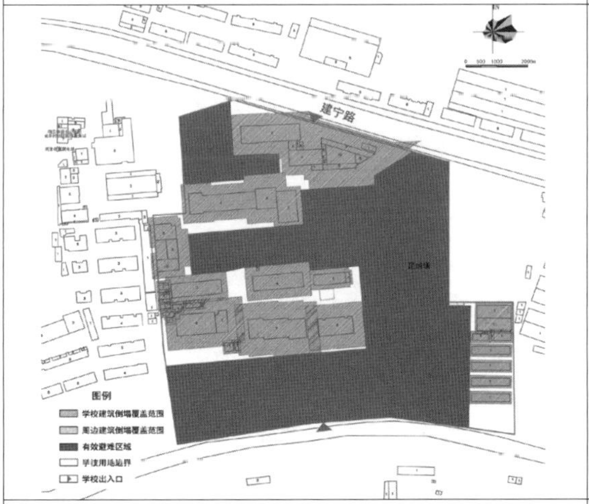

D018 铁道职业技术学院

D021 东南大学交通学院

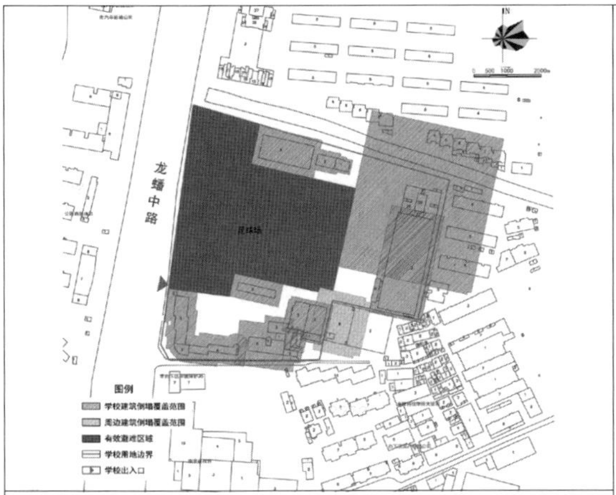

D024 体育运动学校

附图 2 半围合且有出入口

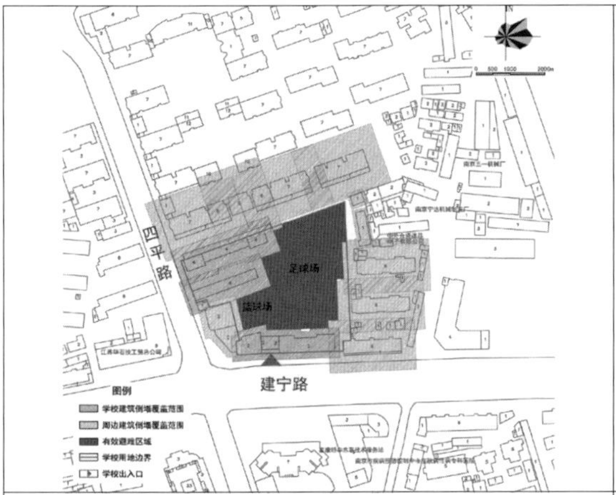

A001 长平路小学

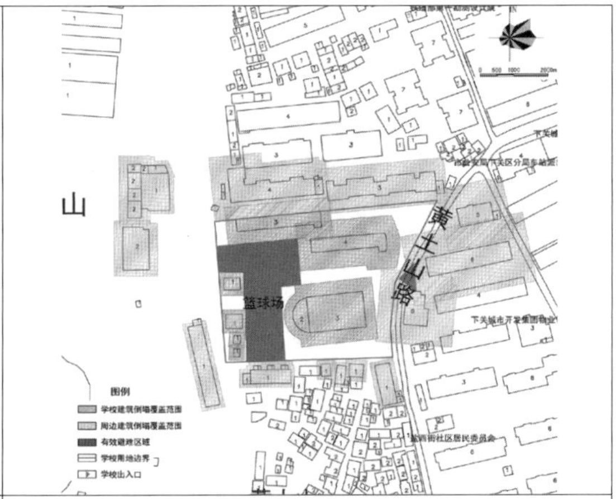

A004 阅江楼小学

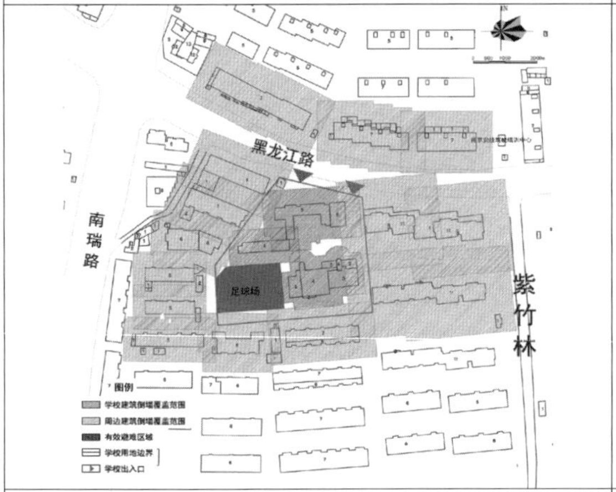

A007 紫竹苑小学

A010 南京特殊教育师范学校第二附属小学

A011 镇江路小学

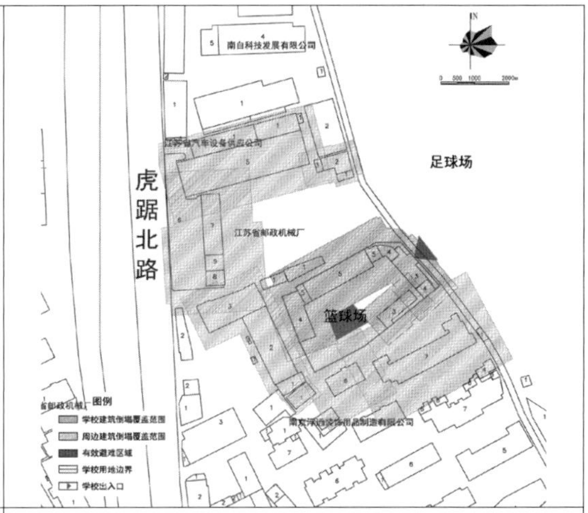

A012 察哈尔路小学

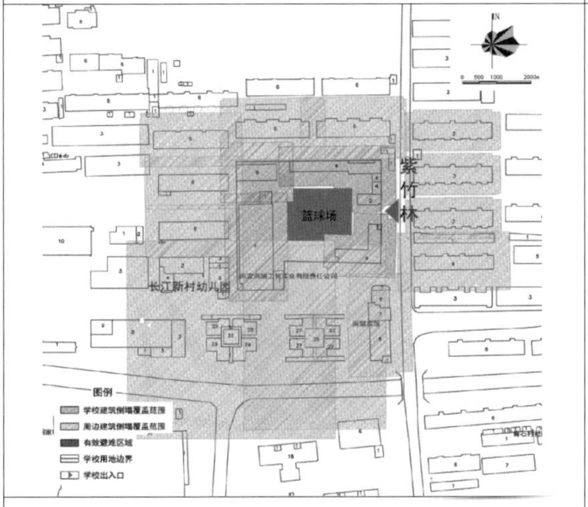

A013 丁家桥小学

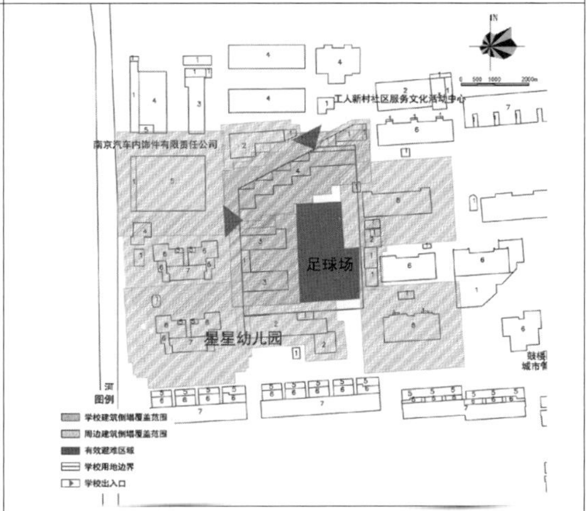

A014 工人新村小学

A015 古平岗小学

A016 回龙桥小学

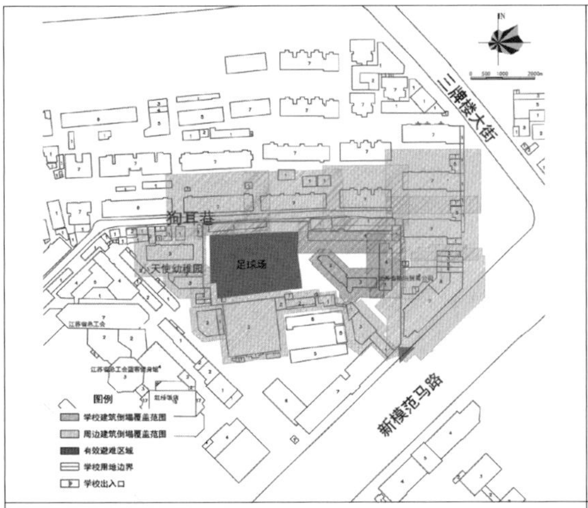

A017 三牌楼小学

A018 马台街小学

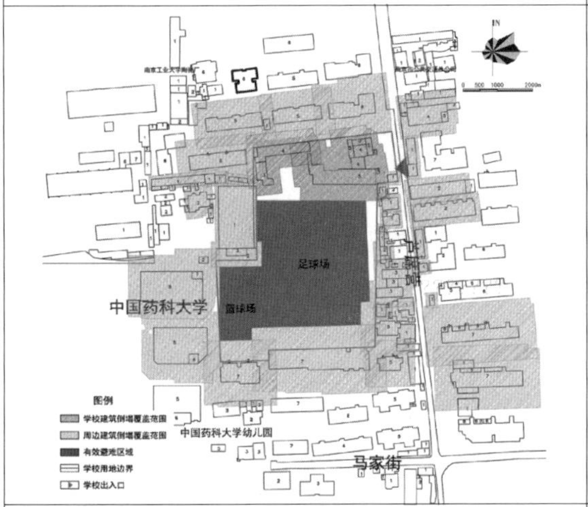

A019 南昌路小学

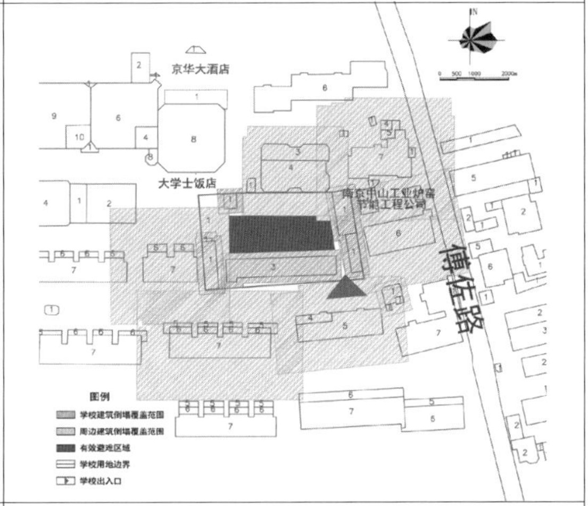

A022 琅琊路小学傅佐路校区

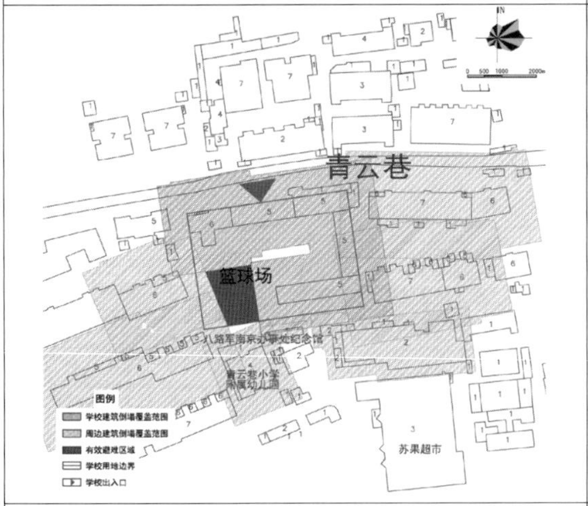

A023 青云巷小学

A030 江苏教院附小

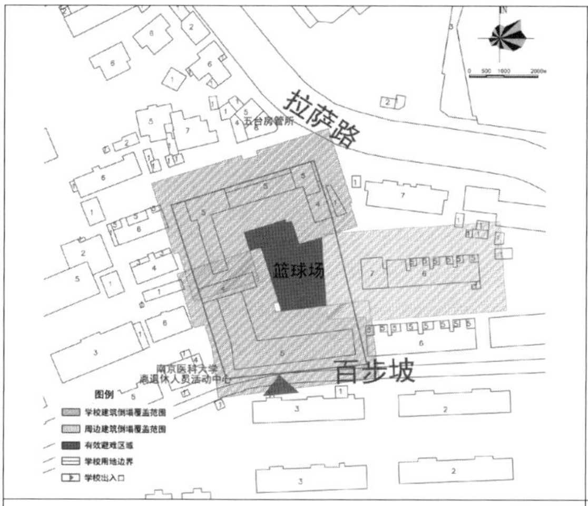

A032 拉萨路小学

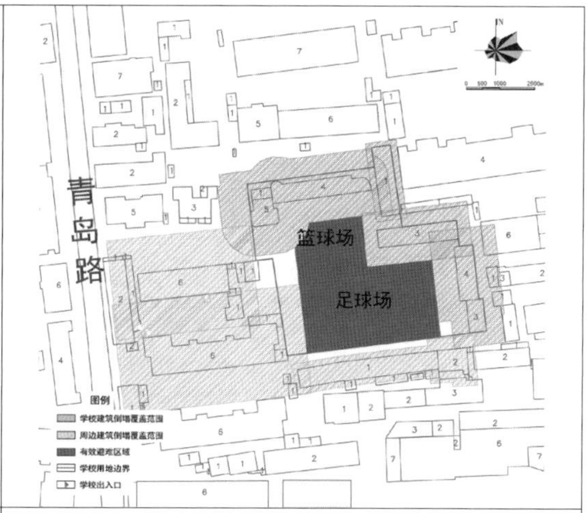

A033 汉口路小学

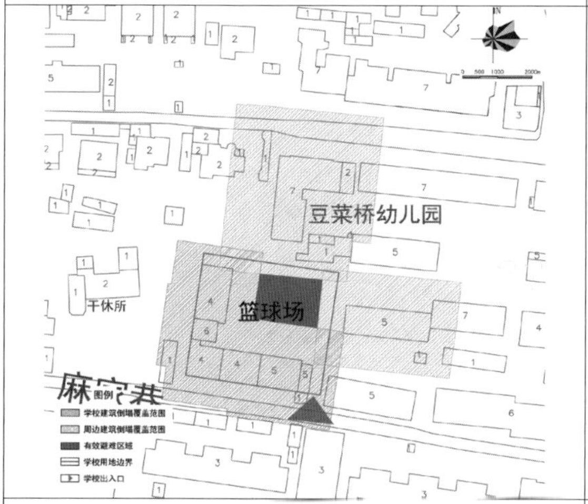

A035 拉萨路小学新华校区

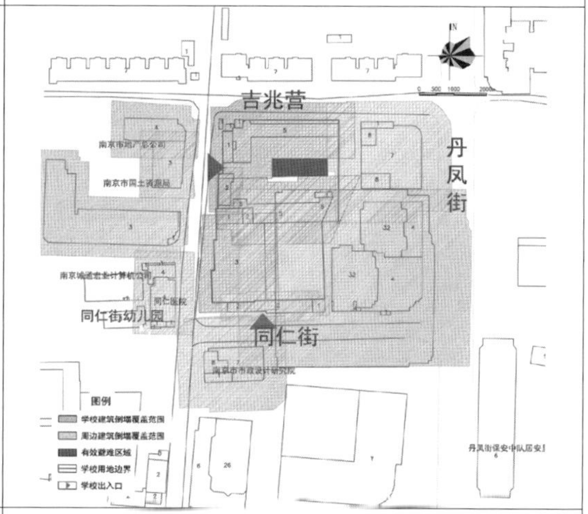

A036 同仁小学

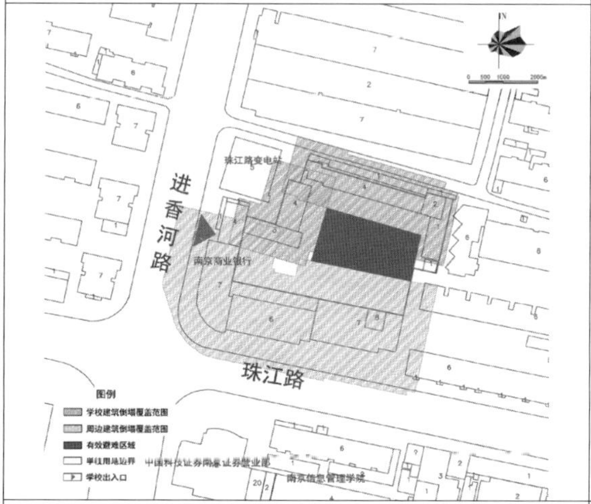

A038 珠江路小学

A040 长江路小学

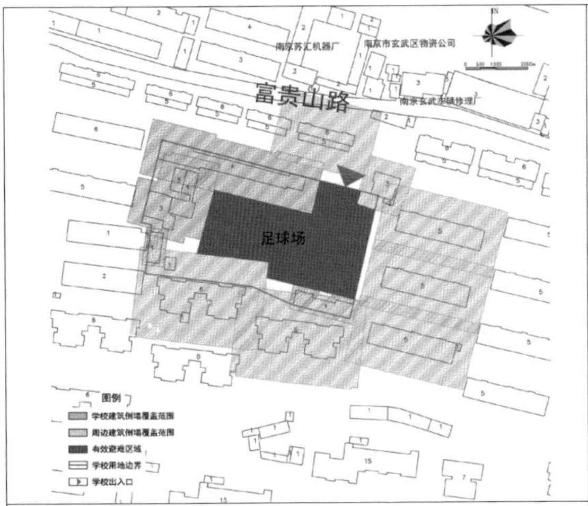

A046 半山园小学

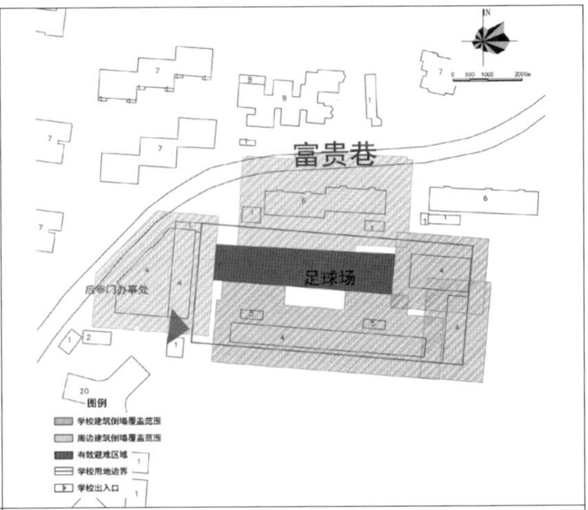

A047 海英小学

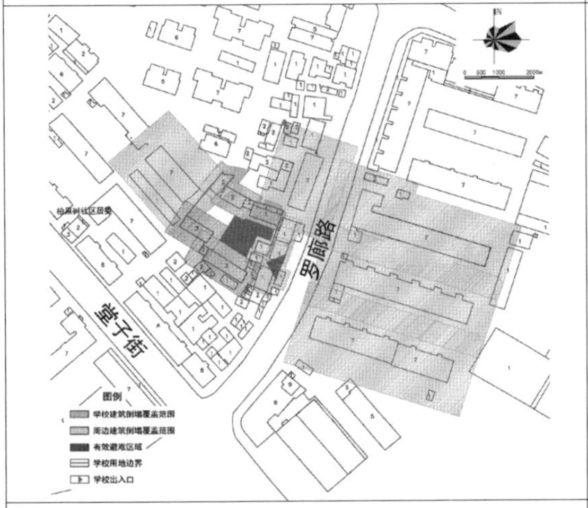

A049 堂子街民办小学

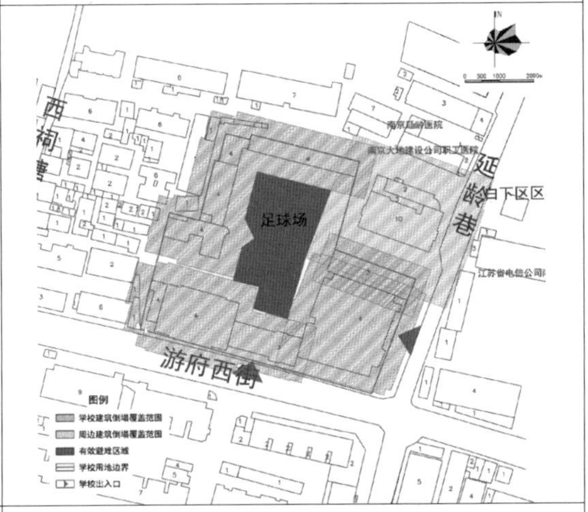

A053 游府西街小学

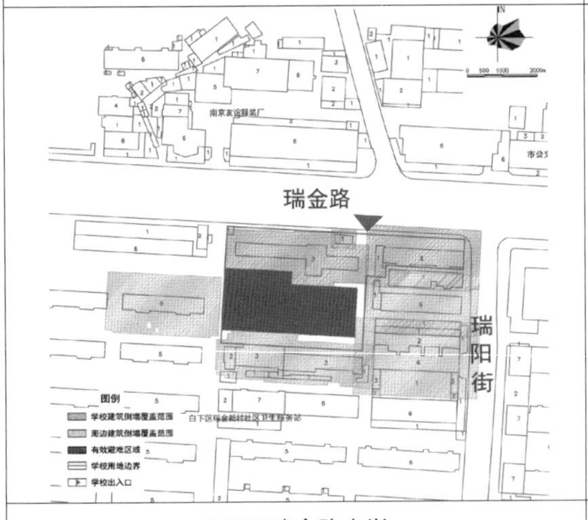

A065 瑞金路小学

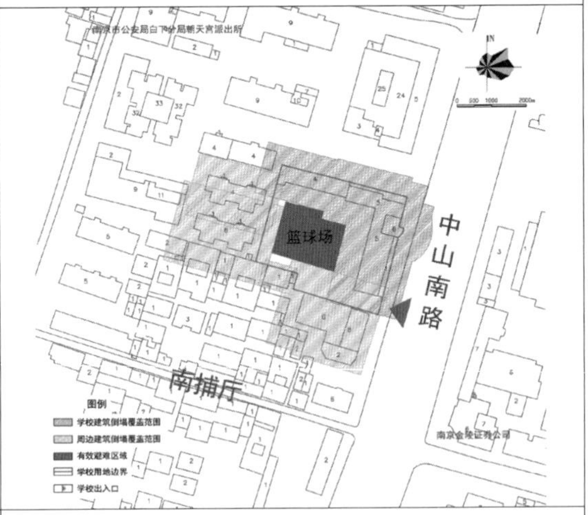

A068 府西街小学

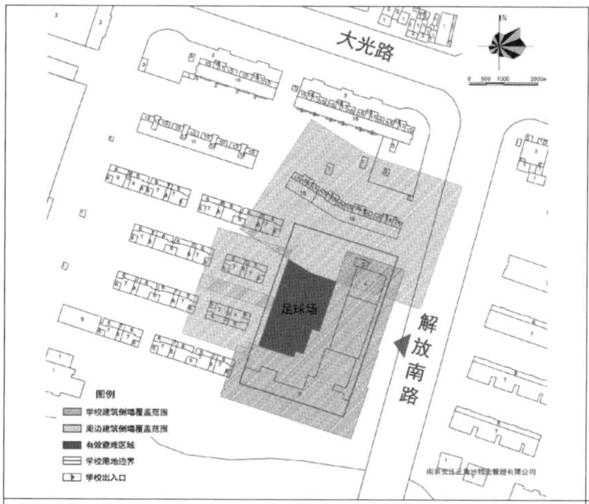

A073 大光路小学

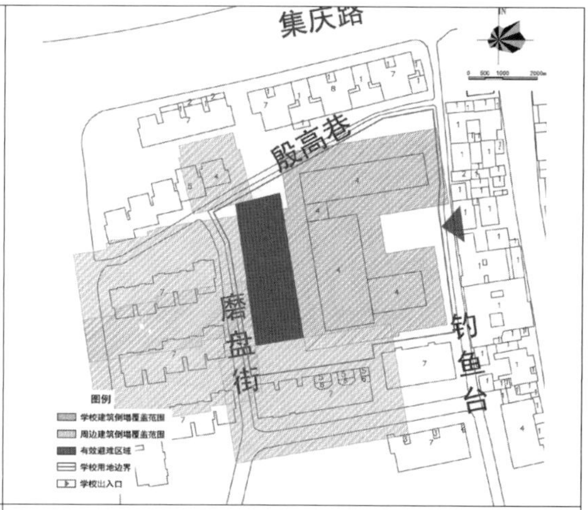

A079 钓鱼台小学

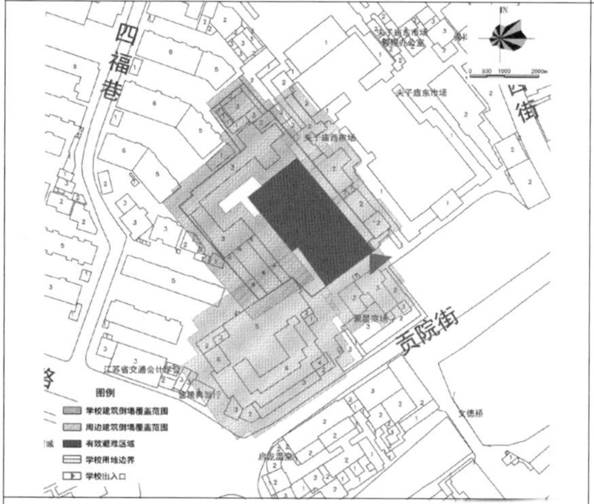

A082 夫子庙小学

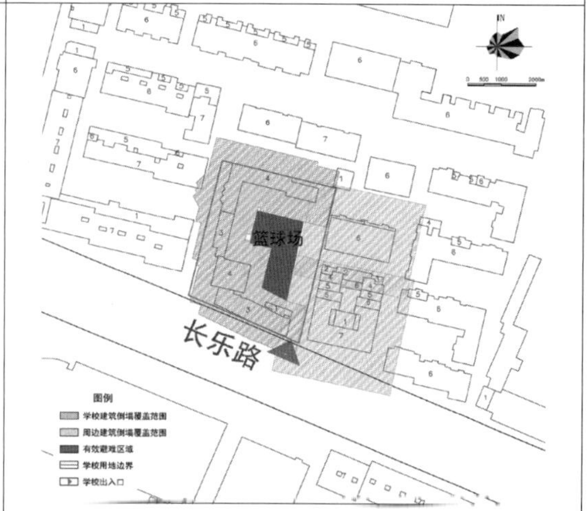

A084 长乐路小学

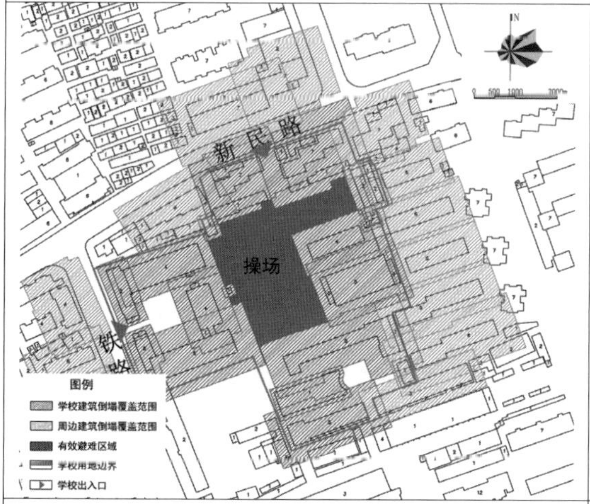

B001 第三十九中学

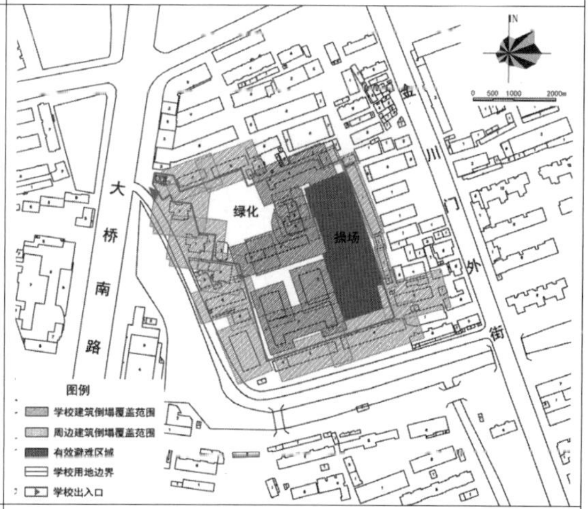

B003 第十二中学（大桥南路）

B010 科利华中学

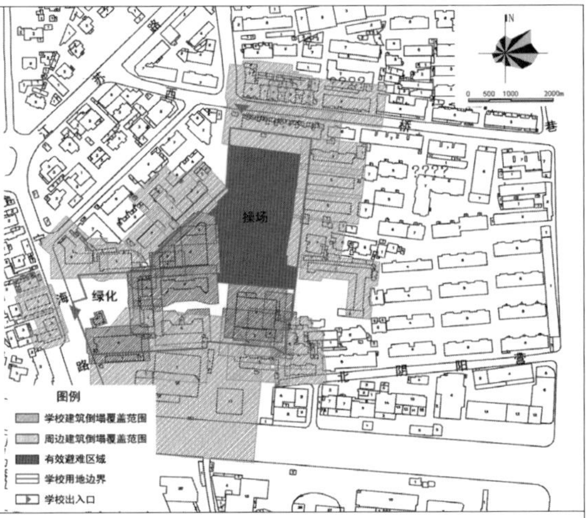

B015 宁海中学

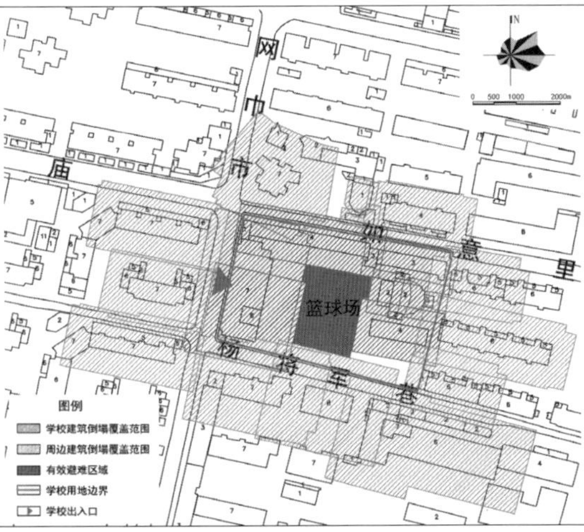

B024 第九初级中学

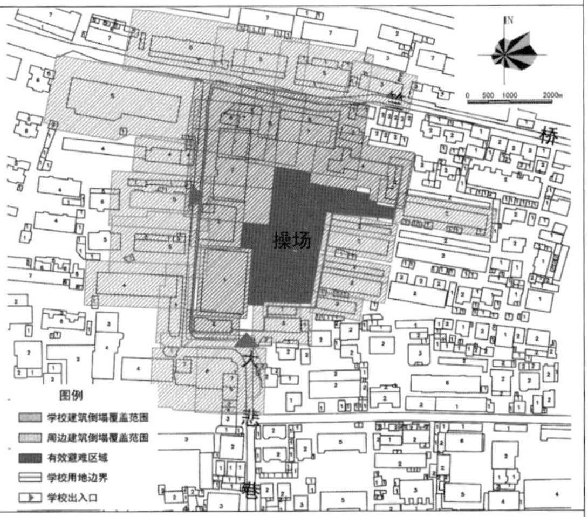

B026 玄武中学梅园校区

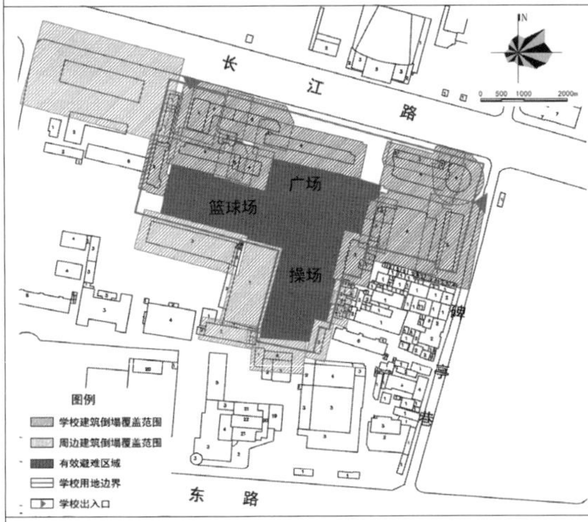

B027 第九中学

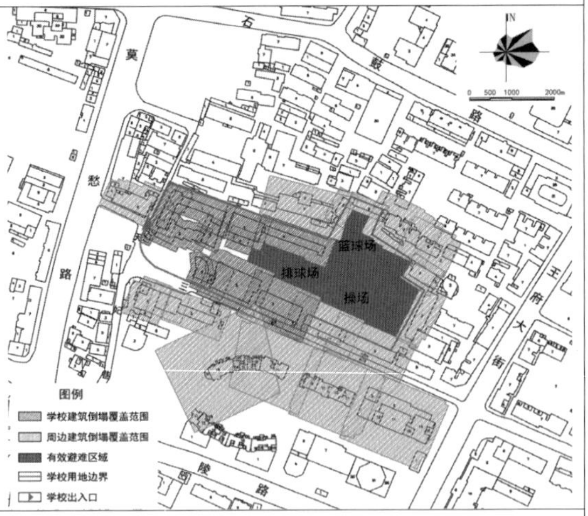

B029 第五中学

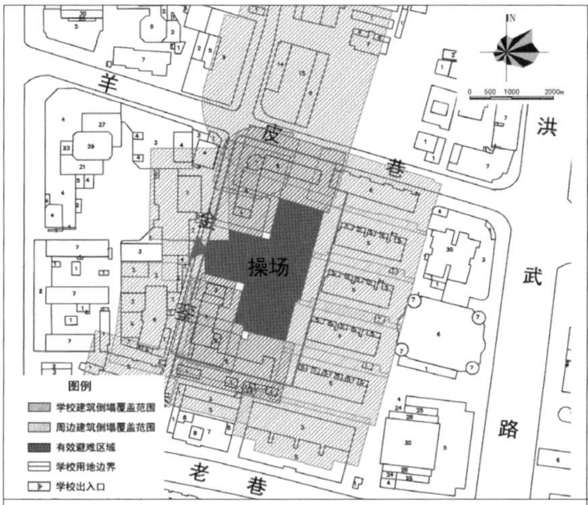

B031 第三中高级中学（文昌校区）

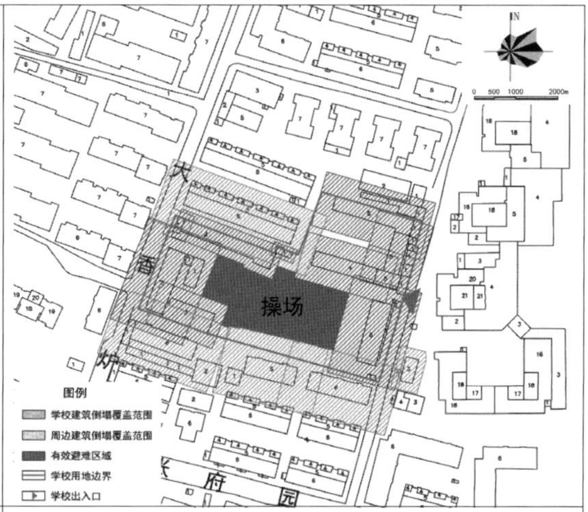

B032 二十四中学

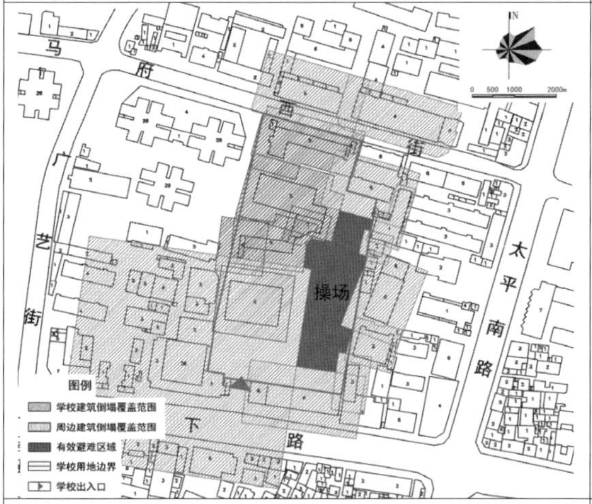

B035 南京三中

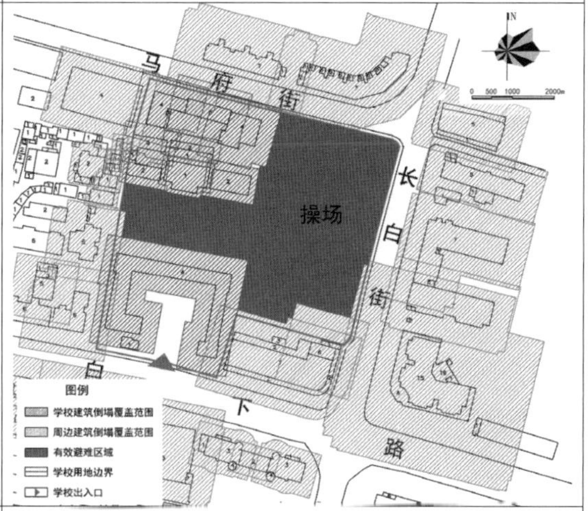

B036 第六中学

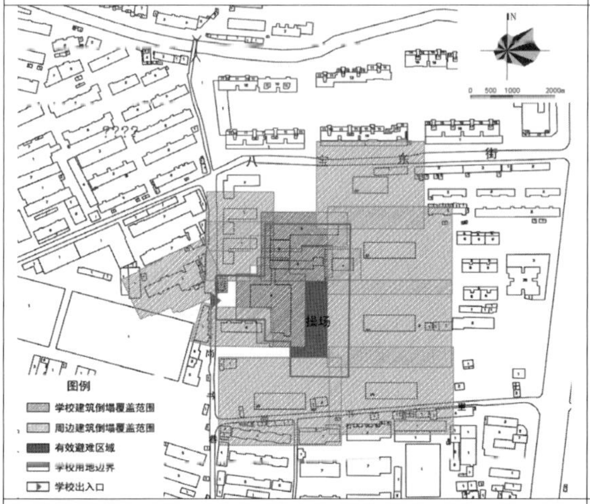

B038 南航附中初中部

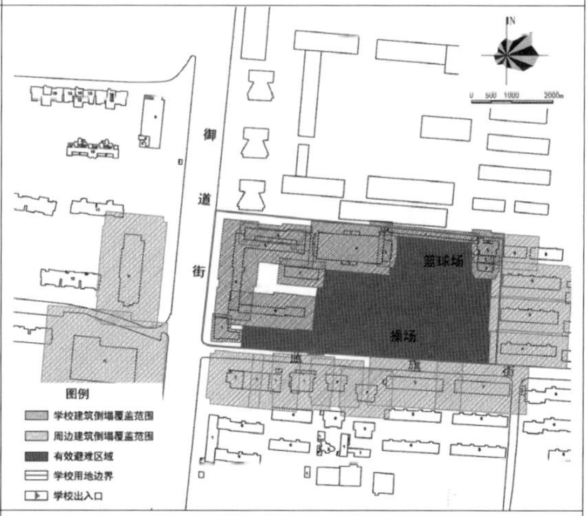

B039 南京航空航天大学附属中学（第七中学）

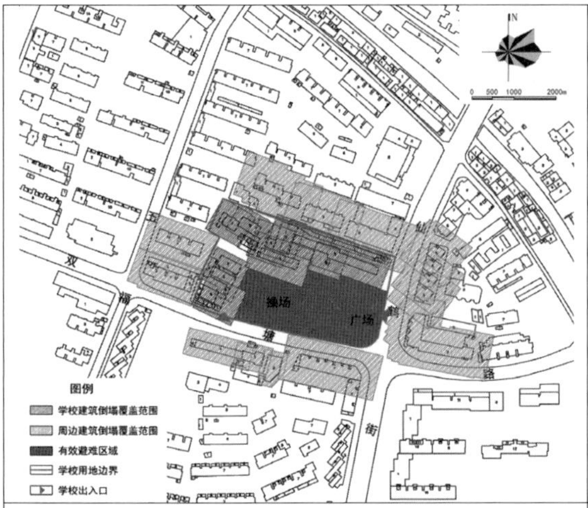

B041 文枢中学（高中部）

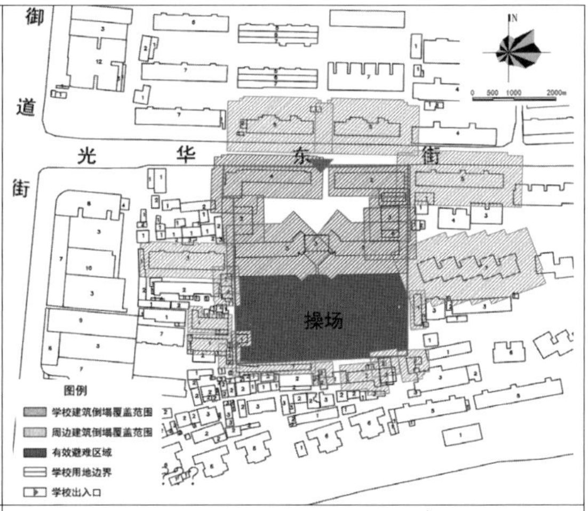

B042 行知实验中学

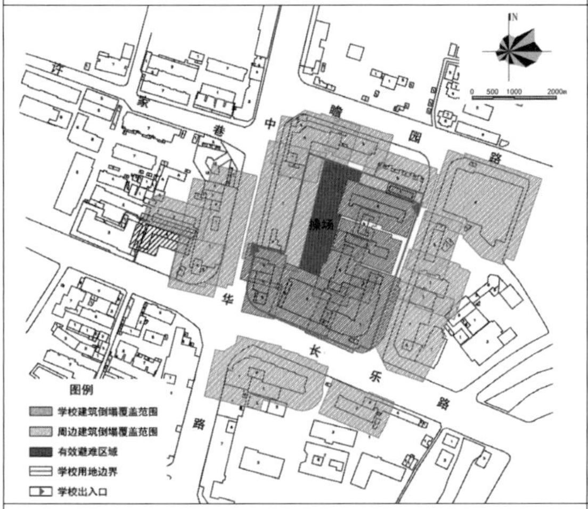

B043 中华中学初中部

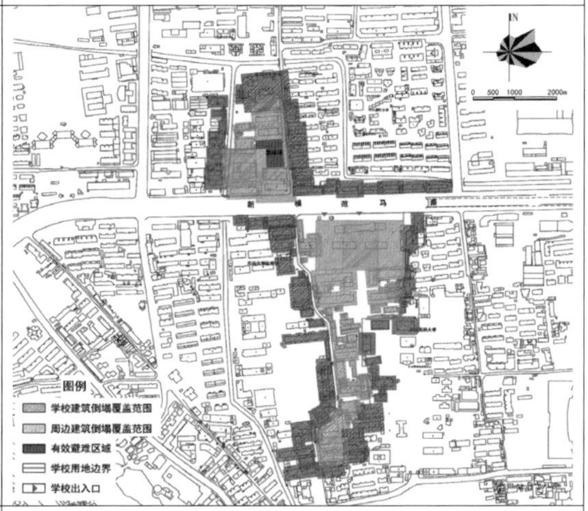

C004 南京工业大学

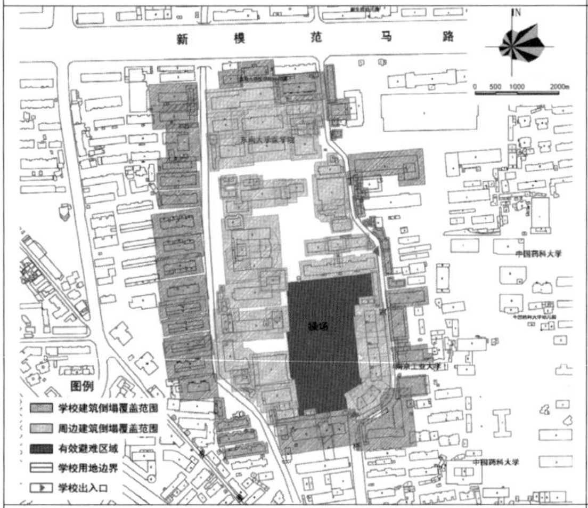

C006 东南大学医学院

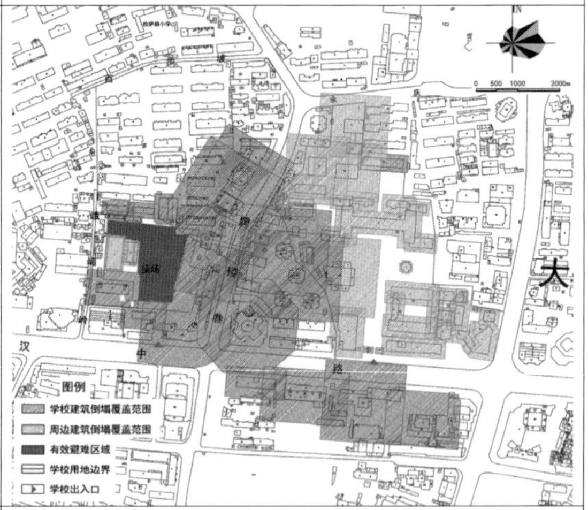

C015 南京医科大学

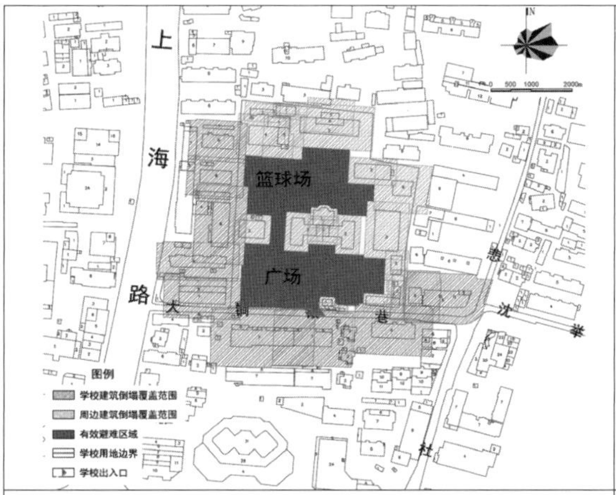

C016 金陵协和神学院

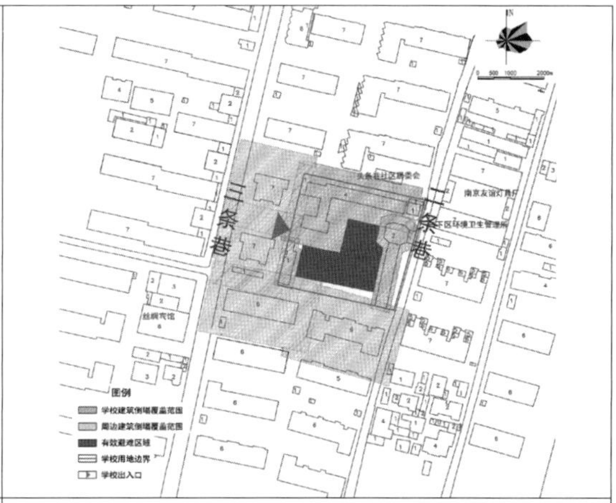

D004 白下区教师进修学校

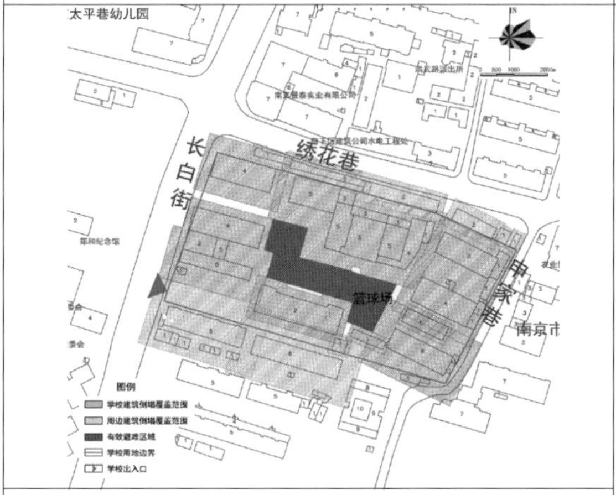

D011 江苏省戏剧学校

附图 3 围合但出入口被堵

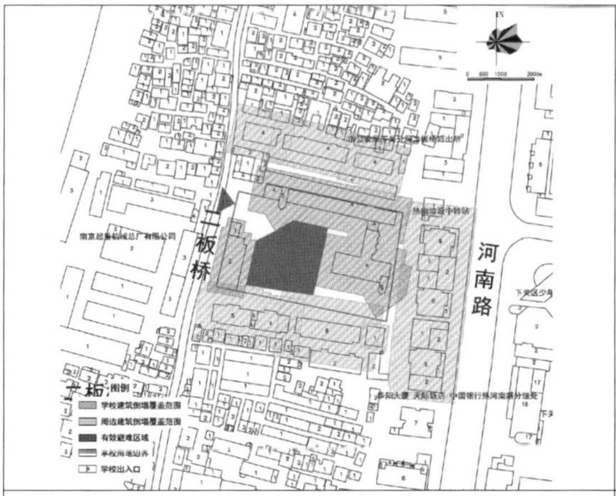

A009 二板桥小学

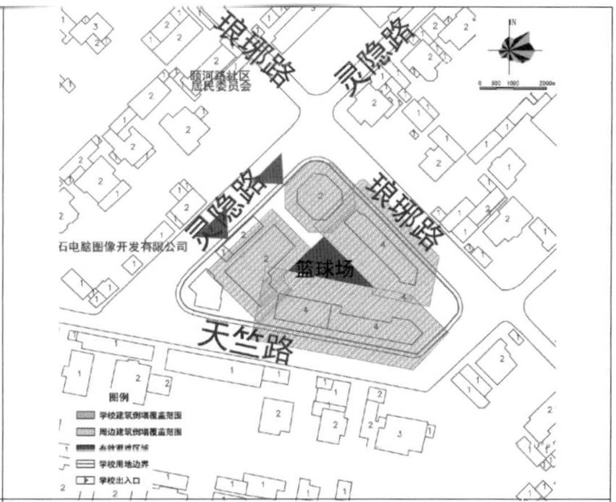

A027 琅琊路小学

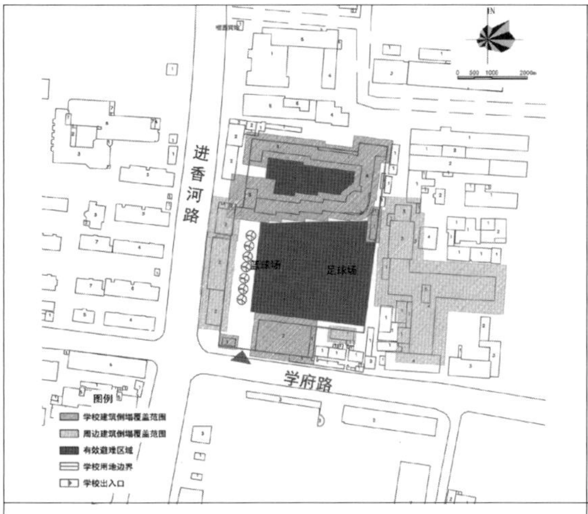

A037 南京师范大学附属小学

A045 宇花小学

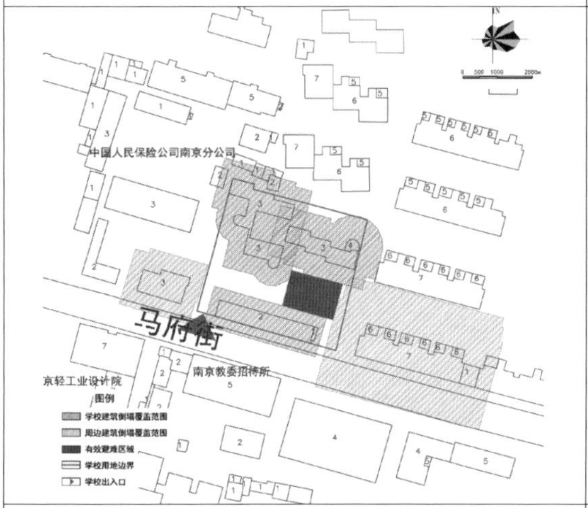

A059 五老村小学马府街分校

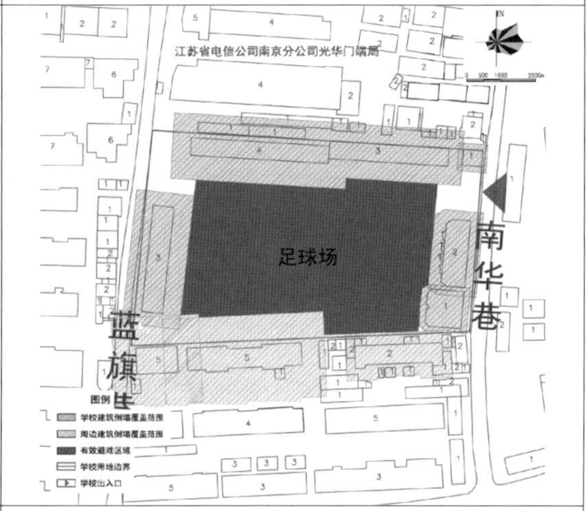

A075 光华东街小学

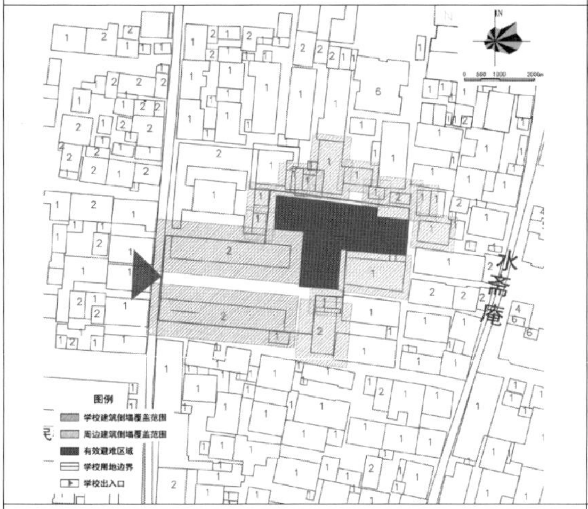

A078 颜料坊小学

A086 育智学校

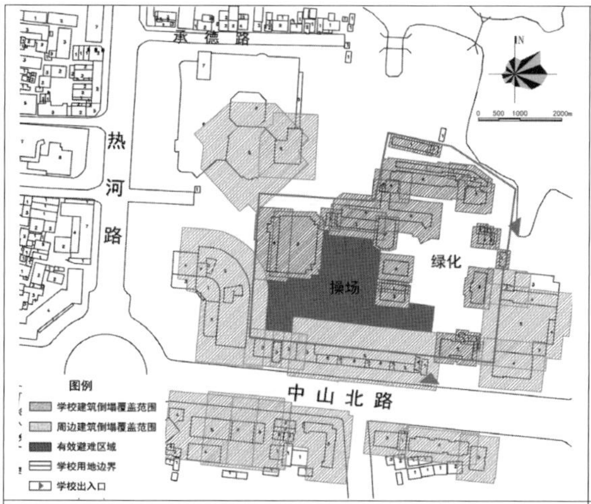

B002 第十二中学（高中）

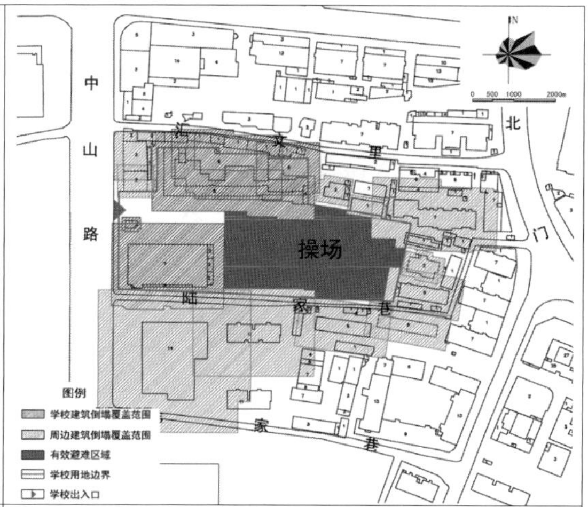

B022 人民中学

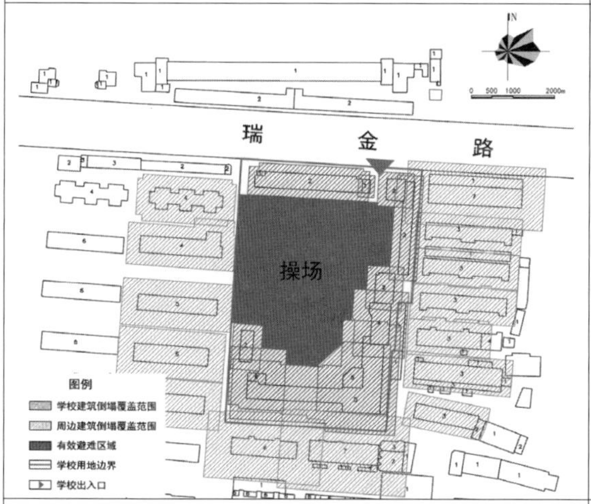

B034 第一中学初中部（瑞金路中学）

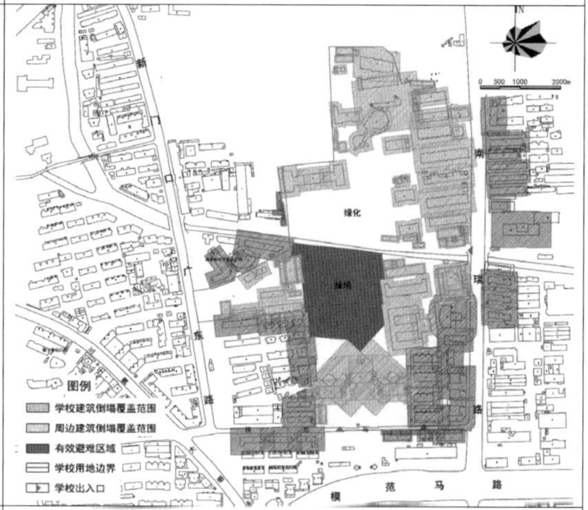

C003 南京邮电大学

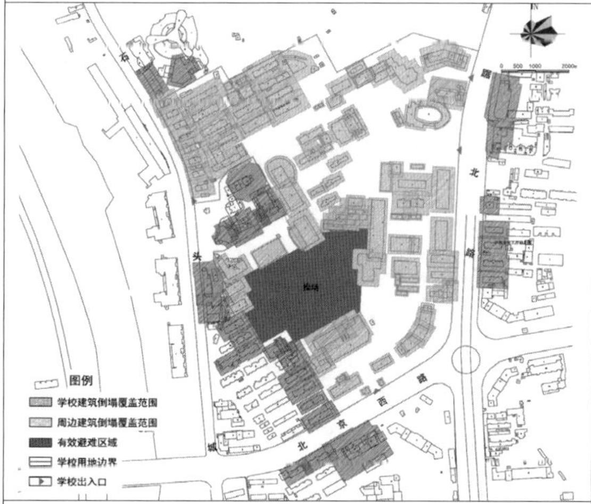

C008 南京艺术学院

D002 江苏文达电脑学校

D005 江苏城市职业学校

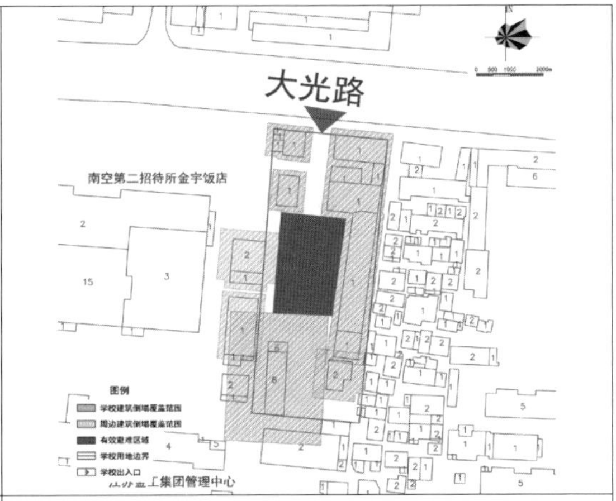

D028 东南中等专业学校

附图 4 围合且有出入口

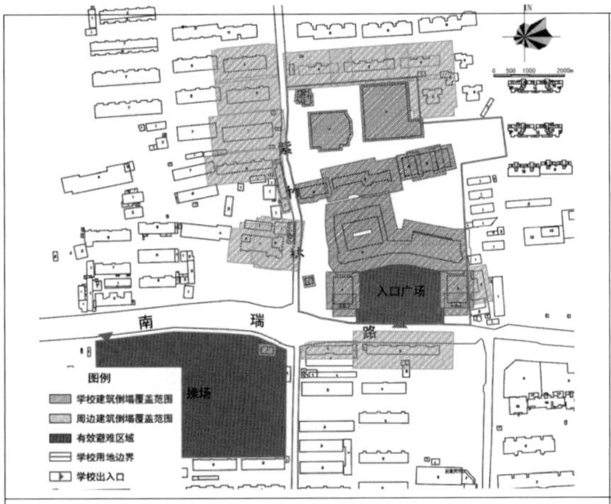

B004 田家炳高级中学

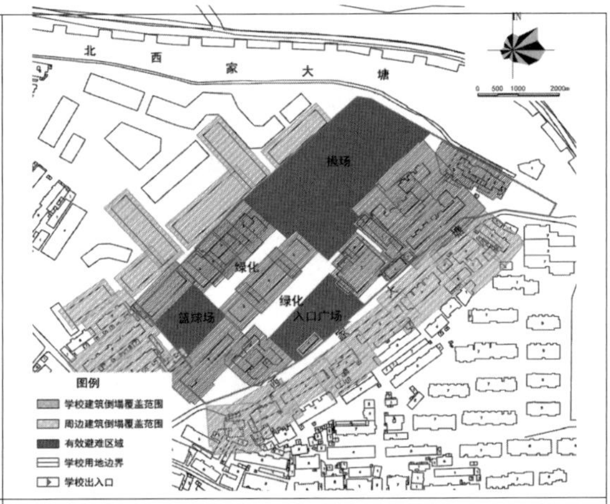

B013 第十三中学

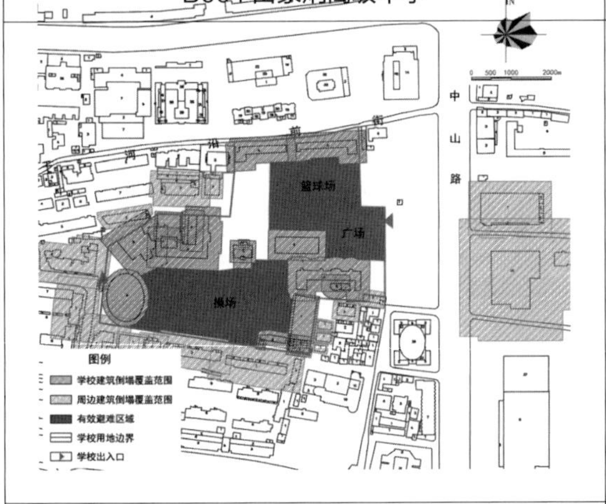

B023 金陵中学

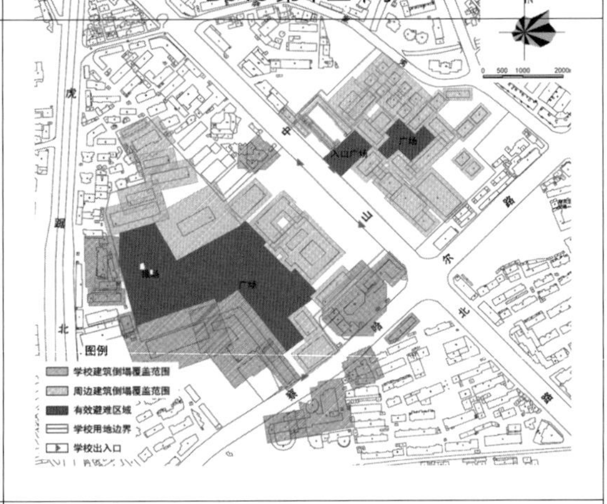

C002 南京政治学院

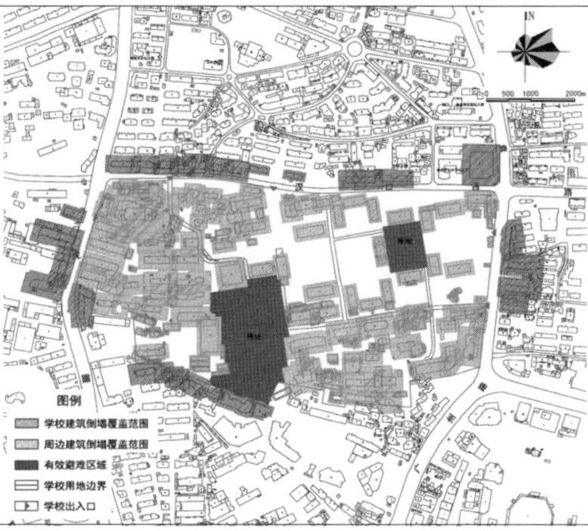

C012 南京师范大学

附图 5 两个避难点均可达

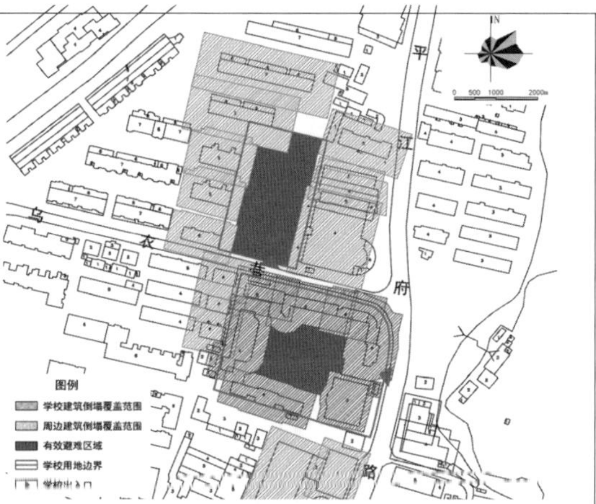

B044 第二十七中学

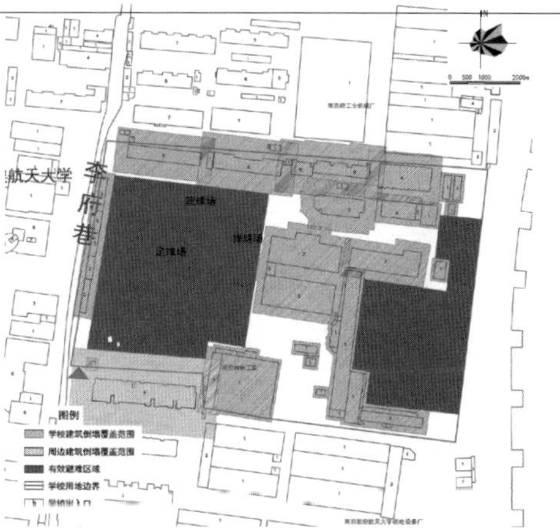

D012 重竞技运动学校

D019 江苏广播电视大学挹江门校区

附图 6 两个避难点都不可达

A042 北京东路小学

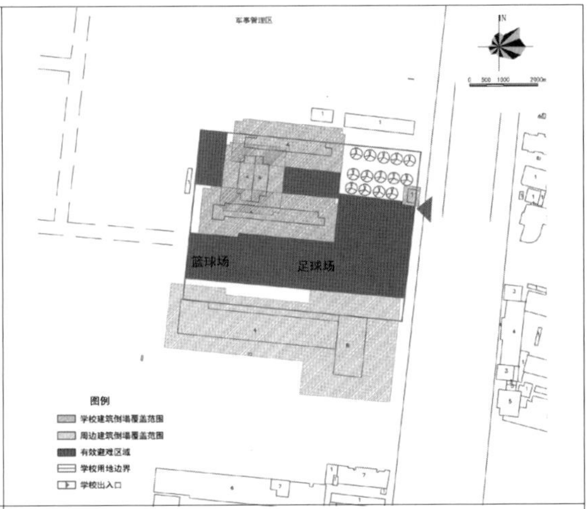

A044 小营小学

A064 瑞金北村小学

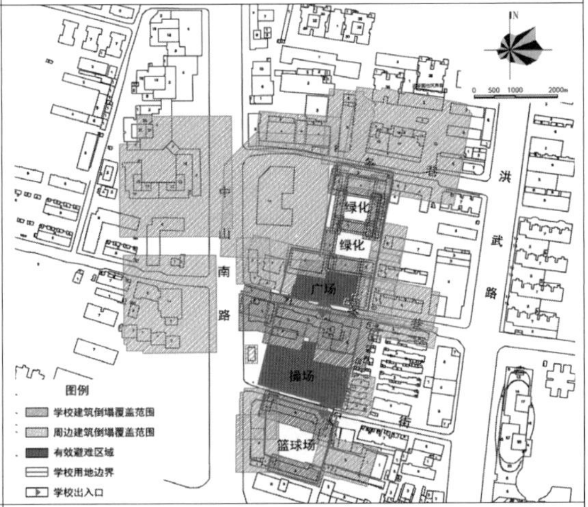

B033 第三初级中学

C001 南京财经大学福建路校区

C005 中国药科大学丁家桥校区

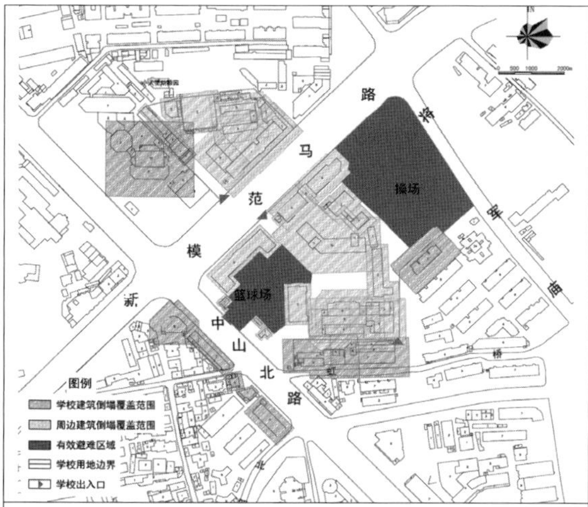

C007 南京工业大学虹桥校区

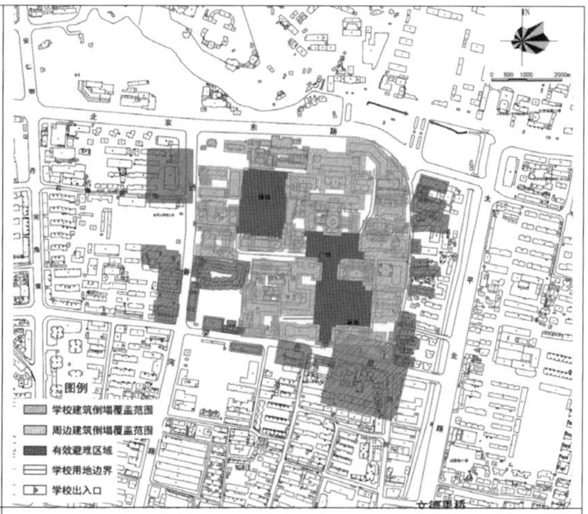

C013 东南大学

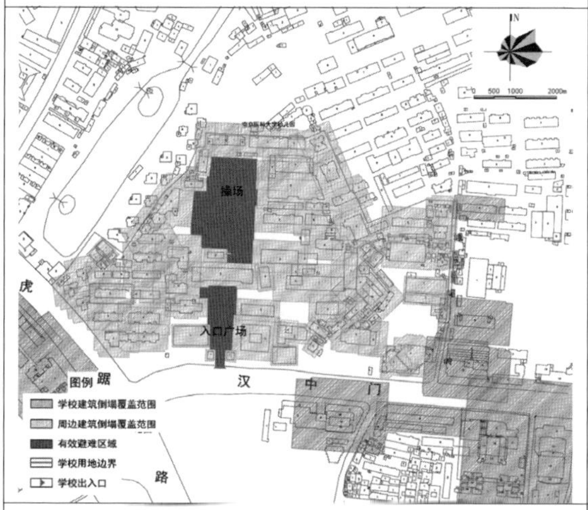

C014 南京中医药大学

C019 南京航空航天大学

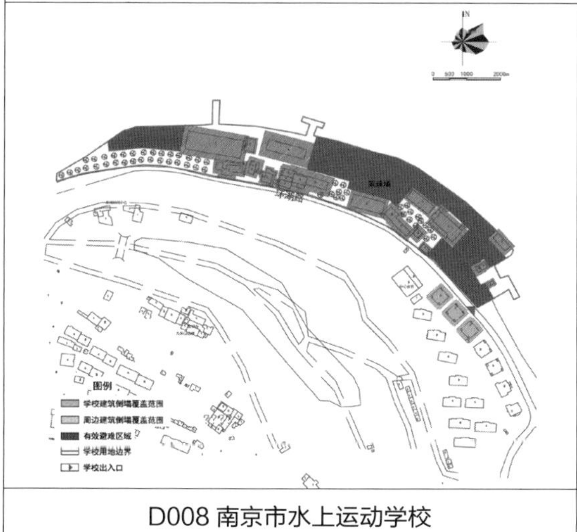

D008 南京市水上运动学校

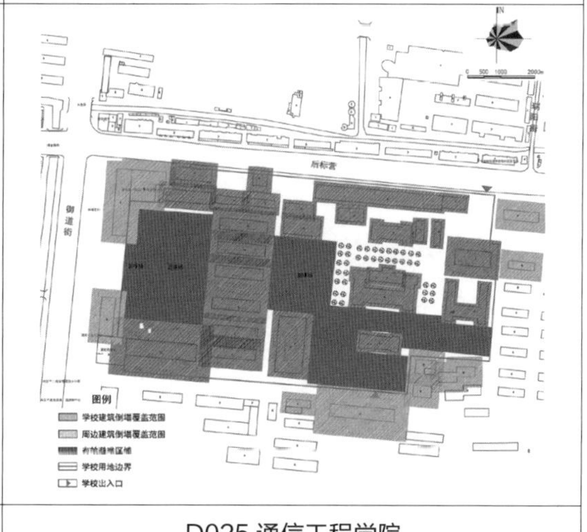

D025 通信工程学院

附图 7 多个避难点仅一个点可达

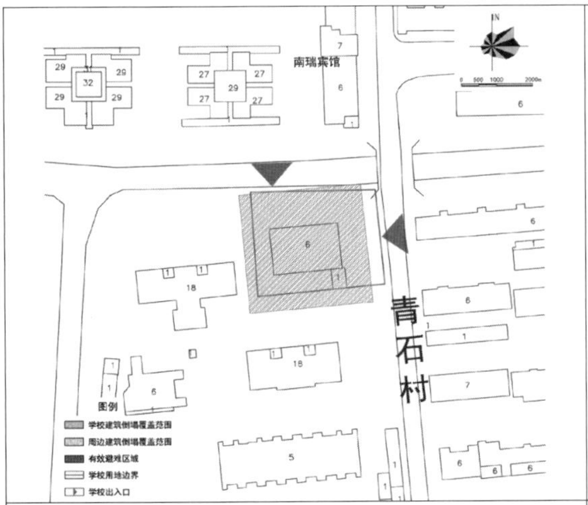

A005 苏杰学校

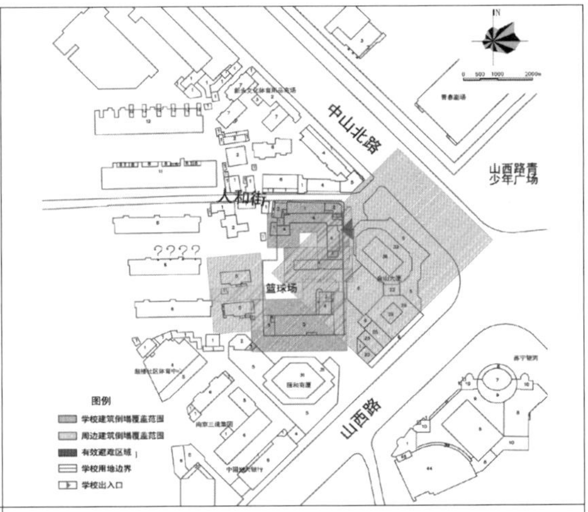

A021 山西路小学

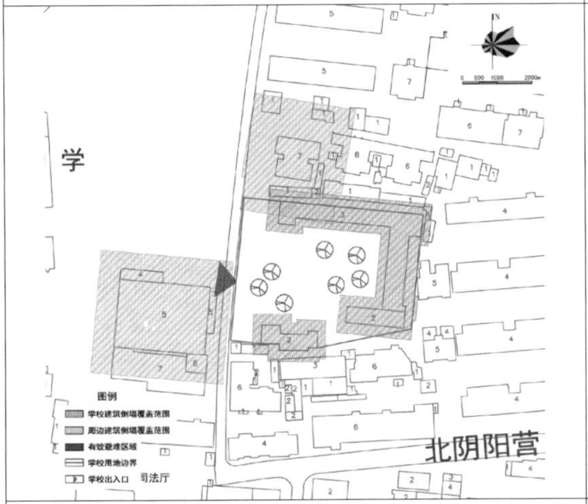

A028 北京路小学

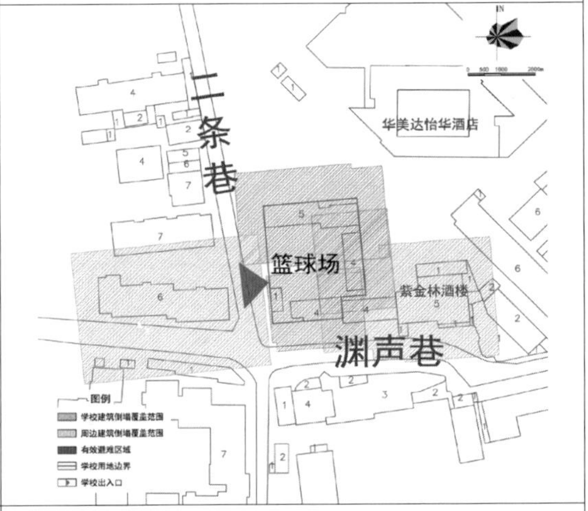

A029 渊声巷小学

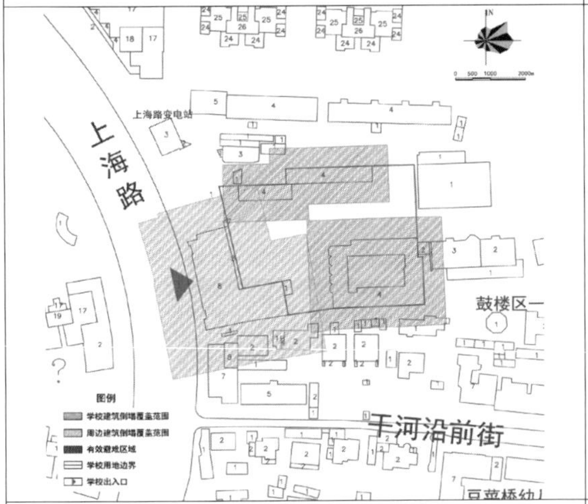

A034 鼓楼区第一中心小学

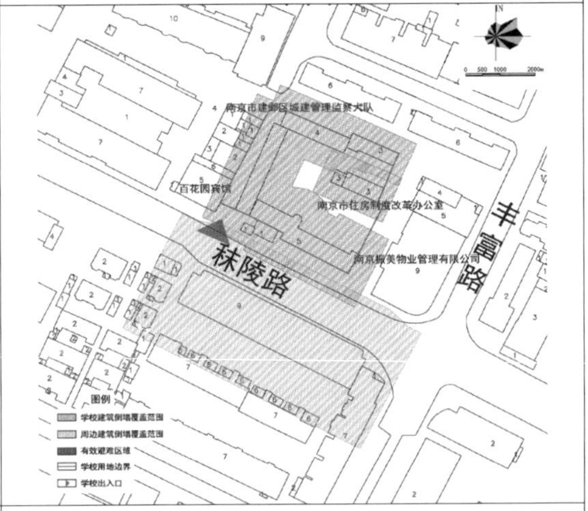

A052 秣陵路小学

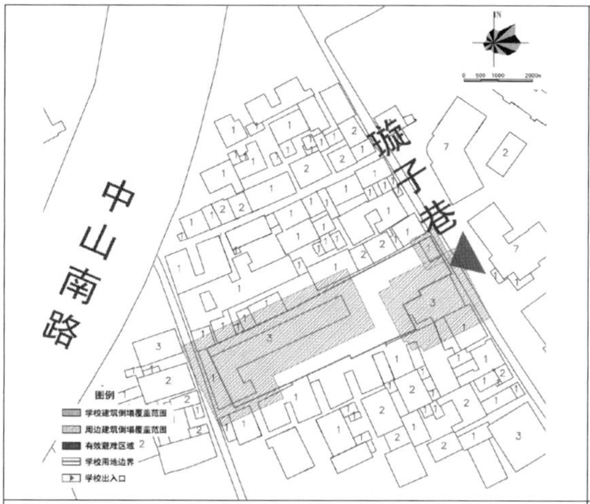

A080 百花巷小学

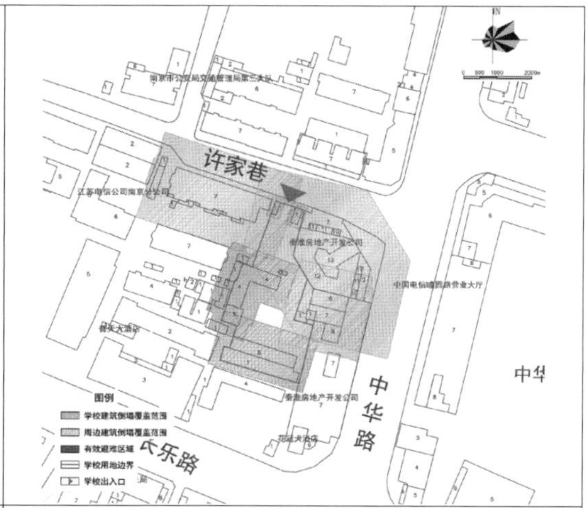

A081 考棚小学

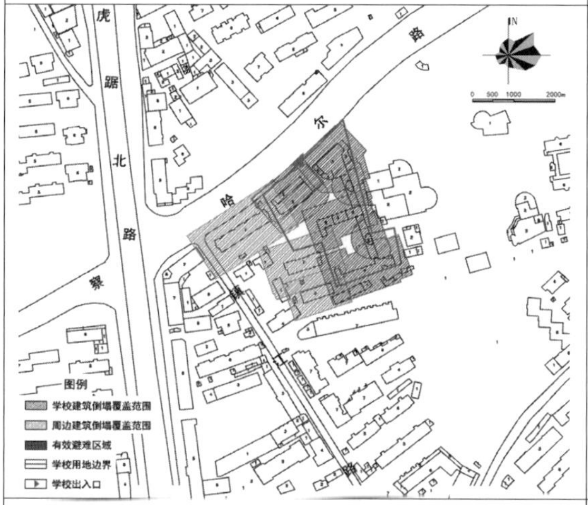

B009 树人国际学校

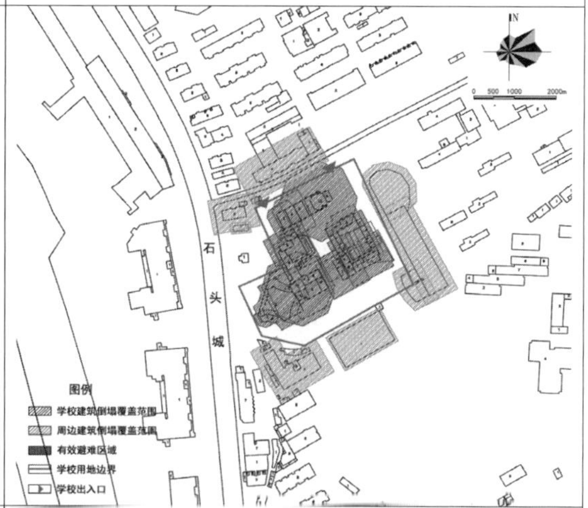

B012 南京艺术学院附属中等艺术学校

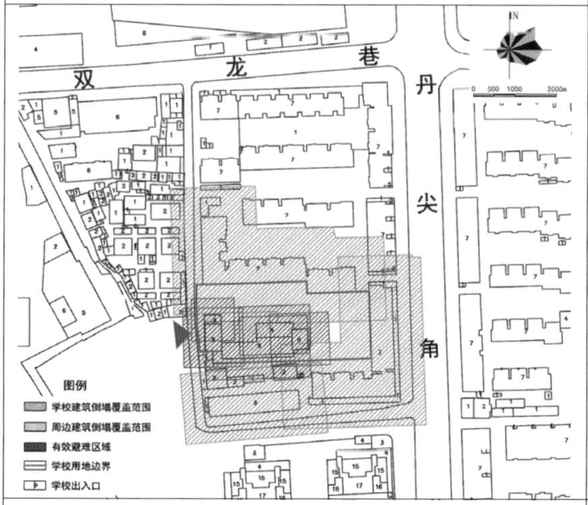

B018 第九中学初三部

B021 南大附中分部

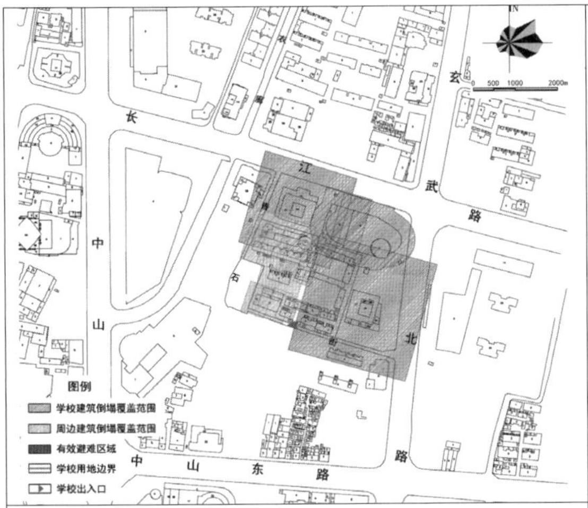

C017 玄武区电大

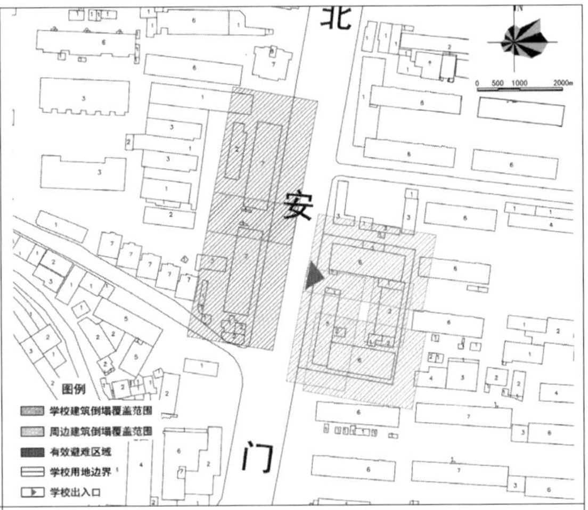

C018 南京师范大学继续教育学院

D001 南京港职工学校

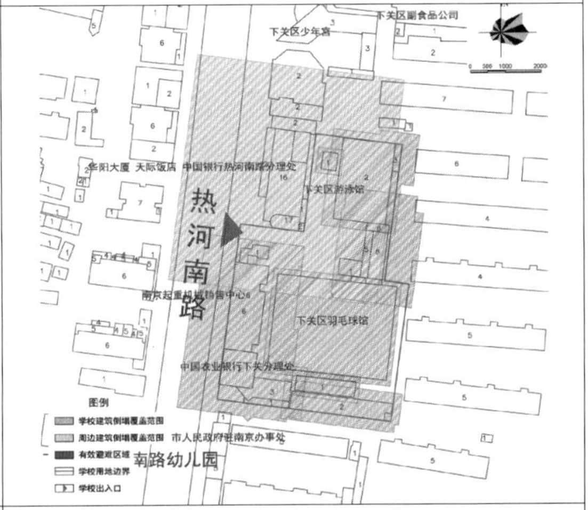

D003 下关区业余体校

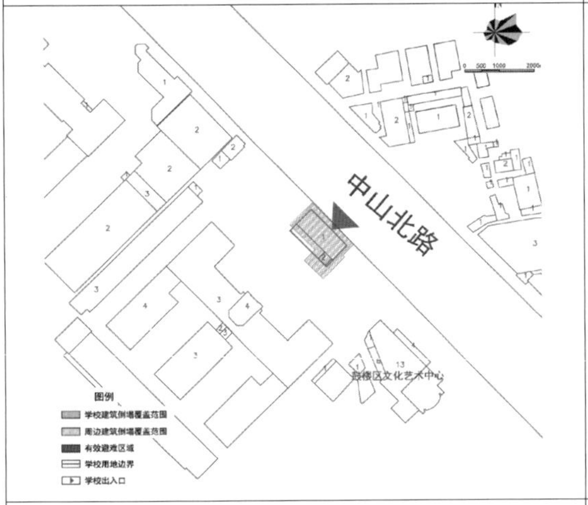

D006 汇友职业培训学校

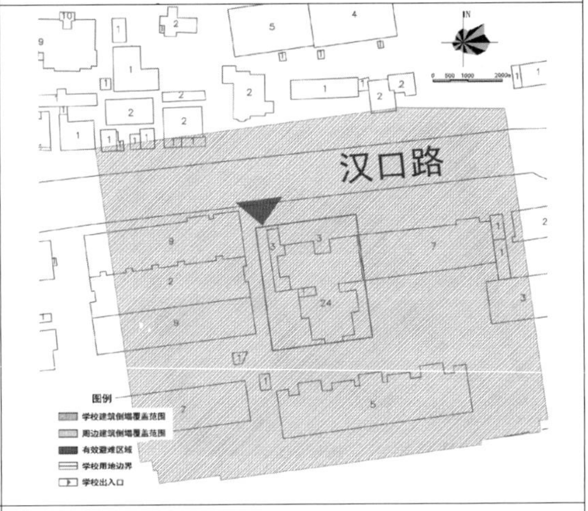

D009 南大网络教育学院

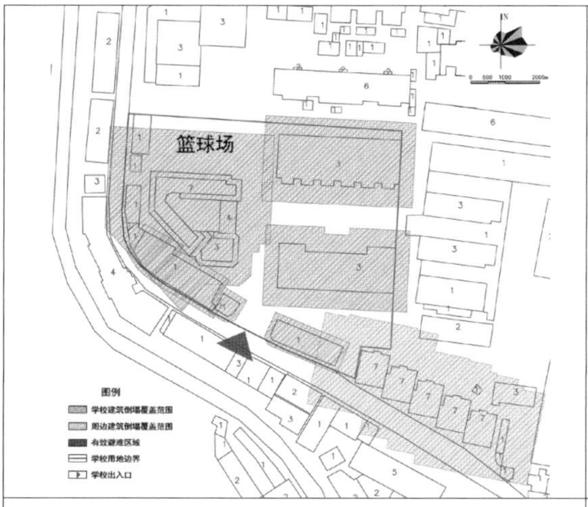

D010 江苏省青年管理干部学院

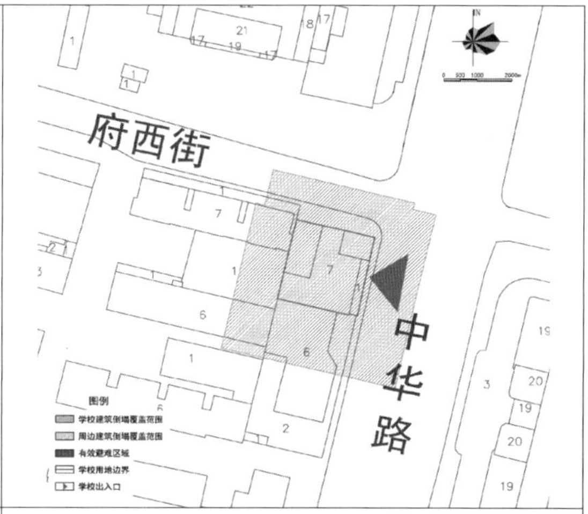

D013 中华财经进修学院

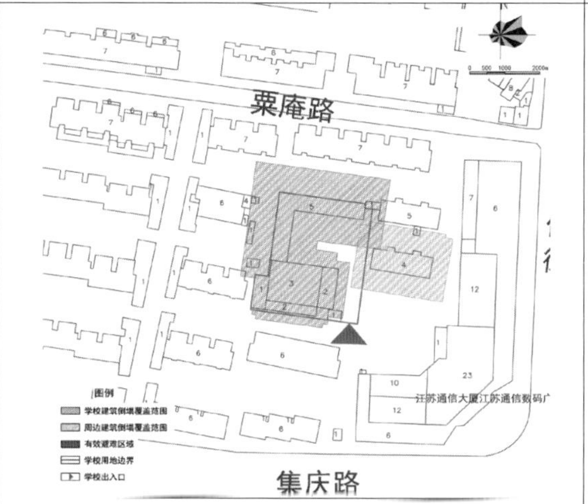

D014 工艺装备制造厂技工学校

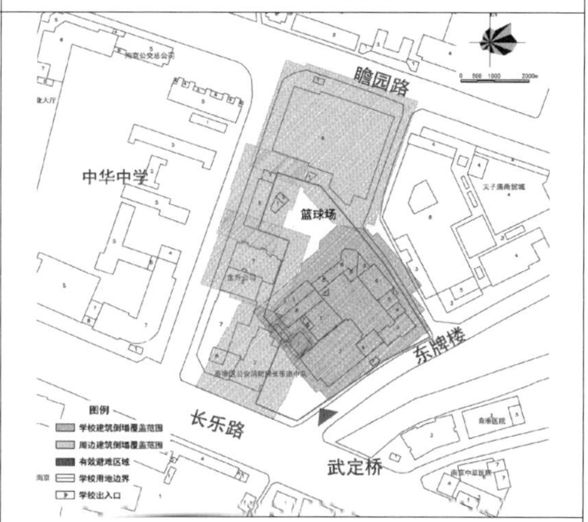

D015 南京市财经学校

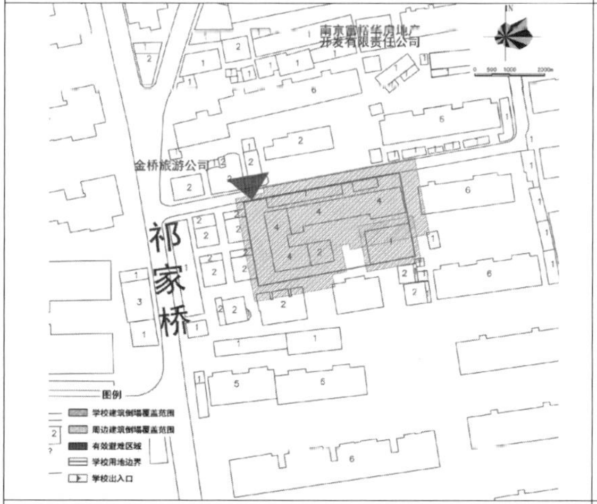

D020 鼓楼区教师进修学校

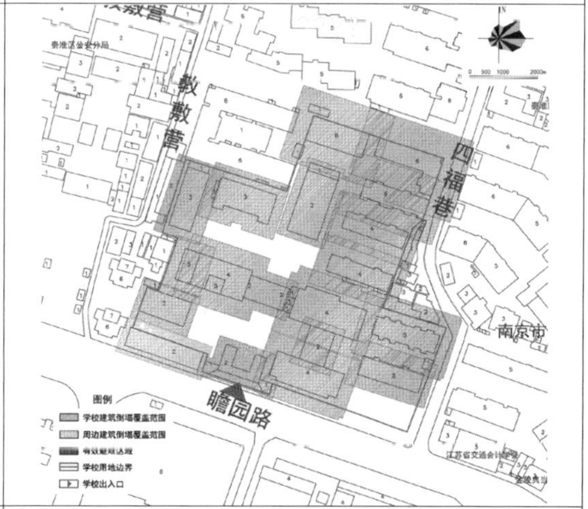

D026 航天管理干部学院

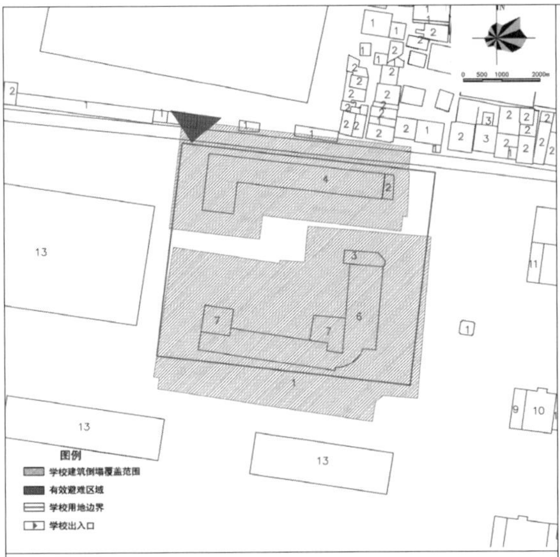

D027 秦淮社区大学

附表图 8 无避难空间

APPENDIX

附录 F

南京市老城区外校园建筑倒塌模拟分析

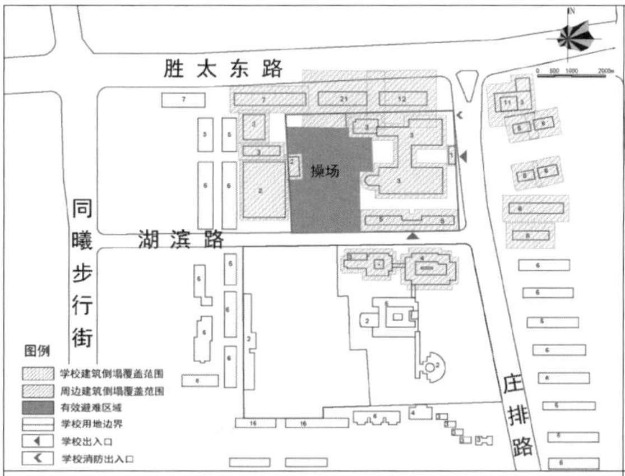

百家湖小学 – 倒塌分析

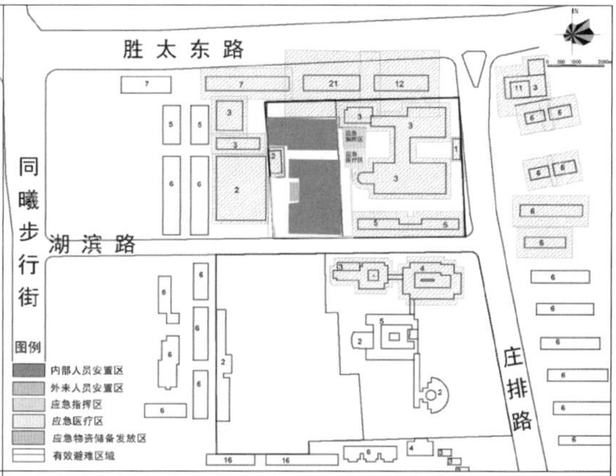

百家湖小学 – 帐篷功能区

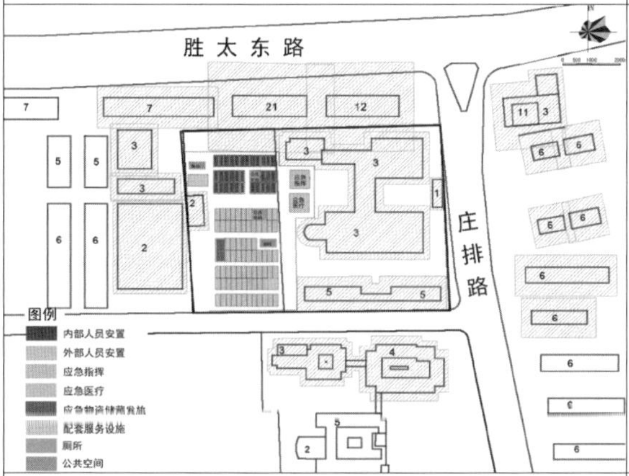

百家湖小学 – 帐篷功能区 2

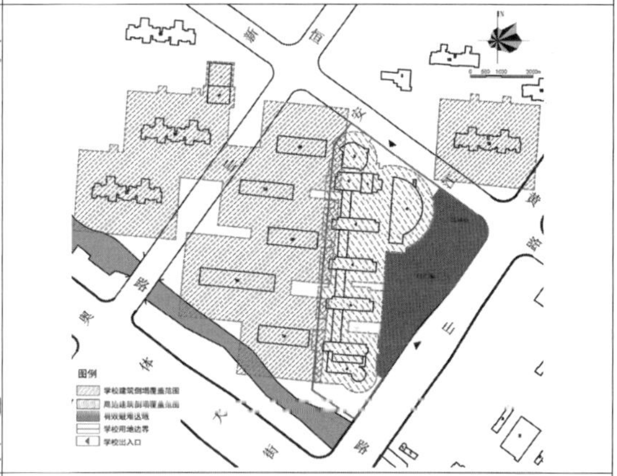

南京师范大学附属小学倒塌模拟图

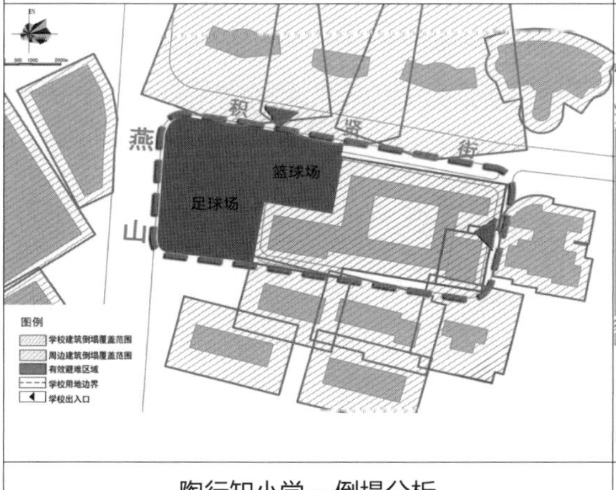

陶行知小学 – 倒塌分析

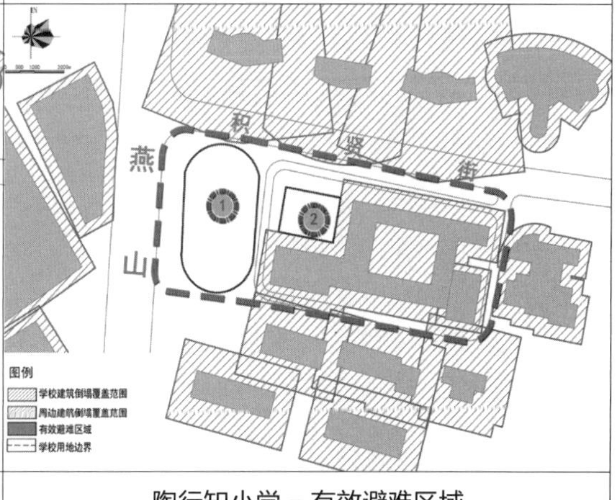

陶行知小学 – 有效避难区域

中华中学附属小学

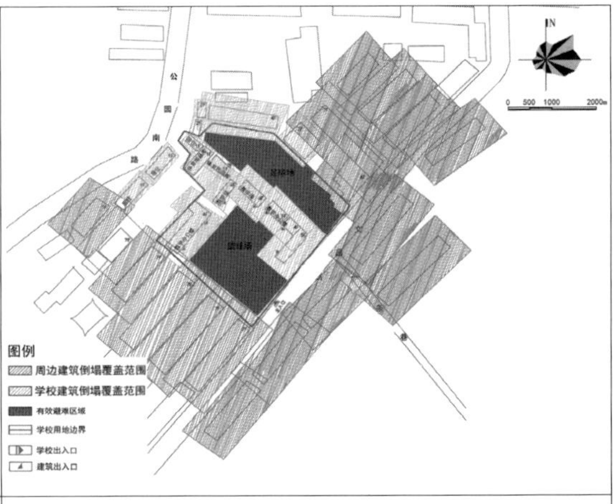

实验小学倒塌分析

附图 9 小学

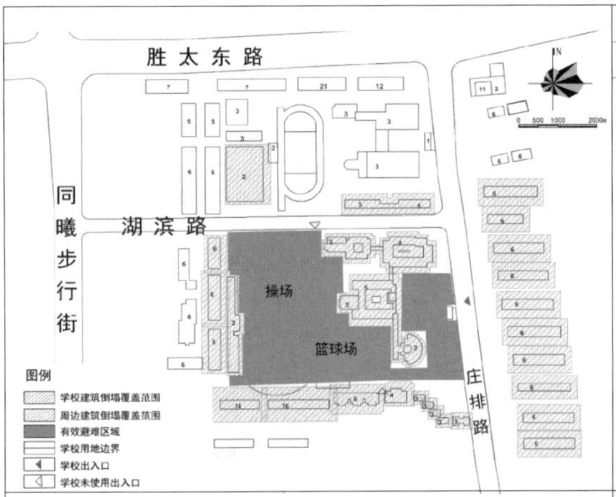

百家湖中学－倒塌分析

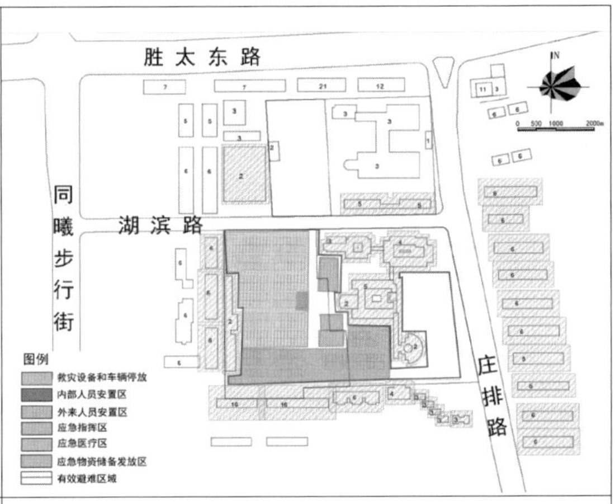

百家湖中学－功能分区

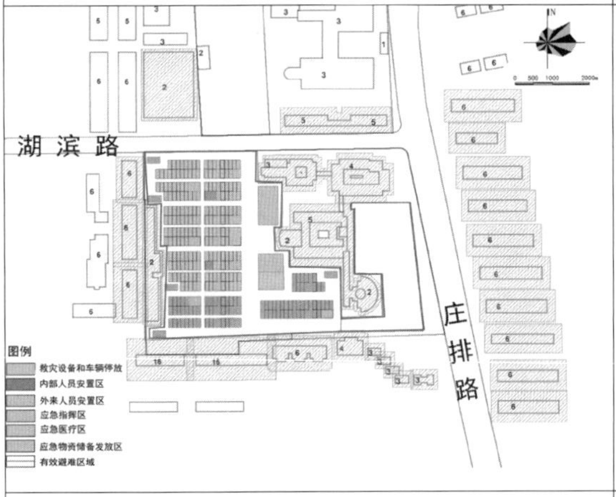

百家湖中学－功能分区 2

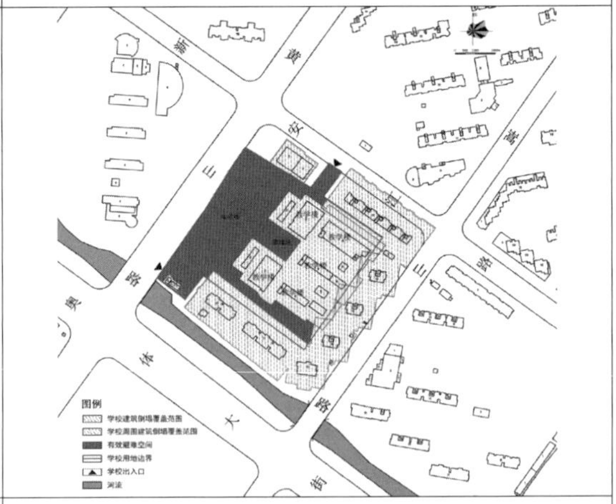

南京师范大学附属中学倒塌模拟图

附图 10 中学

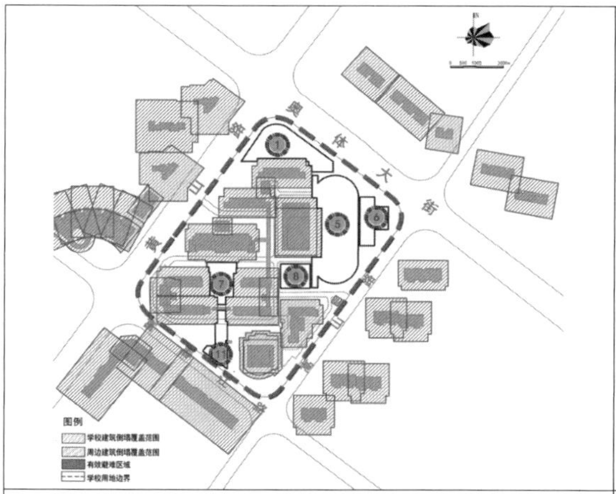

建邺中学有效避难区域

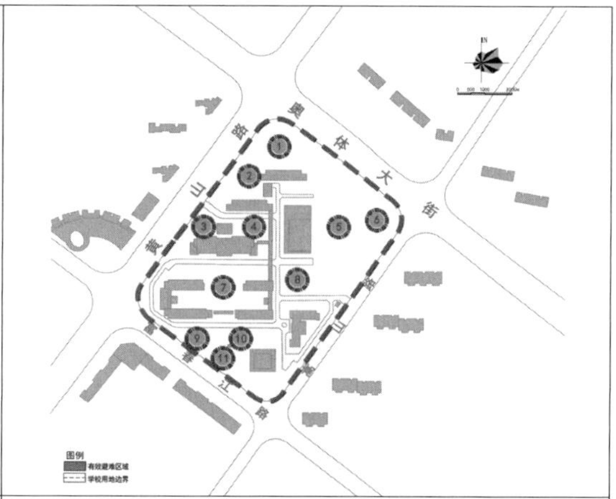

建邺中学潜在避难场所编号

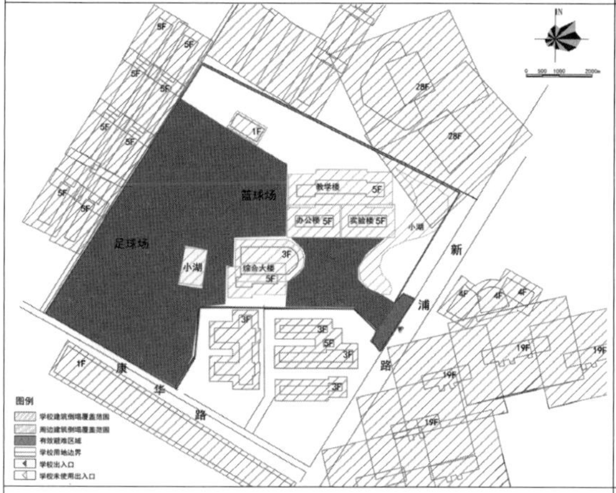

浦口四中倒塌分析

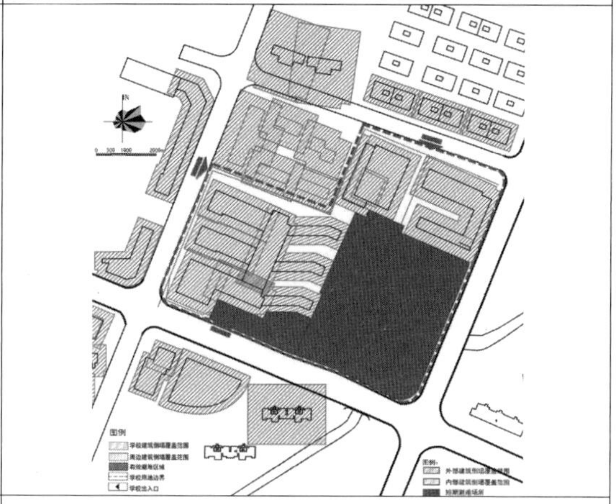

中华中学河西分校

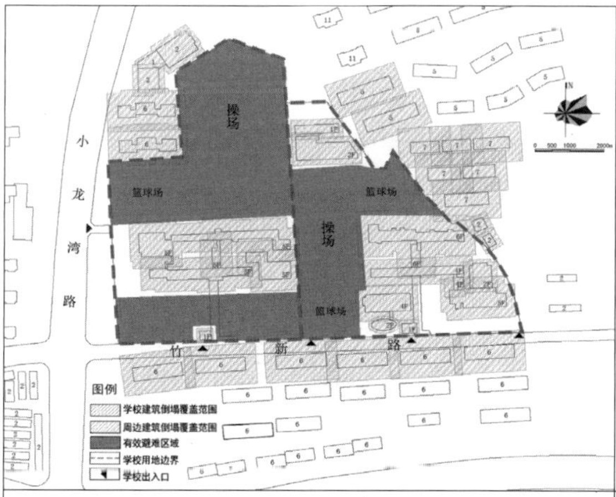

竹山中小学 -01 倒塌分析

竹山中小学 -02 篷宿区布局

附图 11 中小学

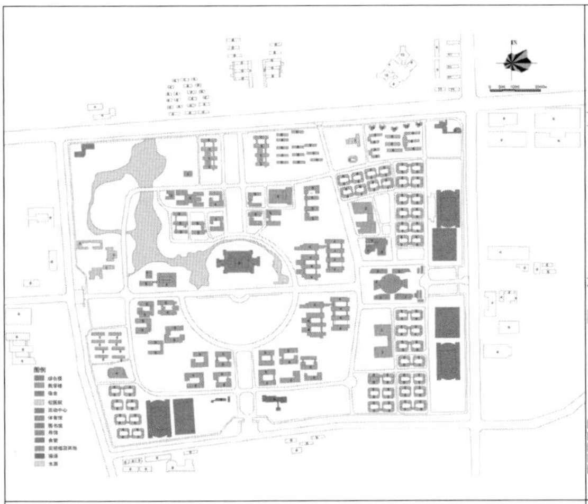

东南大学九龙湖校区 – 功能分析

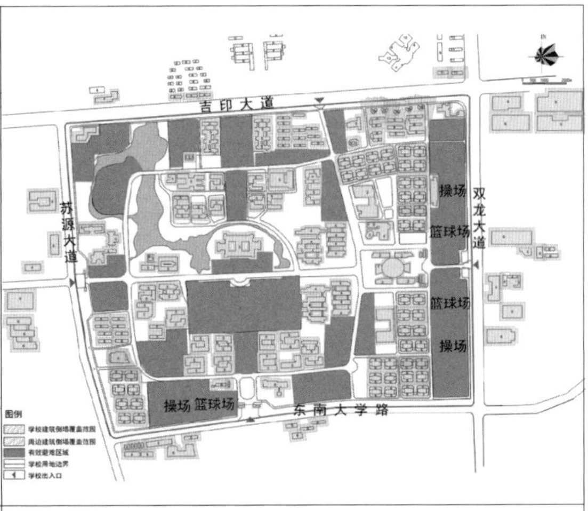

东南大学九龙湖校区 – 倒塌分析

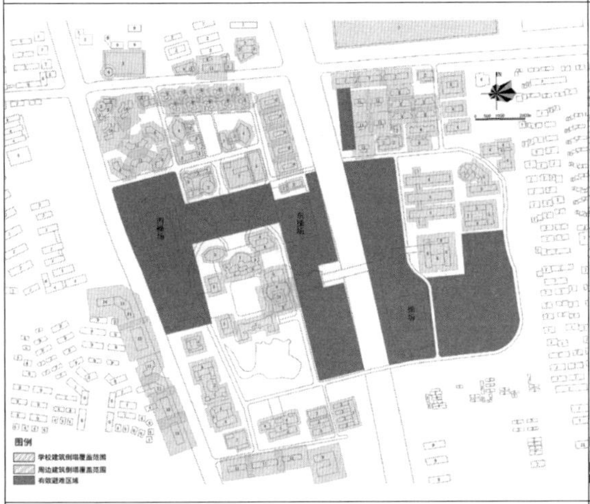

南京航空航天大学 –01 倒塌分析

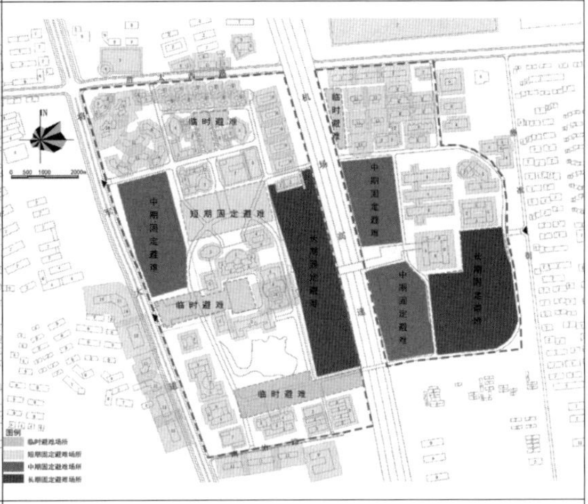

南京航空航天大学 –02 避难规划分区

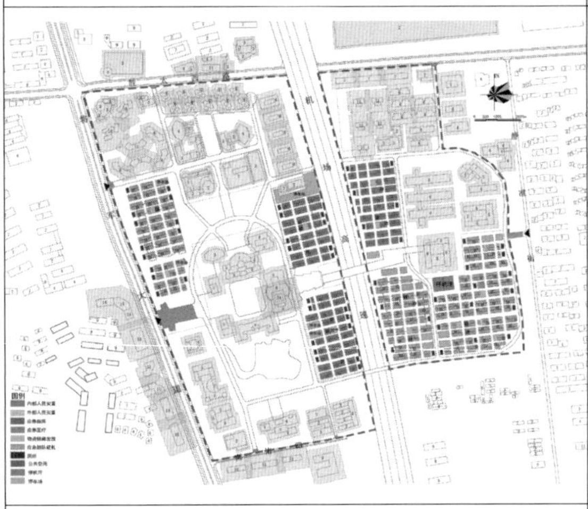

南京航空航天大学 –03 篷宿区布局

南京农业大学倒塌分析

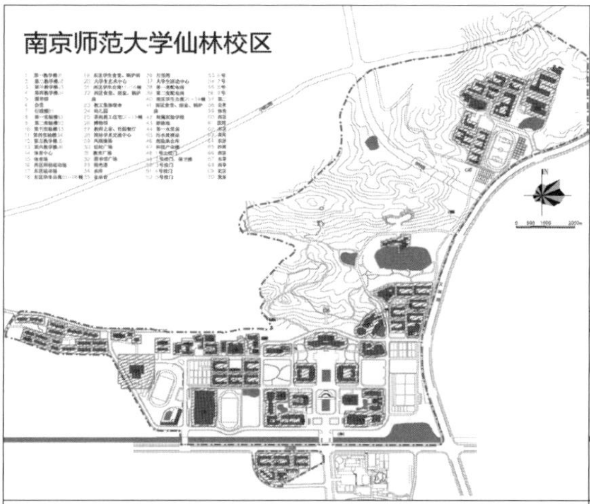

南京师范大学仙林校区 -01 倒塌模拟

南京师范大学仙林校区 -02 有效避难地点

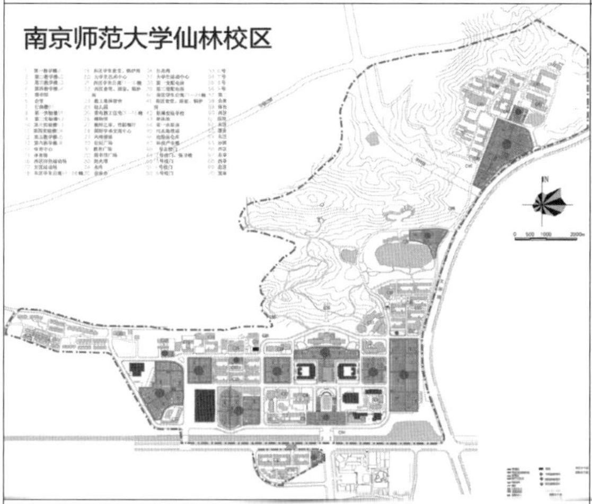

南京师范大学仙林校区 -03 篷宿区布局

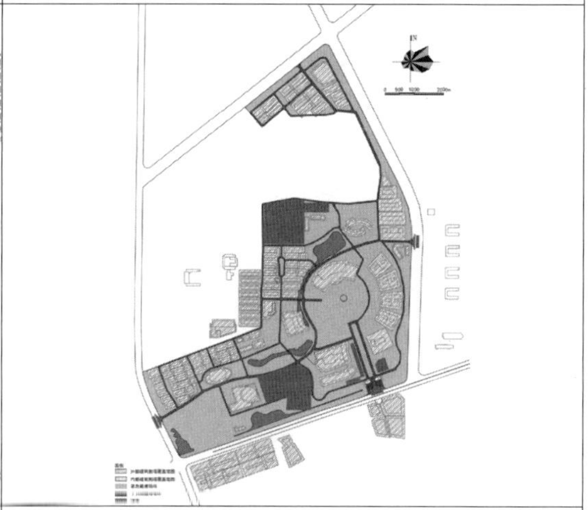

南京财经大学仙林校区

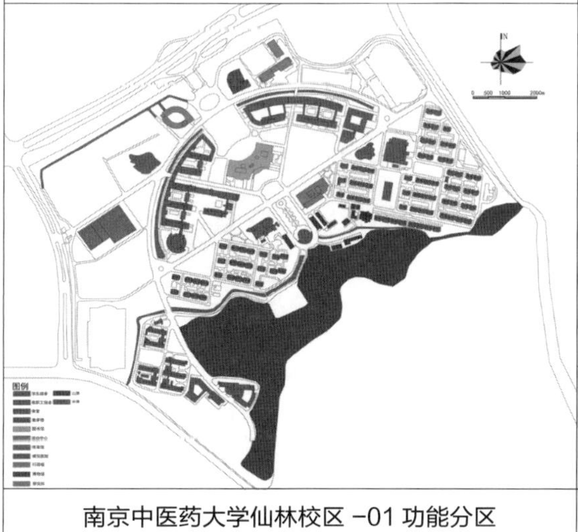

南京中医药大学仙林校区 -01 功能分区

南京中医药大学仙林校区 -02 有效避难场所布局

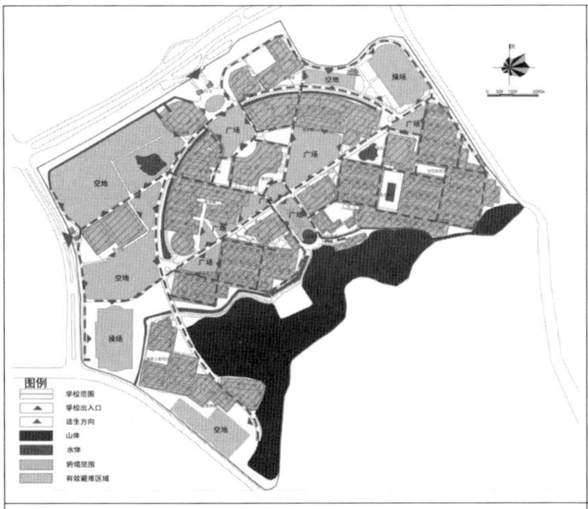

南京中医药大学仙林校区 -03 疏散通道

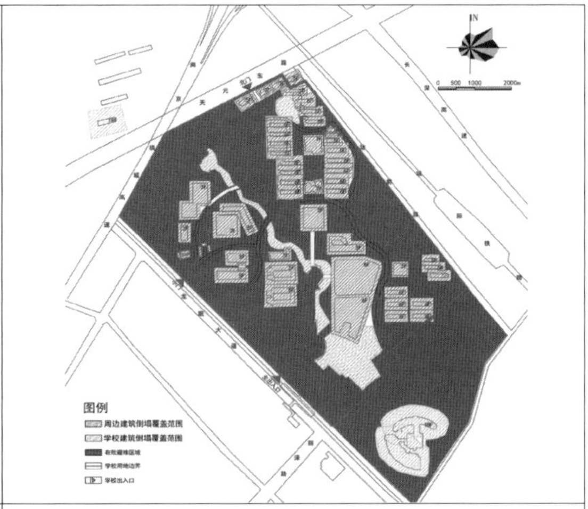

南京医科大学江宁校区倒塌分析

河海大学 -01 有效避难点

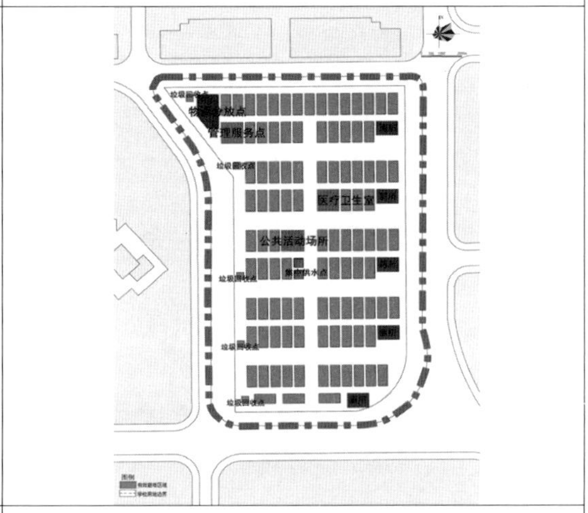

河海大学 -02 篷宿区 1

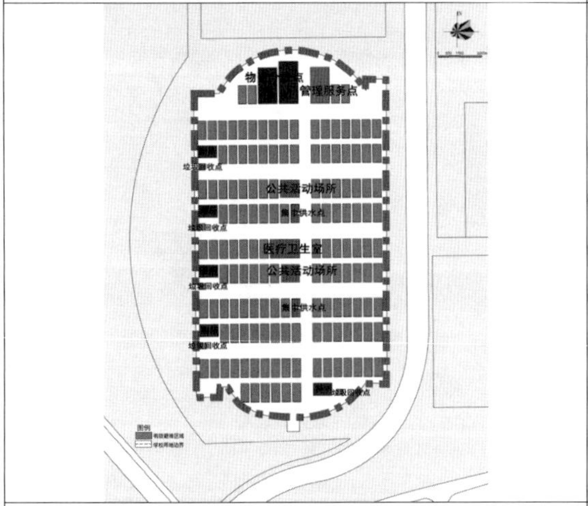

河海大学 -03 篷宿区 2

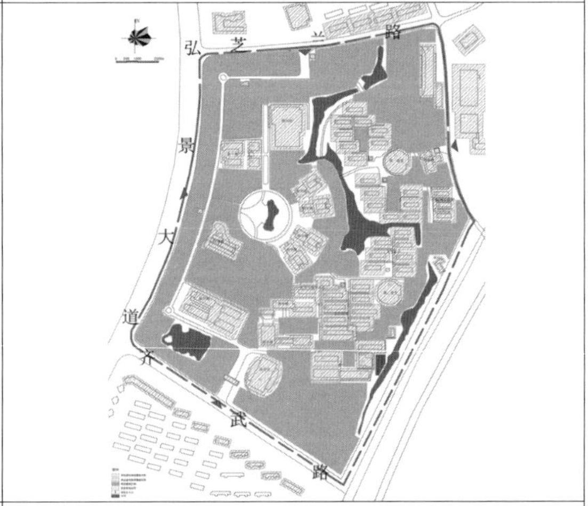

晓庄学院方山校区 - 倒塌模拟

附图 12 大学

AFTERWORD

后记

受汶川地震的影响，笔者开始关注避难问题。从 2010 年开始，在国家自然科学基金课题的资助下，陆续对不同类型城市空间中的避难问题展开调研，部分成果构成了本书的主要内容。感谢国家自然科学基金委员会对于青年学者的长期支持，才使得该项研究的系列成果能够面世。

本课题的系列研究持续时间较长，前后经历了十年的时间。这其中，有很多我的学生参与其中，在此一并感谢。他们是：温佳林、曾繁宇、郑嘉琪、于洋、王子初、陈晨、高明超、柴琳、程哲、吴丽萍、张茜、董婧、汤楚荻、余聿峤、王瀚、熊威、陈洁、张银银、何陈晨、牛雅、吴继海、刘强、王东伟、黄亚蕾、杨梦凡、郑文雅、边懿、朱妍、陈丹妮、贾昕彤、程栋梁、罗淼、陈森、张策、李鹏鹏、王梓晨、蒋金花、王婕、张宇杰、朱锐、陈俊熠、陈昊宇、周美天、陈文宇、程婷婷、崔梦、黄德伟、杭俊、杨莹湘、纪雨含、李子静、李智杰、陈奕良、赵晓雯、蔡跃、李凡、钱程等同学。感谢诸多同学为本课题所做的前期调研和相关图纸的绘制工作。

感谢所有帮助过我的人，是他们的支持，才使得我得以完成此课题的系列研究和本书稿的写作。

最后，由于种种主客观原因和作者水平有限，书中不免存在不足之处，还望各位读者不吝赐教。

王江波

2020 年冬于亚青村